21 世纪高等院校规划教材

计算机辅助设计
——AutoCAD 2012 实用教程

主　编　孙江宏

副主编　李忠刚　周雅翠　田　青

中国水利水电出版社
www.waterpub.com.cn

内 容 提 要

本书根据教育部工程图学教学指导委员会最新修订的"普通高等院校工程图学课程教学基本要求"与"普通高等院校计算机图形学基础课程教学基本要求"以及国家标准"机械工程CAD制图规则"编写完成。

全书共分12章，从入门的角度讲解 AutoCAD 2012 中文版的基本应用技术。全书循序渐进，从机械制图的角度，讲解该软件与工程制图之间的关系，进行图档管理、平面视图与三维视图操作、平面绘图与标注、参数化设计、三维对象绘制等。

本书适合作为普通高等院校本科机械与近机械类专业学生学习工程制图的教材，也可以提供给相关专业的工程技术人员参考。

本书配有 PowerPoint 制作的电子教案，任课教师可根据教学实际任意修改。读者可以到中国水利水电出版社或万水书苑网站免费下载，网址：http://www.waterpub.com.cn/softdown/或 http://www.wsbookshow.com。

图书在版编目（C I P）数据

计算机辅助设计：AutoCAD 2012实用教程 / 孙江宏主编. -- 北京：中国水利水电出版社，2012.4
   21世纪高等院校规划教材
   ISBN 978-7-5084-9497-5

Ⅰ. ①计… Ⅱ. ①孙… Ⅲ. ①AutoCAD软件－高等学校－教材 Ⅳ. ①TP391.72

中国版本图书馆CIP数据核字(2012)第030460号

策划编辑：雷顺加	责任编辑：宋俊娥

书　　名	21世纪高等院校规划教材 **计算机辅助设计——AutoCAD 2012 实用教程**
作　　者	主　编　孙江宏 副主编　李忠刚　周雅翠　田　青
出版发行	中国水利水电出版社 （北京市海淀区玉渊潭南路 1 号 D 座　100038） 网址：www.waterpub.com.cn E-mail：mchannel@263.net（万水） 　　　　sales@waterpub.com.cn 电话：(010) 68367658（发行部）、82562819（万水）
经　　售	北京科水图书销售中心（零售） 电话：(010) 88383994、63202643、68545874 全国各地新华书店和相关出版物销售网点
排　　版	北京万水电子信息有限公司
印　　刷	三河市铭浩彩色印装有限公司
规　　格	184mm×260mm　16 开本　20.25 印张　548 千字
版　　次	2012 年 4 月第 1 版　2012 年 4 月第 1 次印刷
印　　数	0001—4000 册
定　　价	35.00 元

前　　言

1．AutoCAD 2012 中文版简介

计算机辅助设计（Computer Aided Design，简称 CAD）技术萌芽于 20 世纪 50 年代后期，并随着计算机硬件技术的发展而迅猛发展。目前，CAD 技术已经广泛应用于航空、航天、冶金、船舶、机械、纺织、建筑、地理信息、出版等行业，并日益得到各界的重视。在众多的 CAD 软件中，美国 Autodesk 公司开发的旗舰产品——AutoCAD 日益普及，已经占据了计算机 CAD 市场的主导地位，尤其是在中国，几乎所有的高校和研究部门都在应用该软件。可以说，其在平面制图方面的功能几乎达到了完美的程度。

同其他大型、专业化 CAD 软件相比，AutoCAD 对计算机系统的要求较低，价格便宜，具有较高的性价比。因此，它一经推出便受到广大中小型企业的欢迎。Autodesk 公司对 AutoCAD 软件不断改进和完善，其功能日益强大，市场占有率逐渐提高。目前，AutoCAD 推出多种语言版本，而且其图形格式已成为一种事实上的国际性工业标准。

AutoCAD 2012 是一体化、功能丰富、面向未来的设计软件，它充分地组合了用户、设计信息和整个世界。在 AutoCAD 2012 的技术平台框架上，充分考虑到易用性、数据共享和网络化协同，通过创新的智能化设计环境，构成了一个轻松易用的设计环境，使用户能够将精力集中于设计而不是软件本身。

本书从入门的角度讲解 AutoCAD 2012 中文版的基本应用技术。全书循序渐进，从机械制图的角度，讲解该软件与工程制图之间的关系，进行图档管理、平面视图与三维视图操作、平面绘图与标注、三维对象绘制等。

2．本书导读

全书共分 12 章，每章都相对独立。各章的具体内容如下：

第 1 章介绍 AutoCAD 2012 中文版与工程制图之间的关系，AutoCAD 2012 的基本特性，图纸、文字与线条设置，三维图形与平面对象以及如何获取软件帮助。

第 2 章讲解 AutoCAD 的文档管理，包括文件操作、命令与系统变量、坐标系与图层等。

第 3 章讲解 AutoCAD 的平面视图操作、对象操作、常规编辑与信息查询。

第 4 章讲解三维图形操作，包括工作空间设置、三维坐标系、三维视图操作、动态观察与视口等内容。

第 5 章讲解三视图基本原理与投影关系，并讲解 AutoCAD 中的点、线这两个基本元素以及精确绘图辅助工具。

第 6 章讲解 AutoCAD 的基本绘图工具，包括圆、圆弧、多段线、多线等。

第 7 章讲解 AutoCAD 的修改工具，包括对象复制、对象方位处理、对象变形处理、打断、倒角等内容，最后介绍工具栏的设置。

第 8 章讲解尺寸标注，包括尺寸标注方法、尺寸标注样式设置、尺寸标注编辑以及公差标注。

第 9 章讲解文字标注，包括放置文本、编辑文本、文本样式设置及表格处理。

第 10 章讲解装配图基础知识、表达方法与内容，装配图绘制与拆装，介绍 AutoCAD 中块、外部参照、外部参照管理器、设计中心、动态块等重要辅助工具。

第 11 章介绍参数化设计的两个重要方面，即几何约束和标注约束。

第 12 章介绍三维对象的绘制与编辑，包括三维线框、三维曲面和三维实体绘制，三维对象的操作与编辑，以及一些辅助工具。

3．本书特点

本书具有以下特点：

- 切实从读者学习和使用的实际出发来安排章节顺序和内容，语言通俗易懂，逻辑严密，深入浅出。
- 图文并茂。讲述过程中结合大量制作实例，力求易于理解并方便学习和实践过程中的使用。
- 主要面向初、中级用户，适合初、中级用户在入门与提高阶段使用。同时，书中对 AutoCAD 2012 中文版的一些高级扩展功能也作了一定的探讨，适合高级用户参考。

本书由孙江宏主编，李忠刚、周雅翠、田青担任副主编。由孙江宏、李忠刚、田青、周雅翠、赵腾任等完成主要内容。另外，参加编写的人员还有易源霖、黄小龙、罗坤、蔡川、段大高、王雪艳、马向辰、宁宇、李富强、毕首全、张万民、于美云、叶楠、宁松、李翔龙、马驰和刘忠和等。

作者长期从事 CAD/CAE/CAM 的教学与研究工作，并根据自己的教案整理完成本书内容，由于时间仓促，难免在写作方式和内容上存在缺点和不足，请读者批评指正。如果读者对本书有任何技术问题，可以通过电子邮件（278796059@qq.com）联系，我们将竭诚为您服务。

作　者

2012 年 1 月

目　　录

前言

第1章　AutoCAD 2012 与工程制图 ·········· 1

1.1　工程图与画法几何 ·········· 1

  1.1.1　基本概念 ·········· 1

  1.1.2　工程制图的基本要求 ·········· 2

  1.1.3　工程制图的国际标准与国家标准 ·········· 3

  1.1.4　计算机辅助绘图 ·········· 3

1.2　AutoCAD 2012 与工程制图 ·········· 4

  1.2.1　AutoCAD 的发展历程 ·········· 4

  1.2.2　AutoCAD 2012 的界面 ·········· 5

  1.2.3　AutoCAD 2012 的工具与

      工程制图的关系 ·········· 10

1.3　图纸 ·········· 12

  1.3.1　图纸幅面与比例 ·········· 12

  1.3.2　AutoCAD 中图纸幅面的设置 ·········· 16

1.4　文字、线条与尺寸 ·········· 18

  1.4.1　字体 ·········· 18

  1.4.2　图线 ·········· 20

  1.4.3　尺寸 ·········· 22

1.5　三维对象与平面图 ·········· 23

  1.5.1　三维空间与二维投影 ·········· 23

  1.5.2　AutoCAD 2012 三维操作空间

      与二维工程图 ·········· 26

习题一 ·········· 27

第2章　工程图文档管理 ·········· 28

2.1　工程图档与 AutoCAD 文件 ·········· 28

  2.1.1　概述 ·········· 28

  2.1.2　AutoCAD 2012 文件操作 ·········· 29

2.2　AutoCAD 2012 命令 ·········· 36

  2.2.1　命令的输入方式 ·········· 36

  2.2.2　命令类型 ·········· 37

  2.2.3　输入命令参数 ·········· 37

2.3　坐标系统 ·········· 38

  2.3.1　笛卡尔坐标系与极坐标系 ·········· 38

  2.3.2　用户坐标系 ·········· 38

2.4　设置图层、线型和颜色 ·········· 39

  2.4.1　基本概念 ·········· 39

  2.4.2　设置图层 ·········· 39

  2.4.3　设置线型 ·········· 41

  2.4.4　设置颜色 ·········· 42

  2.4.5　设置线宽 ·········· 43

  2.4.6　利用功能面板设置 ·········· 43

习题二 ·········· 44

第3章　平面视图操作与编辑 ·········· 48

3.1　平面视图操作 ·········· 48

  3.1.1　缩放视图 ·········· 48

  3.1.2　平移视图 ·········· 51

  3.1.3　刷新视图 ·········· 52

3.2　对象的选择和特性更改 ·········· 53

  3.2.1　对象的多种选择方式 ·········· 53

  3.2.2　选择集模式和夹点编辑 ·········· 54

  3.2.3　编辑对象特性 ·········· 58

3.3　对象常规编辑 ·········· 60

  3.3.1　对象删除和恢复 ·········· 60

  3.3.2　对象的复制 ·········· 60

习题三 ·········· 62

第4章　三维绘图基础 ·········· 64

4.1　工作空间与三维建模空间 ·········· 64

4.2　标准三维坐标系与用户坐标系 ·········· 65

  4.2.1　标准三维坐标系 ·········· 65

  4.2.2　用户坐标系（UCS） ·········· 66

4.3　三维图像的类型与管理 ·········· 70

  4.3.1　三维图像的类型 ·········· 70

  4.3.2　视觉样式管理器 ·········· 71

4.4　三维视图观察 ·········· 73

  4.4.1　设置观察方向 ·········· 73

  4.4.2　设置观察视点 ·········· 74

  4.4.3　显示 UCS 平面视图 ·········· 74

4.5　三维视图的动态观察与相机 ·········· 75

4.5.1　动态观察 ·············· 75

4.5.2　其他动态操作 ·········· 77

4.6　视口与命名视图 ·············· 78

4.6.1　平铺视口 ·············· 78

4.6.2　命名视图 ·············· 81

习题四 ·························· 82

第5章　三视图与基本投影元素绘制 ···· 84

5.1　三视图基础知识 ·············· 84

5.1.1　三视图的形成 ·········· 84

5.1.2　三视图之间的关系 ······ 85

5.1.3　三视图绘制过程 ········ 86

5.2　点的投影 ···················· 87

5.2.1　点投影原理 ············ 87

5.2.2　AutoCAD 2012中点的绘制 ·· 90

5.3　直线的投影 ·················· 92

5.3.1　直线的投影特性 ········ 92

5.3.2　AutoCAD 2012中直线的绘制 ·· 93

5.4　AutoCAD 2012精确绘图辅助工具 ·· 96

5.4.1　正交绘图 ·············· 96

5.4.2　捕捉光标 ·············· 96

5.4.3　栅格显示功能 ·········· 97

5.4.4　对象捕捉 ·············· 99

5.4.5　三维对象捕捉 ·········· 100

5.4.6　极轴追踪 ·············· 101

5.4.7　自动捕捉与自动追踪 ···· 102

5.4.8　动态输入 ·············· 104

习题五 ·························· 105

第6章　基本绘图命令 ············ 108

6.1　圆（弧）和椭圆（弧） ········ 108

6.1.1　圆 ···················· 108

6.1.2　圆弧 ·················· 110

6.1.3　圆环 ·················· 112

6.1.4　椭圆（弧） ············ 113

6.2　矩形、正多边形和区域填充 ···· 114

6.2.1　矩形 ·················· 114

6.2.2　正多边形 ·············· 116

6.2.3　实体区域填充 ·········· 116

6.3　多线 ························ 117

6.3.1　绘制多线 ·············· 117

6.3.2　定义多线样式 ·········· 118

6.3.3　编辑多线样式 ·········· 121

6.4　样条曲线 ···················· 126

6.4.1　绘制样条曲线 ·········· 126

6.4.2　样条曲线编辑 ·········· 128

6.5　多段线 ······················ 131

6.5.1　绘制多段线 ············ 132

6.5.2　控制多段线的宽度 ······ 132

6.5.3　多段线弧 ·············· 133

6.5.4　多段线的分解 ·········· 135

6.5.5　多段线编辑 ············ 135

6.6　修订云线与区域覆盖 ·········· 137

6.6.1　修订云线 ·············· 137

6.6.2　区域覆盖 ·············· 138

习题六 ·························· 139

第7章　对象修改 ················ 143

7.1　复制操作 ···················· 143

7.1.1　镜像复制 ·············· 143

7.1.2　偏移复制 ·············· 145

7.1.3　阵列复制 ·············· 146

7.2　对象方位处理 ················ 148

7.2.1　移动对象 ·············· 148

7.2.2　旋转对象 ·············· 149

7.2.3　对齐对象 ·············· 151

7.3　对象变形处理 ················ 151

7.3.1　比例缩放 ·············· 151

7.3.2　拉伸对象 ·············· 152

7.3.3　拉长对象 ·············· 153

7.3.4　延伸对象 ·············· 155

7.3.5　修剪对象 ·············· 156

7.4　对象打断与合并 ·············· 157

7.4.1　打断 ·················· 157

7.4.2　打断于点 ·············· 157

7.4.3　合并 ·················· 157

7.5　对象倒角 ···················· 158

7.5.1　倒棱角 ················ 158

7.5.2　倒圆角 ················ 159

7.5.3　多段线倒角 ············ 160

7.6　剖视图与图案填充 ············ 161

7.6.1 剖视图的形成与画法 ···· 161
7.6.2 图案填充 ···· 162
7.6.3 面域造型 ···· 169
7.7 工具栏设置 ···· 171
习题七 ···· 174

第8章 尺寸标注 ···· 179
8.1 尺寸标注基础 ···· 179
8.1.1 尺寸标注组成 ···· 179
8.1.2 尺寸标注类型 ···· 180
8.1.3 标注尺寸步骤与工具 ···· 180
8.2 尺寸标注方法 ···· 181
8.2.1 线性尺寸标注 ···· 181
8.2.2 连续尺寸标注与基线尺寸标注···· 184
8.2.3 径向尺寸标注 ···· 185
8.2.4 角度标注 ···· 187
8.2.5 引线标注 ···· 188
8.2.6 其他尺寸标注 ···· 191
8.3 设置样式 ···· 192
8.3.1 设置文字样式 ···· 192
8.3.2 设置尺寸标注样式 ···· 193
8.3.3 设置多重引线样式 ···· 196
8.4 编辑尺寸标注和放置文本 ···· 197
8.4.1 尺寸标注编辑 ···· 198
8.4.2 放置尺寸文本位置 ···· 199
8.4.3 尺寸关联 ···· 199
8.5 公差标注 ···· 200
习题八 ···· 201

第9章 技术要求与表格处理 ···· 203
9.1 技术要求与文字标注 ···· 203
9.1.1 文本基本概念 ···· 203
9.1.2 输入简单文字 ···· 204
9.2 构造文字样式 ···· 206
9.2.1 样式处理 ···· 207
9.2.2 选择字体 ···· 207
9.2.3 确定文字大小 ···· 207
9.2.4 效果 ···· 208
9.3 标注多行文字 ···· 208
9.4 编辑文字 ···· 211
9.4.1 编辑文字 ···· 211

9.4.2 注释与注释性 ···· 212
9.5 工程图表格及其处理 ···· 214
9.5.1 创建表格 ···· 215
9.5.2 从数据提取创建表格 ···· 216
9.5.3 表格的编辑修改 ···· 218
9.5.4 表格样式设置 ···· 221
习题九 ···· 228

第10章 装配图及辅助工具 ···· 230
10.1 装配图的作用和内容 ···· 230
10.2 装配图的表达方法 ···· 231
10.2.1 规定画法 ···· 231
10.2.2 特殊画法 ···· 232
10.3 装配图的其他内容 ···· 234
10.3.1 装配图的尺寸标注 ···· 234
10.3.2 装配图上的零、部件序号和
明细栏（表） ···· 234
10.4 装配图绘制 ···· 235
10.4.1 绘制装配图 ···· 235
10.4.2 在 AutoCAD 中绘制装配图 ···· 237
10.5 由装配图拆零件图 ···· 237
10.6 块 ···· 239
10.6.1 块与块文件 ···· 239
10.6.2 插入块 ···· 243
10.6.3 块属性 ···· 246
10.7 外部参照 ···· 249
10.7.1 使用外部参照管理器附着
外部参照 ···· 250
10.7.2 外部参照的编辑 ···· 253
10.8 设计中心 ···· 254
10.8.1 设计中心界面 ···· 255
10.8.2 查看图形内容 ···· 256
10.8.3 在文档间复制对象 ···· 256
10.8.4 使用收藏夹 ···· 257
10.9 动态块 ···· 258
10.9.1 动态块的创建过程 ···· 258
10.9.2 使用动态编辑器 ···· 259
10.9.3 向动态块中插入元素 ···· 260
习题十 ···· 263

第11章 参数化绘图 ···· 265

11.1 参数化概述 ············· 265

11.2 几何约束 ············· 267

11.3 标注约束 ············· 272

习题十一 ············· 276

第 12 章 三维对象绘制与编辑 ········· 277

12.1 概述 ············· 277

12.2 直接生成三维实体 ········· 278

12.2.1 创建多段体 ········· 278

12.2.2 创建长方体 ········· 279

12.2.3 创建楔体 ········· 280

12.2.4 创建圆锥体 ········· 280

12.2.5 创建球体 ········· 281

12.2.6 创建圆柱体 ········· 282

12.2.7 创建棱锥体 ········· 283

12.2.8 创建圆环体 ········· 283

12.3 二维图形转三维实体 ········· 284

12.3.1 通过拉伸二维对象创建三维实体 ···284

12.3.2 绕轴旋转二维对象创建三维实体 ···286

12.3.3 扫掠二维对象创建三维实体 ·······287

12.3.4 放样二维对象创建三维实体 ·······289

12.4 三维操作 ············· 291

12.4.1 三维移动 ········· 291

12.4.2 三维旋转 ········· 292

12.4.3 对齐与三维对齐 ········· 294

12.4.4 三维镜像 ········· 295

12.4.5 三维阵列 ········· 295

12.4.6 倒角 ········· 296

12.5 编辑三维实体对象 ········· 297

12.5.1 布尔运算 ········· 297

12.5.2 实体边处理 ········· 299

12.5.3 实体面处理 ········· 301

12.5.4 其他实体编辑 ········· 305

习题十二 ············· 307

附录 各章部分习题参考答案 ········· 310

参考文献 ············· 314

第 1 章　AutoCAD 2012 与工程制图

工科学校的重要任务之一就是通过工程制图课程来掌握必要的图纸表达方法，而 AutoCAD 2012 是重要的辅助绘图工具，二者直接的相互融合才能提高制图效率。

本章主要介绍工程图与画法几何的基本概念，它们与 AutoCAD 2012 的关系，以及 AutoCAD 2012 的发展历程，并讲解国家标准《技术制图》和《机械制图》中关于图纸幅面、图框格式、比例、字体、图线和尺寸注法等基本规定，介绍三维对象的平面投影关系以及在 AutoCAD 2012 中的相应处理方法。

本章要点

- AutoCAD 2012 与工程制图的关系
- AutoCAD 2012 的界面与工具
- 图纸设置
- 文字设置
- 线条设置
- 尺寸标注
- 三维对象与平面图

1.1　工程图与画法几何

根据投影原理、标准和有关规定，表示工程对象并有必要的技术说明的图称为图样。随着生产和科学技术的发展，图样在工程技术上的作用显得尤为重要。设计人员通过它表达自己的设计思想，制造人员根据它加工制造，使用人员利用它进行合理使用。因此，图样被认为是"工程界的语言"。它是设计、制造、使用部门的一相中要技术资料，是发展和交流科学技术的有力工具。

机械工程图样的质量将直接影响产品的质量和经济性。因此，首先要掌握绘制机械图样的基本知识和技能。

学习 AutoCAD 的一个重要目的，就是让所建立的模型以工程图的形式表达出来，让工厂工人可以准确理解零件并加工。这个环节是通过工程图解决的，工程制图的基础是画法几何。

1.1.1　基本概念

对于对象的表达，人们习惯使用两种方式，如图 1-1 和图 1-2 所示。其中，三维立体图直观，但是难画；平面图不直观，但是能准确描述形体尺寸。实际上，无论三维立体图还是平面图形，它们的本质都是图。作为一个工程技术人员，理解宇宙直到生活环境的物体，他的认知过程都是逐渐过渡的，即图→工程图→工程制图。也就是说，这是一个从整体到细节的问题。

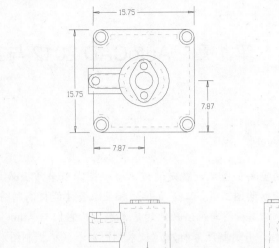

图 1-1　立体图　　　　　　　　　　　　图 1-2　平面图

　　图是把物体的形象反映到平面上的形式，只要把要表达的对象反映到纸面等媒介上，就是完成了一张图。文字也是特殊的图。

　　在生产建设和科学研究工程中，对于已有或想象中的空间体（如地面、建筑物、机器等）的形状、大小、位置等资料，很难用语言和文字表达清楚，因而需要在平面上（例如图纸上）用图形表达出来。这种在平面上表达工程物体的图，称为工程图。工程图常用的表达方式有透视图、轴测图、正投影图和标高投影图。

　　如果将工程图比喻为工程界的一种语言，则画法几何便是这种语言的语法。

　　当研究在平面上用图形来表达空间物体时，因为空间物体的形状、大小和相互位置等不同，不便以个别物体逐一研究，为了研究时描述正确和完整，以及所得结论能广泛地应用于所有物体，所以采用几何学将空间物体概括成抽象的点、线、面等几何形体，研究几何形体在平面上如何用图形来表达，以及如何通过作图来解决它们的几何关系问题。这种研究在平面上用图形来表示空间几何形体和运用几何图来解决它们的几何关系问题的学科，称为画法几何。例如，正方体可以描述为由 6 个面组成，每个面由无数条线组成，而每条线又由无数个点组成。

　　在工程图中，除了有表达物体形状的线条以外，还要应用国家制图标准规定的一些表达方法和符号，根据画法几何的理论，注以必要的尺寸和文字说明，使得工程图能完善、明确和清晰地表达出物体的形状、大小、位置以及其他必要的信息（如物体的名称、材料的种类和规格、生产方法等）。研究绘制工程图的学科，称为工程制图。同工程图相比，工程制图是工程图的正投影图扩展而来，而且添加了文字等注释信息。

　　工程制图用于不同目的，就成为不同的工程图。例如，如果用在建筑行业，则形成建筑平面图、建筑立面图和建筑剖面图；如果用在机械行业，则形成平面结构图、模具图、加工图纸等。

1.1.2　工程制图的基本要求

1. 工程制图的任务与要求

　　学习工程制图的目的就是培养学生绘图、读图和图解的能力以及空间想象能力。概括而言，主要分为以下几项任务：

　　（1）研究正投影的基本理论和作图方法。

（2）培养绘制和阅读工程图的能力，即培养图解能力。

（3）通过绘图、读图和图解的实践，培养空间想象能力。

（4）培养用计算机辅助绘图软件绘制图样的初步能力。

（5）正确使用绘图工具，包括实际手工工具和软件工具，掌握绘图的技巧和方法，又快又好地作出符合国家标准的工程图，并能正确地阅读一般的工程图纸。

在学习过程中，只有培养认真、细致、一丝不苟的工作作风，才能做出符合要求的正确图纸。良好的工作作风是完成任务的润滑剂。

2.　学习方法

画法几何是制图的理论基础，比较抽象，系统性较强。机械制图是投影理论的实际运用，实践性较强，学习时要完成一系列的绘图、识图作业，但必须注意学习方法，才能提高学习效果。

具体方法如下：

（1）要培养空间与二维视图转换的想象能力。可以借助于一些模型，加强图物对照的感性认识，但要逐步减少使用模型，直至可以完全依靠自己的空间想象能力看懂图纸。

（2）要培养实体的分解能力。要解决这个问题，一要掌握分解的思路，即空间问题，一定要拿到空间去分析研究，决定分解方案；二要掌握几何元素之间的各种基本关系（如平行、垂直、相交、交叉等）的表示方法，才能将分解体逐步用作图表达出来，并求得解答。

（3）要提高自学能力与严谨的态度。工程图纸（机械图纸、化工图纸、建筑图纸等）是施工的根据，必须与工程实践结合起来，而专业知识的学习主要靠用户自学，所以读者要想准确把握工程制图，就必须提高自己的自学能力。另外，在绘制工程图后，往往由于一条线的疏忽或数字的差错，造成严重的返工浪费。所以应从初学制图开始，严格要求自己，养成认真负责、一丝不苟和力求符合国家标准的工作态度。同时又要逐步提高绘图速度，达到又快又好的要求。

1.1.3　工程制图的国际标准与国家标准

为了便于生产和技术交流，每个国家都对工程图样画法、尺寸标注方法等作了统一规定。主要有 ISO 标准和各国自己的标准，例如美国的 ANSI 标准、日本的 JIS 标准、德国的 DIN 标准等。ISO 标准为国际标准组织制定，我国的标准也是参照该标准制定的。

1959 年，由中华人民共和国科学技术委员会批准发布了我国第一个《机械制图》国家标准（GB 122－1959～GB 141－1959），该标准对图纸幅面、比例、图线、剖面线、图样画法、尺寸注法、标准件和通用件等画法和代号方面都作了统一的规定。自该标准实施以来，起到了统一工程语言的作用，并在 1974 年和 1984 年进行过两次修订。1993 年，根据有关规定，把某些与机械、建筑、电气、土木、水利等行业均有关系的共性内容制订成《技术制图》国家标准，即 GB/T 14689－1993。其中 GB 为"国标"（国家标准的简称）二字的汉语拼音字头，"T"为推荐的"推"字的汉语拼音字头，14689 为标准编号，1993 为标准颁布的年号。2008 年该标准修订更新为 GB/T 14689－2008，工程技术人员应严格遵守，认真贯彻国家标准。

1.1.4　计算机辅助绘图

计算机科学是最近几十年来发展最为迅猛的科学分支。计算机硬件和软件的交替进步，已经使如今的微型计算机成为非常好的绘图工具。计算机绘图速度快，质量好，而且便于修改，易于管理。计算机绘图技术已成为工程技术人员必须掌握的基本技术。

实现计算机绘图，必须依靠计算机绘图系统的正常运行。计算机绘图系统由硬件和软件两大部分组成。

硬件部分主要包括微型计算机、图形输入设备和图形输出设备。软件部分包括操作系统和绘图软件。绘图软件有很多，较为流行的有 Solidworks、Pro/Engineer、AutoCAD 等。各种绘图软件可能在使用方法和技巧上稍有差异，但它们的绘图原理归根到底都是相同的，都要遵循画法几何原理。

1.2　AutoCAD 2012 与工程制图

AutoCAD 2012 是 Autodesk 公司最新推出的面向未来的先进设计软件，本书将围绕该软件进行讲解。

1.2.1　AutoCAD 的发展历程

计算机辅助设计（Computer Aided Design，简称 CAD）技术萌芽于 20 世纪 50 年代后期，并随着计算机硬件技术的发展而迅猛发展。目前，CAD 技术已经广泛应用于航空、航天、冶金、船舶、机械、纺织、建筑、地理信息、出版等行业，并逐渐得到各界的重视。在众多的 CAD 软件中，美国 Autodesk 公司开发的旗舰产品——AutoCAD 日益普及，已经占据了计算机 CAD 市场的主导地位，几乎所有的高校和研究部门都在应用该软件。可以说，其在平面制图方面的功能几乎达到了完美的程度。

同其他大型、专业化 CAD 软件相比，AutoCAD 对计算机系统的要求较低，价格便宜，具有较高的性价比。因此，一经推出便受到广大中小型企业的欢迎。通过 Autodesk 公司对 AutoCAD 软件的不断改进和完善，其功能日益强大，市场占有率逐步提高。目前，AutoCAD 推出多种语言版本，而且其图形格式已成为一种事实上的国际性工业标准。

在发展初期，AutoCAD 是一个基于 DOS 命令行式的程序。AutoCAD 1.0 版是 Autodesk 公司于 1982 年 11 月在美国拉斯维加斯（Las Vegas）举行的 COMDEX 展览会上正式发布的，原名 MicroCAD，目的是为孩子和学生提供一个进行手工画图的计算机工具。它运行在配备 Intel 8080CPU 和 CP/M 操作系统的计算机平台上，只具有简单的二维绘图功能。经过十多年的发展，AutoCAD 已经演化成一个完全的 Windows 应用程序，它的版本不断更新，功能和目的也在不断变化。如表 1-1 所示列出了 AutoCAD 各版本发布时间及简单的发展概况。

表 1-1　AutoCAD 各版本的发布时间及发展概况

版本	发布时间	发展概况
V1.0（R1）	1982.12	首次推出
V1.3（R2）	1983.4	增加尺寸标注功能
V1.3（R3）	1983.8	增加系统配置工具及对大型绘图机的支持
V1.4（R4）	1983.10	增加 ARRAY 命令及模式/坐标状态行
V2.0（R5）	1984.10	增加属性功能
V2.1（R6）	1985.5	增加原型图及三维功能、增加 AutoLISP 语言（2.18 版）
V2.5（R7）	1986.6	增加上下文敏感帮助，允许输出图形到文件
V2.6（R8）	1987.4	增加三维线、三维面对象
R9	1987.9	改善用户界面，提供了下拉菜单、对话框，可以绘制样条曲线
R10	1988.10	增强三维绘图功能、增加句柄功能
R11	1990.10	增加图纸空间、标注样式、扩展实体数据、实体造型功能，提供修复工具、ADS 二次开发工具、网络支持

续表

版本	发布时间	发展概况
R12	1992.6	用户界面做了重大修改，增加夹点编辑功能、渲染功能
R13	1994.11	采用面向对象的程序设计方法，提供了全新的尺寸标注命令、多行文本编辑器（MTEXT）以及 ARX 二次开发工具
R14	1997.6	采用 HEIDI 图形子系统，改进多行文本编辑器，集成 Internet 功能
R14 中文版	1998.4	Autodesk 公司推出的第一个使用简体中文语言的版本
2000	1999.3	提供了多文档设计环境、AutoCAD 设计中心特性管理窗口等一系列新特性
2000i	2000.9	提供了在 Internet 上的设计工具，可以进行电子传递、网上发布等提高效率的工作
2002	2001.6	主要在数据交换、CAD 标准以及属性提取等方面进行了增强
2004 中文版	2003.4	提供了网络协同、数字签名、工具选项板、文字格式等新特性，并去掉了"今日"等实用性不强的功能
2005 中文版	2004.3	新增图纸集管理器和集成的协作平台
2006 中文版	2005.3	增强了一些绘图命令、尺寸标注、图案填充和多行文字编辑等，新增了动态块、动态输入等工具
2007 中文版	2006.3	增加了三维工具、外部参照和用户界面，新增了材质、光源、动画等工具
2008 中文版	2007.3	在面板、工作空间、图形管理等方面进行了增强，功能更加稳定，三维操作融入了 3DS MAX 功能，更加方便灵活
2009 中文版	2008.3	在图形界面方面进行了重大更改，增加了动作录制器、查看工具、地理位置等工具，并提升了图层特性管理器，更加贴近微软操作习惯
2010 中文版	2009.4	在用户界面、局部参数化设计、三维打印、PDF 文档输出、动态块操作以及生产力增强等方面进行了增强
2011 中文版	2010.9	在 3D 功能方面增强了曲面造型、网面造型、实体造型和工具，在 API 方面改进了属性面板、动态块和参数化绘图功能，加速了文档处理，实现无缝沟通和定制，探索设计创意
2012 中文版	2011.5	新增关联数组、多功能夹点、图纸集管理器、自动完成命令等功能，同时针对概念设计、模型制图和现实捕提提供新的工作流程和扩展工作流程。AutoCAD 2012 提供功能强大的工具以简化 3D 设计和制图工作流程，包括模型制图工具、点云支持等

在各个时段，AutoCAD 的侧重点都是不同的。其中，R8 是商品化的第一个产品；R10 是 AutoCAD 开始得到广泛关注的版本，并提供了中文汉化版；AutoCAD R12 则是其发展的一个重要里程碑，代码全部重写，分别提供了基于 DOS 和 Windows 的版本；AutoCAD R14 中文版是该软件发展的又一个重要里程碑。随着技术的成熟和发展，AutoCAD 中文版的推出速度也逐渐加快，从 2004 版开始基本上达到了和英文版同步。AutoCAD 2009 版可以说是界面变化最大的一次，完全淡化了原来的菜单操作形式，而代之以目前最为流行的功能面板方式，并一直延续下来。AutoCAD 2012 是 Autodesk 公司推出的面向未来的先进设计软件，本书将围绕该软件进行讲解。

1.2.2　AutoCAD 2012 的界面

AutoCAD 2012 安装完成后，安装程序自动在 Windows 桌面上建立 AutoCAD 2012 Simplified

Chinese 快捷图标，并在"程序"菜单中生成 Autodesk 程序组。

　　双击快捷图标，或者单击 AutoCAD 2012 – Simplified Chinese 程序组中的 AutoCAD 2012 程序项，均可启动 AutoCAD 2012，进入其工作界面，如图 1-3 所示。

图 1-3　AutoCAD 2012 用户界面

　　工作界面主要包括标题栏、菜单显示按钮、菜单栏、快速访问工具栏、状态栏、视图窗口、功能面板、命令行窗口、选项板、信息中心等，另外还包括文本窗口等特殊元素。简单介绍如下：

　　（1）标题栏——屏幕顶部是标题栏，在中间部位显示软件名称，后面紧接着的是当前打开的文件名。

　　（2）菜单——菜单是 Windows 程序的标准用户界面元素，用于启动命令或设置程序选项，单击左上角█按钮可以打开常用文件菜单栏，如图 1-4 所示。如果要显示传统的菜单栏，可以在最上端的快速访问工具栏最右侧单击█按钮，在下拉菜单中选择"显示菜单栏"选项即可，反之亦然。传统菜单栏如图 1-3 所示。AutoCAD 2012 基本上不提倡用菜单，建议使用功能面板。下面对传统菜单栏和快捷菜单分别进行说明。

- 传统菜单栏——标题栏下面是菜单栏。它包括【文件】、【编辑】、【视图】、【插入】、【格式】、【工具】、【绘图】、【标注】、【修改】、【参数】、【窗口】和【帮助】共 12 个选项。菜单栏提供了全部的 AutoCAD 绘图操作命令。

图 1-4　AutoCAD 2012 常用文件菜单栏

- 快捷菜单——AutoCAD 2012 提供了快捷菜单（右键菜单）方式，在没有选取实体时，图形区域内的快捷菜单提供最基本的 CAD 编辑命令。用户若在命令执行中，则显示该命令的所有选项；若选中实体，则显示该选取对象的编辑命令；若在工具栏或状态栏，则显示相应的命令和对话框。

如图 1-5 所示，从左到右分别为没有选择任何对象、绘制直线过程中和绘制直线对象后的快捷菜单。

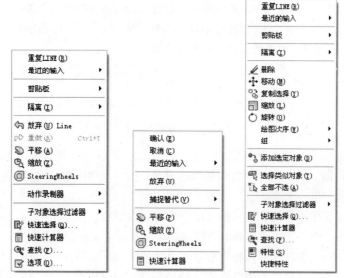

图 1-5 AutoCAD 2012 快捷菜单

菜单相当于工程制图中的参考手册，从中可以查找到一些相关的绘图技术工具。

（3）工具栏——AutoCAD 2012 把一些常用的菜单命令按照一定的标准分类，以工具栏的方式组织在一起，使用户单击某一个按钮就可以完成单击若干次菜单才能完成的操作，这为提高工作速度提供了方便。

将鼠标指针指向某按钮并稍作停留，按钮右下方会显示该按钮的名称，并且在状态栏中会给出该按钮的功能描述及对应命令。

工具栏就相当于制图人员的工具箱，里面放置各种常用工具。

AutoCAD 2012 提供了多种工作空间，用户可以进行适当的切换来完成不同的任务。单击状态栏上的按钮，如图 1-6 所示，从中选择即可。当选择不同的空间时，将显示对应的工具栏及面板等基本元素。

图 1-6 【工作空间】工具栏

（4）功能面板——从 AutoCAD 2009 开始，AutoCAD 已经将工具栏和面板操作转向了功能区操作，这也是推荐用户使用的最佳方式。功能区由功能面板和选项卡组成。在功能面板中，用户可以直接选择需要的工具按钮，选择选项、输入参数或者进行设置，这大大超出了原来工具栏的单一操作方式。用户可以在熟悉工具栏操作的基础上熟悉面板操作。

如图 1-7 所示就是二维建模工作空间的功能区。

在面板上端显示的为选项卡，每个选项卡都对应不同的功能面板，每个功能面板最下面的标题标识了该面板的作用。在有些控制面板上，如果单击该名称或者其右侧的箭头 ⌐，将打开包含其他工具

计算机辅助设计——AutoCAD 2012 实用教程

和控件的滑出面板。当单击其他控制面板图标时，已打开的滑出面板将自动关闭，每次仅显示一个滑出面板。如果没有足够的空间在一个面板行中显示所有工具，将显示一个黑色向下箭头 ▼，该箭头称为上溢控件，单击即可打开下拉按钮列表，从中可选择工具按钮。

图 1-7   二维建模面板

单击功能区选项卡最右侧的按钮 ，将显示不同的面板状态。第一次单击时，将只显示选项卡和功能面板标题；第二次单击时，将只显示选项卡；第三次单击时，将恢复初始状态。

可以按以下方式自定义功能面板：

● 使用【自定义用户界面】对话框可以创建和修改面板。

● 通过在面板上右击，然后在弹出的快捷菜单中选择【显示面板】命令，在子菜单中选择或取消功能面板的名称，可以指定显示哪个功能面板，如图 1-8 所示。

● 将可自定义的工具选项板组与面板上的每个控制面板相关联。在控制面板上右击将弹出快捷菜单，【工具选项板组】子菜单中有可用的工具选项板组列表，从中选择即可，如图 1-8 所示。

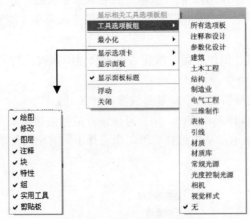

图 1-8   设置功能面板内容

（5）状态栏——状态栏位于 AutoCAD 2012 窗口的底部，它显示了用户的工作状态或相关信息，可以随时对用户进行提示，如图 1-9 所示。用户在开始使用时往往注意不到状态栏的显示，使用一段时间后才会觉出适当查看状态栏对绘图很有用。

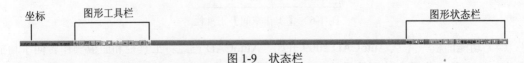

图 1-9   状态栏

当将光标置于绘图区域中，在状态栏左边的坐标显示区域将显示当前光标的坐标值，它有助于光标的定位。当用户将光标指向菜单选项或者工具栏上的按钮时，状态栏将显示相应菜单项或按钮的功能提示。

状态栏中间的按钮指示并控制用户的不同工作状态。按钮有两种显示状态：凸出和凹下。按钮凹下表示相应的设置处于打开状态。

对于图形状态栏而言，由于功能比较简单，而且相对独立，在此将进行详细讲解，后面就不再重复了。

- 注释比例按钮 ——单击该按钮，可以选择不同的注释比例，如图 1-10 所示。
- 注释可见性按钮 ——单击该按钮，将显示所有比例的注释性对象；当关闭时，将仅显示使用当前比例的注释性对象。
- 自动比例更改显示注释按钮 ——单击该按钮，将在注释比例更改时自动将比例应用到注释性对象上。
- 工具栏/窗口位置未锁定按钮 ——单击该按钮，将会锁定所选择的如浮动窗口、工具选项板等对象。
- 硬件加速按钮 ——单击该按钮，将采用硬件加速的方式显示当前图形，或者调节当前图形的显示性能等。
- 隔离对象按钮 ——单击该按钮，可以创建一个隔离或隐藏选定对象的临时图形视图。这样可以节省用户跨图层追踪对象的时间。如果隔离对象，则该视图中将仅显示隔离的对象。
- 工具栏控制对象按钮 ——单击该按钮，将可以选定图形工具栏和状态栏显示内容，如图 1-11 所示。

图 1-10　选择注释比例　　　　　　　　图 1-11　设置工具按钮

- 全屏显示按钮 ——单击该按钮，将可以最大化显示图形，如图 1-12 所示；再次单击将恢复原状。

（6）信息中心——标题栏右侧的按钮对用户图形文件中的一些更改进行在线或临时提示，它们是以气泡通知形式出现的。例如，如果当前图形文件中有的外部参照文件已经更改，将出现一个气泡来通知该文件已修改，并提示用户是否接受修改。另外，信息中心将随时通知用户一些来自 Autodesk 网站的产品更新和通告等内容。

（7）绘图区——AutoCAD 2012 的界面上最大的空白窗口便是绘图区，亦称视图窗口，它是用户用来绘图的地方。在 AutoCAD 2012 视窗中有十字光标、用户坐标系等。十字光标即为 AutoCAD 在图形窗口中显示的绘图光标，它主要用于绘图时点的定位和对象的选择，因此具有两种显示状态。绘图区相当于制图人员的绘图板。

图 1-12　全屏显示

（8）命令行窗口——使用命令行绘图是比较典型的绘图方式，命令的输入在命令行窗口中完成。AutoCAD 2012 的命令行窗口位于状态栏上方，是一个水平方向较长的小窗口。命令行窗口是用户与 AutoCAD 2012 进行交互的地方，用户输入的信息显示在这里，系统出现的信息也显示在这里。当输入命令时，系统将自动提示近似的命令。命令行窗口不但是命令选择的地方，也是具体输入参数的地方。菜单栏和工具栏中各命令的参数大部分是从这里输入的。

命令行窗口的大小是可以进行调整的。当用户把鼠标指针放在除左边框外的其他边框上时，指针变为双向箭头，拖动它就可以调整命令行窗口的大小。其位置也是可以变化的，用鼠标在命令行窗口框处按下并拖动鼠标，就可将其放到其他位置；如果放置在图形窗口中，就会使其变成浮动状态；如果靠近图形窗口，则变为其他固定状态。

（9）工具选项板——显示当前可选择对象及其属性，以浮动面板形式出现，可以从中选择所需要的属性，输入或者修改具体参数等。

（10）文本窗口——命令行窗口比较小，不能显示太多的信息，要想看到比较多的信息，可以打开文本窗口放大观察。默认情况下，文本窗口是隐藏的，用户可以在菜单栏中选择【视图】→【显示】→【文本窗口】命令来弹出它，也可以直接按 F2 键显示或隐藏文本窗口。

AutoCAD 2012 的对话框基本上符合 Windows 标准操作习惯，在此不再赘述。

1.2.3　AutoCAD 2012 的工具与工程制图的关系

实际上，任何计算机绘图工具都是用来取代手工绘图工具的，而且，由于计算机的天然属性，其效率方面的工具也必不可少。下面结合手工绘图操作分析一下 AutoCAD 工程图草绘工具的可能性及对照性。

（1）图板。图板主要用来固定图纸。它一般是用胶合板制成，板面光滑平整，四边由平直的硬木镶边，其左侧边称为导边。常用的图板规格有 0 号、1 号和 2 号。与此对应，AutoCAD 必须提供绘图区，并且有相应的幅面图纸。

（2）绘制直线工具。

- 丁字尺：如图 1-13（a）所示，有木质和有机玻璃两种，由相互垂直的尺头和尺身组成。使用时，左手扶住尺头，将尺头的内侧边紧贴图板的导边，上下移动丁字尺，自左向右，可画出不同位置的水平线。

- 三角板：如图 1-13（b）所示，一般由有机玻璃制成，可与丁字尺配合使用画垂直线和倾斜线。一副三角板有 300mm×600mm×900mm 和 450mm×450mm×900mm 两块。

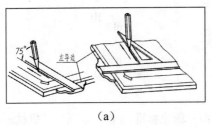

（a）

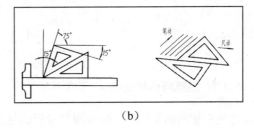

（b）

图 1-13　直线工具

与此对应，AutoCAD 应该提供直线绘图工具。由于没有手工绘图灵活，因此线型工具也是必需的。另外，为了形成不同角度的直线，可以采用几何约束工具。

（3）比例尺。如图 1-14 所示，比例尺常为木质三棱柱体，也称为三棱尺。在它三面刻有 6 种不同的比例刻度。绘图时应根据所绘图形的比例选用相应的刻度，直接进行度量，无须计算。与此对应，AutoCAD 提供比例缩放工具。

（4）分规。如图 1-14 所示，分规的两腿均装有钢针，当两脚合拢时，两针尖应合成一点。它主要用于量取尺寸和截取线段。与此对应，AutoCAD 应该提供裁剪工具。

（5）圆规。如图 1-15 所示，圆规用于绘制圆弧和圆。与此对应，AutoCAD 应该提供圆工具和圆弧工具。

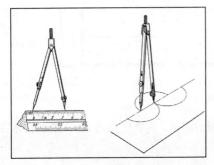

图 1-14　比例尺与分规

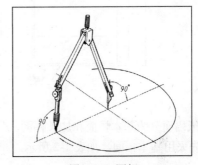

图 1-15　圆规

（6）曲线板。如图 1-16 所示，曲线板是绘制非圆曲线的常用工具。与此对应，AutoCAD 提供了样条曲线工具。

（7）铅笔。如图 1-17 所示，铅笔是用来手工绘图的绘图工具。与此对应，AutoCAD 提供线型工具。如果用于写字，还必须提供字体样式工具。

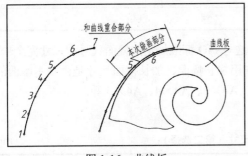

图 1-16　曲线板

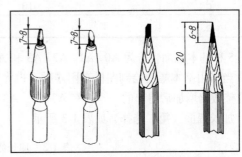

图 1-17　铅笔

（8）擦线板。擦线板用于擦拭不必要的线条和文字。在工程图绘图中，经常由于各种操作而产生"垃圾线条"和"垃圾点"，因此必须随时进行更新。AutoCAD 提供了重画、重生成工具，用来刷新屏幕。

1.3 图纸

1.3.1 图纸幅面与比例

这里介绍的国家标准一部分源自最新的《技术制图》国家标准，一部分源自《机械制图》国家标准。

1. 图纸幅面及格式

（1）图纸的基本幅面。

图纸宽度（B）和长度（L）组成的图面称为图纸幅面，如图 1-18 所示。

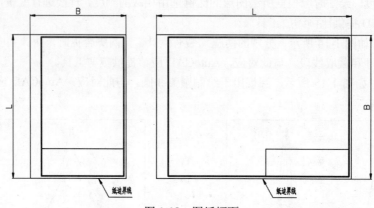

图 1-18　图纸幅面

图纸幅面分为基本幅面和加长幅面。不管哪种幅面的图纸，其单位都是 mm。绘制技术图样时，一般优先采用基本幅面，如表 1-2 所示。

表 1-2　基本幅面的代号、尺寸及周边的尺寸（第一选择）　　　　　（mm）

幅面代号	A0	A1	A2	A3	A4
尺寸 B×L	841×1189	594×841	420×594	297×420	210×297
e	20			10	
c	10			5	
a	25				

5 种基本幅面代号为 A0、A1、A2、A3 和 A4，这与 ISO 标准规定的幅面代号和尺寸完全一致。

当采用基本幅面绘制图样有困难时，也允许选用加长幅面，加长幅面尺寸是由基本幅面的短边成整数倍增加后得出的。一般有 A3×3、A3×4、A4×3、A4×4、A4×5 等。

加长幅面（第二选择）如表 1-3 所示。

表 1-3　加长幅面尺寸（第二选择）　　　　　（mm）

幅面代号	A3×3	A3×4	A4×3	A4×4	A4×5
尺寸 B×L	420×891	420×1189	297×630	297×841	297×1051

加长幅面（第三选择）如表 1-4 所示。

表 1-4　加长幅面尺寸（第三选择）　　　　　　　　　　（mm）

幅面代号	尺寸 B×L	幅面代号	尺寸 B×L
A0×2	1189×1682	A3×5	420×1486
A0×3	1189×2523	A3×6	420×1783
A1×3	841×1783	A3×7	420×2080
A1×4	841×2378	A4×6	297×1261
A2×3	594×1261	A4×7	297×1471
A2×4	594×1682	A4×8	297×1682
A2×5	594×2102	A4×9	297×1892

如图 1-19 所示，粗实线表示表 1-2 的基本幅面（第一选择），细实线表示表 1-3 的加长幅面（第二选择），虚线表示表 1-4 的加长幅面（第三选择）。

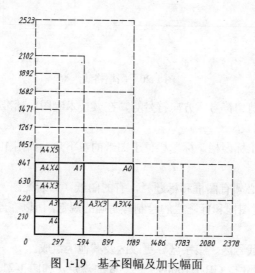

图 1-19　基本图幅及加长幅面

（2）图框格式。

图纸上必须用粗实线画出图框，其格式如图 1-20 所示。

图纸空间是由纸边界线（幅面线）和图框线组成的，无论图纸是否装订，图框线都必须用粗实线绘制，表示图幅大小的纸边界线用细实线绘制。图框线与纸边界线之间的区域称为周边。对于保留装订边的图框格式来讲，装订侧的周边尺寸 a 要比其他 3 个周边的尺寸 c 大一些。不留装订边的图框的 4 个周边尺寸相同，均为 e。各周边的具体尺寸与图纸幅面大小有关。

当图样新要装订时，一般采用 A3 幅面横装，A4 幅面竖装，如图 1-20 所示。

1）留有装订边的图纸的图框格式如图 1-20（a）、（b）所示，图中尺寸 a、c 按表 1-2 的规定选用。

2）不留装订边的图纸的图框格式如图 1-20（c）、（d）所示，图中尺寸 e 按表 1-2 的规定选用。

3）加长幅面图纸的图框尺寸，按所选用的基本幅面大一号的图框尺寸确定。例如 A2×3 的图框尺寸，按 A1 的图框尺寸确定，即 e 为 20（或 c 为 10），而 A3×4 的图框尺寸，按 A2 的图框尺寸确定，即 e 为 10（或 c 为 10）。

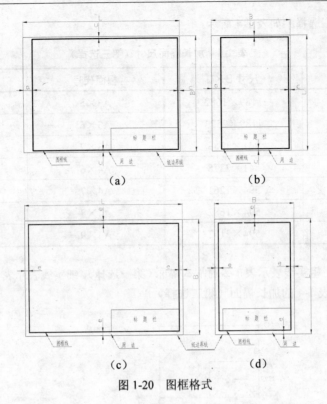

图 1-20　图框格式

另外还有对中符号、剪切符号、方向符号等，在《技术制图》标准中都有明确规定。

（3）标题栏及其方位。

每张图纸上均需要画出标题栏。标题栏位于图纸的右下角，如图 1-20 所示的位置，看图的方向与看标题栏的方向一致。

在工程制图中，图纸必须有图框和标题栏，有的图纸（如装配图）中还需要有明细栏，一般在标题栏上面。国家标准对图框和标题栏的绘制有明确的规定，所以在绘制图纸时一定要参照相关标准执行。

标题栏一般由名称及代号区、签字区、更改区及其他区组成。

1）标题栏的格式和尺寸按 GB/T 10609.1－2008 的规定，如图 1-21 所示。

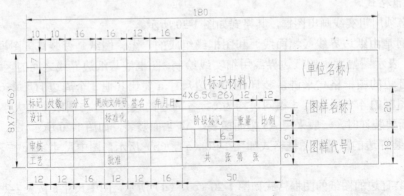

图 1-21　标题栏的格式及尺寸

2）若标题栏的长边置于水平方向并与图纸的长边平行时，构成 X 型图纸，如图 1-20（a）、（c）

所示；若标题栏的长边与图纸的长边垂直时，则构成 Y 型图纸，如图 1-20（b）、（d）所示，在此情况下看图的方向与标题栏的方向一致。

3）当使用预先印制好图框及标题栏格式的图纸时，为合理安排图形的需要，允许将 X 型图纸的短边置于水平位置使用，如图 1-22（a）所示。也可将 Y 型图纸的长边置于水平位置使用，如图 1-22（b）所示。这时看图方向与标题栏的方向不同，就需要在图纸的下边对中符号处画出一个方向符号，明确表示看图的方向。方向符号是用细实线绘制的等边三角形，其大小和所处的位置如图 1-22（c）所示。

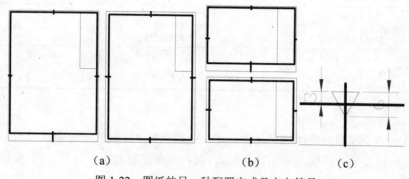

（a）　　　　　　　　　　（b）　　　　（c）

图 1-22　图纸的另一种配置方式及方向符号

4）学生作业可以采用如图 1-23 所示的简化标题栏格式。

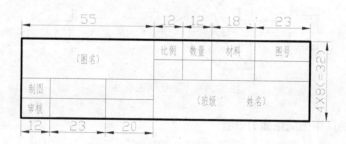

图 1-23　简化标题栏格式

（4）附加符号。

1）对中符号。为了使图样复制和缩微摄影时定位方便，各号图纸均在图纸各边长的中点处分别画出对中符号。对中符号用粗实线绘制，线宽不小于 0.5mm，长度从纸边界开始画入图框内约 5mm，如图 1-22（a）、（b）所示。当对中符号处在标题栏范围时，伸入标题栏部分省略不画，如图 1-22（b）所示。

2）方向符号。对于按如图 1-22 所示配置的图纸，为了明确绘图与看图时图纸的方向，应在图纸下边的对中符号处画一个方向符号，如图 1-22（c）所示。

2．比例

图中图形与实物相应要素的线性尺寸之比称为比例。比值为 1 的比例称为原值比例，即 1:1；比值大于 1 的比例称为放大比例，如 2:1 等；比值小于 1 的比例称为缩小比例，如 1:2 等。

绘制技术图样时，应在表 1-5 规定的系列中选取适当的比例，最好选用原值比例，但也可根据机件大小和复杂程度选用放大或缩小比例。

表 1-5　标准比例

种类		比例				
	原值比例	1:1				
第一选择	放大比例	5:1 $5 \times 10^n:1$		2:1 $2 \times 10^n:1$		$1 \times 10^n:1$
	缩小比例	1:2 $1:2 \times 10^n$		1:5 $1:5 \times 10^n$		1:10 $1:1 \times 10^n$
第二选择	放大比例	4:1 $4 \times 10^n:1$		2.5:1 $2.5 \times 10^n:1$		
	缩小比例	1:1.5 $1:1.5 \times 10^n$	1:2.5 $1:2.5 \times 10^n$	1:3 $1:3 \times 10^n$	1:4 $1:4 \times 10^n$	1:6 $1:6 \times 10^n$

注：n 为正整数。

　　同一机件的各个视图应采用相同比例，并在标题栏的"比例"一项中填写所用的比例。当机件上有较小或较复杂的结构需用不同比例时，可在视图名称的下方标注比例，如图 1-24 所示。

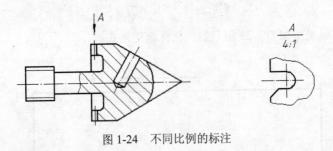

图 1-24　不同比例的标注

1.3.2　AutoCAD 中图纸幅面的设置

1. 设置绘图单位

　　手工制图时，按照国家标准，图纸的大小有严格的规定。使用 AutoCAD 2012，可以在任意大小的屏幕坐标系中绘图。

　　绘图需要图纸，国家标准中对图纸的幅面（单位和大小）进行了具体规定。在使用 AutoCAD 绘图时，也要建立一个绘图需要的环境、一个绘图区域，即工作区，包括度量单位、图纸尺寸以及想用的比例等。

　　由于设计单位、项目的不同，有不同的度量系统，如英制、米制、工程单位制和建筑单位制等，因此在工作区的建立中，首要是选择用户需要的单位制。

　　在功能区中选择 ▲ 按钮→【图形实用工具】中的【单位】按钮 ⬚ ，或者在命令行窗口输入 Units 命令，弹出【图形单位】对话框，如图 1-25 所示。

　　在【图形单位】对话框中，可以进行长度、角度的类型和精度、缩放比例单位的设置等。缩放插入内容的单位一般选择毫米即可。角度度量方向一般按逆时针方向为正。如果勾选【顺时针】复选框，则按顺时针方向为正。

　　角度的零度参照还有一个方向选项，单击【方向】按钮，将弹出【方向控制】对话框，如图 1-26 所示。

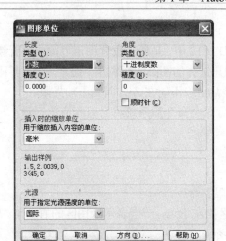

图 1-25　【图形单位】对话框

图 1-26　【方向控制】对话框

下面对参数逐一进行介绍。

（1）【长度】——在该选项区设置长度测量单位类型和测量的精度。

● 　【类型】——在该下拉列表框中包含【分数】、【工程】、【建筑】、【科学】和【小数】5 个选项。一般【工程】单位制用于大块土地布置的图形，【建筑】单位制在建筑项目中使用。根据不同的绘图目的可以选用不同的单位类型。默认方式下选择【小数】选项。

● 　【精度】——在该下拉列表框中设置当前长度单位类型的测量精度，从 0 到 0.00000000（小数点后 8 位）有 9 个选项可供选择。根据实际绘图的需要，从中选择一项。

（2）【角度】——在该选项区设置角度测量单位类型、测量的精度和测量的正方向。

● 　【类型】——在该下拉列表框中包含【百分度】、【度/分/秒】、【弧度】、【勘测单位】和【十进制度数】5 个选项。其中【十进制度数】选项一般用于平面图的绘制，为默认方式。

● 　【精度】——在该下拉列表框中设置当前角度单位类型的测量精度，从 0 到 0.00000000（小数点后 8 位）有 9 个选项可供选择。

● 　【角度方向】——通过【顺时针】复选框来设置角度的测量方向。在默认状态下不勾选该复选框，在测量时逆时针方向为正。如果勾选了该复选框，则在测量时将以顺时针方向为正。

（3）【插入时的缩放单位】——在下拉列表框中设置缩放拖放内容的单位，控制使用工具选项板拖入当前图形的块的测量单位。如果块或图形创建时使用的单位与该选项指定的单位不同，则在插入这些块或图形时，将对其按比例缩放。插入比例是源块或图形使用的单位与目标图形使用的单位之比。如果插入块时不按指定单位缩放，请在下拉列表框中选择【无单位】。

（4）【输出样例】——该列表中提供当前图形单位设置的样例预览，反馈当前设置的显示方式，以帮助用户作出正确的设置。

（5）【基准角度】——单击【方向】按钮，在如图 1-26 所示的【方向控制】对话框中设置基准角度的方向，即零度角方向。

在 AutoCAD 2012 中，零度角方向是相对于用户坐标系的方向，它影响整个角度测量，如角度的显示格式、对象的旋转角度等。默认时，【基准角度】为【东】，即 X 轴正方向，并且按逆时针的方向测量角度。用户可以选择其他的方向，如【北】、【西】或【南】等。

单击【其他】单选按钮后，用户可以在【角度】文本框中输入零度角方向与 X 轴沿逆时针方向的夹角。单击【拾取角度】按钮，可在绘图区拾取某角度作为基准角度。

2．设置绘图区大小

绘图区就是手工绘图中图纸的尺寸。在 AutoCAD 2012 中，是通过设置图形界限来设置绘图空间中的一个假想矩形绘图区域的。图形界限相当于用户选择的图纸图幅大小。通常，图形界限是通过屏幕绘图区的左下角和右上角的坐标规定的。但是，用户不能在 Z 方向上添加界限。

图形界限的设置是通过 Limits 命令确定的，执行这个命令后系统将会有相应的提示，根据提示输入两个坐标值即可。

执行 Limits 命令有两种方法。

（1）在命令行窗口中输入 Limits。

（2）在传统菜单栏中选择【格式】→【图形界限】命令。

图形边界用两个(X,Y)坐标表示，一个表示绘图区的左下角，一个表示绘图区的右上角。例如，定义一个宽 210mm、高 297mm 的绘图区，命令行提示如下：

命令：Limits
重新设置模型空间界限：
指定左下角点或 [开(ON)/关(OFF)] <0.0000,0.0000>：0,0(在命令行输入左下角坐标)
指定右上角点 <420.0000,297.0000>： 210,297(在命令行输入右上角坐标，完成设置)
其中：

- 开——打开图形界限检查。处于该状态时，AutoCAD 2012 将拒绝输入任何位于图形界限外部的点。但因为界限检查只检测输入点，所以其他的图形（比如圆）的某些部分可能延伸出界限。
- 关——关闭图形界限检查，但保留边界值，以备将来进行边界检查。这时允许在界限之外绘图，这是默认设置。

1.4 文字、线条与尺寸

1.4.1 字体

1．国标规定的字体

技术制图《字体》的国家标准代号为 GB/T 14691－1993，该标准等效采用国际标准 ISO 3098/1－1974 中的第一部分和 ISO 3098/2－1984 中的第二部分。

国标规定图样中书写的字体必须做到：字体工整、笔画清楚、间隔均匀、排列整齐。

字体高度（用 h 表示）代表字体的号数，如 7 号字的高度为 7mm。字体高度的公称尺寸系列为 1.8mm、2.5mm、3.5mm、5mm、7mm、10mm、14mm 和 20mm。如果要书写更大的字，其字体高度应按 $\sqrt{2}$ 的比率递增。

（1）汉字。

汉字应写成长仿宋体（直体），并应采用国家正式公布的简化字。由于有些汉字的笔画较多，国标规定汉字的高度 h 应不小于 3.5mm，其字宽约为字高度的 0.7 倍。

书写长仿宋体的要点为：横平竖直、注意起落、结构匀称、填满方格。长仿宋体字的示例如图 1-27 所示。

（2）字母和数字。

字母和数字分为 A 型和 B 型。A 型字体的笔画宽度为字高的 1/14，B 型字体的笔画宽度为字高的 1/10。在同一图样上，只允许选用一种字形。一般采用 A 型斜体字，斜体字字头与水平线向右倾斜 75°。文字示例如图 1-28 所示。

10号字

字体工整　笔画清晰　间隔均匀　排列整齐

7号字

横平竖直　注意起落　结构均匀　填满方格

5号字

技术制图机械电子汽车航空船舶土木建筑矿山港口纺织

图 1-27　汉字文字示例

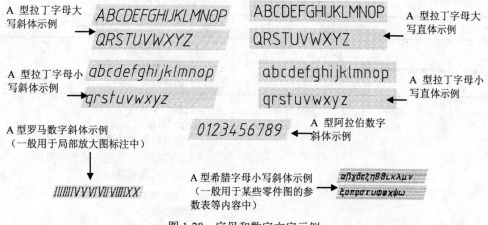

图 1-28　字母和数字文字示例

（3）CAD 中的字体标准。

在 CAD 制图中，数字与字母一般以斜体输出，汉字以正体输出。国家标准《CAD 工程制图规则》中规定的字体与图纸幅面的关系如表 1-6 所示。

表 1-6　字体与图纸幅面关系

图幅	A_0	A_1	A_2	A_3	A_4
汉字 h	7	7	5	5	5
字母和数字 h	5	5	3.5	3.5	3.5

在机械工程的 CAD 制图中，汉字的高度允许降至与数字高度相同。在建筑工程的 CAD 制图中，汉字高度允许降至 2.5mm，字母数字允许对应地降至 1.8mm。

2. AutoCAD 中的字体设置与输入

AutoCAD 中，文字的设置包括字体、高度、宽度和角度等。用户可以使用 Style 命令设置文字样式，可以自己创建文字样式或调用图形模板中的文字样式。

对于一些比较简单的文字，可以用 Text 命令。但该文字功能相对比较弱，字体的选择方式也不灵活，如果要编写技术要求等多种文字就比较麻烦。

AutoCAD 2012 还提供了多行文字工具 MTEXT 来增强对文字的支持。它可以处理成段文字，可以单独设置某些字的字体、大小、字形、颜色等，很像 Word 程序，使用非常方便。

有关的字体工具使用请参见第 9 章的相关内容。

1.4.2　图线

1. 国标中关于图线的规定

图线是起点和终点间以任意方式连接的一种几何图形，形状可以是直线或曲线、连续线或不连续线。

国家标准《技术制图　图线》（GB/T 17450－1998）和《机械制图　图线》（GB/T 4457.4－2002）中，规定了 15 种基本线型及图线应用。绘制机械图样只用到其中的一小部分。常见的图线名称、型式、宽度及在图样中的一般应用应符合表 1-7 的规定。

表 1-7　基本线型及应用（GB/T 4457.4-2002）

图线名称	图线型式	线宽	一般应用
粗实线	——————	d	可见轮廓线 可见棱边线 图框线
细实线	————————	d/2	尺寸线及尺寸界线 剖面线 重合断面的轮廓线 螺纹的牙底线及齿轮的齿根线 指引线及基准线 分界线及范围线 弯折线 辅助线 不连续同一表面的连线 成规律分布的相同要素连线
波浪线	∿∿∿	d/4	断裂处的边界线；视图与剖视的分界线①
双折线	—∿—∿—	d/4	断裂处的边界线；视图与剖视的分界线①
虚线	－ － － － －	d/4	不可见轮廓线 不可见棱边线
细点划线	— · — · — · —	d/4	轴线 剖切线 对称中心线 孔系分布的中心线 节圆及节线（分度圆及分度线）
粗点划线	▬ · ▬ · ▬ （线长及间距同细点划线）	d	有特殊要求的线或表面的表示线
双点划线（细）	—— ·· —— ·· ——	d/4	相邻辅助零件的轮廓线 极限位置的轮廓线 坯料的轮廓线或毛坯图中制成品的轮廓线 假想投影轮廓线 实训或工艺用结构的轮廓线 中断线 轨迹线

① 在一张图样上一般采用一种线型，即采用波浪线或双折线。

注：所有线型的图线宽度（d）的系列为 0.13、0.18、0.25、0.35、0.50、0.7、1、1.4、2（单位均为 mm）。

2．图线画法

（1）机械图样中粗线、中粗线和细线的宽度比率为 4:2:1。在表 1-7 中，粗实线的宽度通常选用 0.5mm 或 0.7mm，其他图线均为细线。在同一图样中，同类图线的宽度应一致。

（2）除非另有规定，两条平行线之间的最小间隙不得小于 0.7mm。

（3）细点划线和细双点划线的首末端一般应是长划而不是点，细点划线应超出图形轮廓 2～5mm。当图形较小难以绘制细点划线时，可用细实线代替细点划线，如图 1-29 所示。

（4）当不同图线互相重叠时，应按粗实线、细虚线、细点划线的先后顺序只画前面的一种图线。手工绘图时，细点划线或细虚线与粗实线、细虚线、细点划线相交时，一般应以线段相交，不留空隙。当细虚线是粗实线的延长线时，粗实线与细虚线的分界处应留出空隙，如图 1-30 所示。

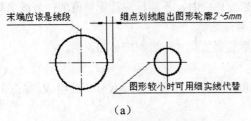

图 1-29　细点划线的画法

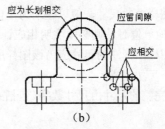

图 1-30　细点划线或细虚线与其他图线的关系

3．AutoCAD 中图层和线型的对应关系

在 AutoCAD 中，一般按表 1-8 设置图层和线型。而且，对于各种线型，也有其相关颜色规定。表中没有特别标出的，均为用户自行确定。

表 1-8　图层与线型的对应关系（GB/T 14665－1998）

图层	线型描述	颜色
01	粗实线，剖切面的粗剖切线	白
02	细实线，细波浪线，细折断线	红，绿，蓝
03	粗虚线	黄
04	细虚线	黄
05	细点划线，剖切面的剖切线	蓝绿/浅蓝
06	粗点划线	棕
07	细双点划线	粉红/橘红
08	尺寸线，投影连线，尺寸终端与符号细实线	白
09	参考圆，包括引出线和终端（如箭头）	白
10	剖面线	白
11	文本（细实线）	白
12	尺寸值和公差	白
13	文本（粗实线）	白
14，15，16	用户选用	

4．AutoCAD 中的图层及设置

所谓层，最直观的理解方法是把它想象成为没有厚度的透明片，各层之间完全对齐。一层上的某一基准点准确地对应于其他各层上的同一基准点。在不同的层上可以使用不同颜色、型号的画笔绘制线条样式不同的图形。在绘制同一个图形时可以使用不同的图层直接叠合完成。

对于 AutoCAD 的图层特性及设置，请参见本书后面图层的相关内容。

1.4.3 尺寸

1. 国标中关于尺寸标注的规定

图形只能表达机件的结构形状，其真实大小由尺寸确定。一张完整的图样，其尺寸标注应做到正确、完整、清晰、合理。

（1）基本规定。

1）机件的真实大小应以图样上所标注的尺寸数值为依据，与绘图的比例及绘图的准确度无关。

2）图样中的尺寸一般以毫米为单位。当以毫米为单位时，不需标注计量单位的代号或名称；如采用其他单位时，则必须注明相应计量单位的代号或名称。

3）图样中标注的尺寸应为该图样所示机件的最后完工尺寸，否则应另加说明。

（2）尺寸组成。

一个完整的尺寸由尺寸数字（包括必要的字母和图形符号）、尺寸线和尺寸界线组成，如图 1-31 所示。

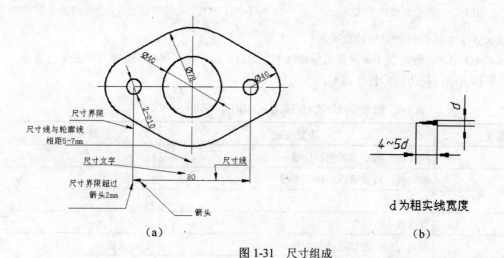

（a）　　　　　　　　　　　　　　　（b）

图 1-31　尺寸组成

1）尺寸界线用细实线绘制，并应自图形的轮廓线、轴线或对称中心线引出，也可以用轮廓线、轴线或对称中心线做尺寸界线。尺寸界线应超出尺寸线约 2mm，如图 1-31（a）所示。若在光滑过渡处标注尺寸时，必须用细实线将轮廓线延长，并从它们的交点引出尺寸界线，如图 1-32 所示。

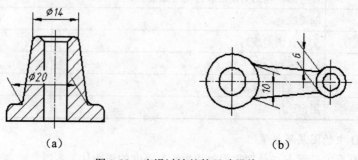

（a）　　　　　　　　　　　　　　　（b）

图 1-32　光滑过渡处的尺寸界线

2）尺寸线必须用细实线画出，不得用其他图线代替或画成其他图线的延长线，也不能与其他图线重合。尺寸线的终端应画出箭头，并与尺寸界线相接触。通常尺寸线应垂直于尺寸界线。尺寸线终端的箭头如图 1-31（b）所示，箭头最粗处的宽度为 d（d 为粗实线宽度），其长度约为（4～5）d。同一图样中所有尺寸箭头的大小应相同。当尺寸界线内侧没有足够位置画箭头时，可将箭头画在尺寸界线的外侧。当尺寸界线内、外侧均无法画箭头时，可用圆点代替，圆点必须画在用细实线引出的尺寸界线上，圆点的直径为粗实线的宽度 d。标注线性尺寸时，尺寸线必须与所标注的线段平行。尺寸线与轮廓线以及两平行尺寸线的间距一般取 7mm 左右，如图 1-31（a）所示。

3）线性尺寸的尺寸数字一般应注写在尺寸线的上方，如图 1-31（a）所示，也允许注写在尺寸线的中断处。当没有足够的位置注写尺寸数字时，可引出标注。线性尺寸的尺寸数字应按图 1-33（a）所示的方向注写。水平方向的尺寸数字字头朝上，垂直方向的尺寸数字字头朝左，倾斜方向的尺寸数字字头趋于朝上。当必须在图中所示 30° 范围内标注尺寸时，可按图 1-33（b）所示的形式标注。尺寸数字不允许被任何图线穿过，当不可避免时，必须将图线断开，如图 1-33（c）所示。

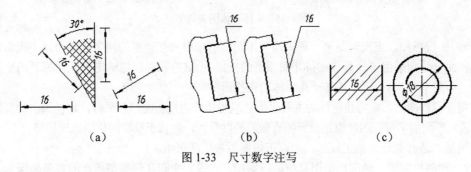

（a）　　　　　　　　　　　（b）　　　　　　　　　　（c）

图 1-33　尺寸数字注写

2. AutoCAD 尺寸标注

在 AutoCAD 中，提供了专门的标注工具，可以标注线性尺寸、坐标、直径、半径、角度、圆心等，还可以设置不同的标注样式。【标注】功能面板如图 1-34 所示。相比于上面所言的尺寸标注，该工具还提供了一些根据软件特点来标注尺寸的专门工具。

图 1-34　【标注】功能面板

关于标注工具的使用方法，请参见本书第 8 章尺寸标注的相关内容。

1.5　三维对象与平面图

1.5.1　三维空间与二维投影

1. 几何实体的三维表达方式

在表达空间实体的方式中，从几何形体角度看，主要分为 4 类，分别应用于不同的场合，如图 1-35 所示。

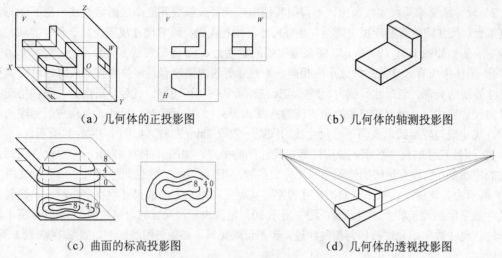

<table>
<tr><td>（a）几何体的正投影图</td><td>（b）几何体的轴测投影图</td></tr>
<tr><td>（c）曲面的标高投影图</td><td>（d）几何体的透视投影图</td></tr>
</table>

图 1-35　4 种立体图表达方式

　　（1）正投影图。正投影图是一种多面投影图，它采用相互垂直的两个或两个以上投影面，在每个投影面上分别采用正投影法获得几何原型的投影。由这些投影便能确定该几何原型的空间位置和形状。如图 1-35（a）所示是某一几何体的正投影图。

　　采用正投影图时，常将几何体的主要平面放成与相应的投影面相互平行，这样画出的投影图能反映出这些平面的实形。因此说正投影图有很好的度量性，而且正投影图作图也较简便。

　　在机械制造行业和其他工程部门中，正投影图被广泛采用。

　　（2）轴测投影图。轴测投影图是单面投影图。先设定空间几何原型所在的直角坐标系，采用平行投影法，将三根坐标轴连同空间几何原型一起投射到投影面上。如图 1-35（b）是某一几何体的轴测投影图。由于采用平行投影法，所以空间平行的直线投影后仍平行。

　　采用轴测投影图时，将坐标轴对投影面放成一定的角度，使得投影图上同时反映出几何体长、宽、高三个方向上的形状，增强了立体感。

　　（3）标高投影图。标高投影图是采用正投影法获得空间几何元素的投影之后，再用数字标出空间几何元素对投影面的距离，以在投影图上确定空间几何元素的几何关系。如图 1-35（c）所示是曲面的标高投影图，其中一系列标有数字的曲线称为等高线。

　　标高投影图常用来表示不规则曲面，如船舶、飞行器、汽车曲面及地形等。

　　（4）透视投影图。透视投影图用的是中心投影法。它与照相成影的原理相似，图像接近于视觉映像，所以透视投影图富有逼真感、直观性强。按照特定规则画出的透视投影图，完全可以确定空间几何元素的几何关系。如图 1-35（d）所示是某一几何体的一种透视投影图。由于采用中心投影法，所以空间平行的直线，有的在投影后就不平行了。

　　透视投影图广泛用于工艺美术及宣传广告图样。

　　2. 投影方法与工程图

　　有关投影方法与工程图之间的关系如图 1-36 所示。

　　在本书的讲解中主要是采用正投影法。它的基本特性如图 1-37 所示。

　　正投影法可以归纳为以下几点：

　　（1）真实性。当直线或平面图形平行于投面时，投影反映线段的实长和平面图形的真实形状。

　　（2）积聚性。当直线或平面图形垂直于投影面时，直线段的投影积聚成一点，平面图形的投影积聚成一条线。

图 1-36　投影方法与工程图的关系

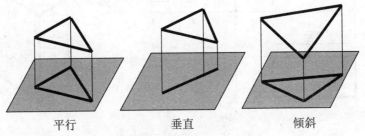

图 1-37　正投影法的投影特性

（3）类似性。当直线或平面图形倾斜于投影面时，直线段的投影仍然是直线段，比实长短。平面图形的投影仍然是平面图形，但不反映平面实形，而是原平面图形的类似形。

由以上性质可知，在采用正投影法画图时，为了反映物体的真实形状和大小并考虑作图方便，应尽量使物体上的平面或直线相对投影面处于平行或垂直的位置。

3．三面投影体系的建立

如图 1-38 所示，两个形状不同的物体在同一个投影面上的投影是相同的。若不附加其他说明，仅凭这一个投影面上的投影是不能表示物体的形状和大小的。所以，一般需将物体放置在如图 1-35（a）所示的三面投影体系中，分别向三个投影面进行投影，然后将所得到的三个投影联系起来，互相补充即可反映出物体的真实形状和大小。

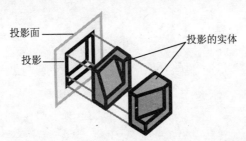

图 1-38　两个形状不同的物体在同一投影上的投影相同

按照正投影法绘制出物体的投影图，又称为视图。为了得到能反映物体真实形状和大小的视图，将物体适当地放置在三面投影体系中，分别向 V 面、H 面、W 面进行投影，则在 V 面上得到的投影称为主视图，在 H 面上得到的投影称为俯视图，在 W 面上得到的投影称为左视图。

任何物体都有长、宽、高三个尺度，若将物体左右方向（X 方向）的尺度称为长，上下方向（Z 方向）的尺度称为高，前后方向（Y 方向）的尺度称为宽，则在三视图上主、俯视图反映了物体的长度，主、左视图反映了物体的高度，俯、左视图反映了物体的宽度。归纳上述，三视图的三等关系是主、俯长对正，主、左高平齐，俯、左宽相等。简称为三视图的关系是长对正，高平齐，宽相等关系，如图 1-39 所示。本书中所讲解的视图操作都要遵循这个原则。

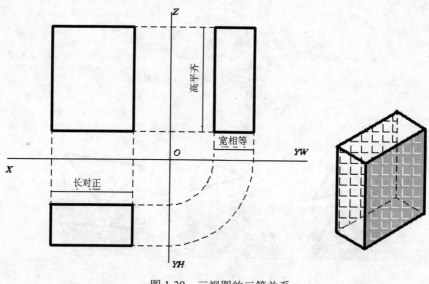

图 1-39　三视图的三等关系

1.5.2　AutoCAD 2012 三维操作空间与二维工程图

AutoCAD 2012 提供了专门的三维工作空间，如图 1-40 所示。它不但可以制作完成三维实体、曲面等对象，而且可以对其进行渲染操作，从而生成所需要的广告效应。另外，相比以前版本而言，现在可以采用一些动画、相机工具等在几何对象内部加以浏览，从而能更加身临其境地观察对象。

图 1-40　AutoCAD 2012 的三维工具

在建立了三维模型后，可以通过布局和视口操作来生成平面视图，具体内容请参见后面的相关章节。

一、填空题

1．AutoCAD 的界面由_____、_____、_____、_____、_____、_____、_____、_____和_____等组成。

2．退出 AutoCAD 可以利用命令_____或_____。

3．CAD 的基本功能是_____。

4．AutoCAD 可以存储的文件类型有_____和_____。

二、思考题

1．什么是工程图？简述立体图与平面图的区别。

2．属于制图规范的项目有哪些？

3．国标中常用的图纸幅面有哪些？简述在绘图中的比例及其应用。

4．在 AutoCAD 2012 中如何设置绘图单位及图形界限？

5．简述国标中字体的基本要求。

6．国标中的线条有哪些？分别应用在哪些场合？

7．国标中的图层规定有哪些？

8．国标中的尺寸标注由哪些基本元素组成，标注中需要注意什么问题？

9．简述三面投影体系的基本组成，并分析三视图中的图素对应关系。

10．AutoCAD 2012 的用户界面主要由哪几部分组成？各有什么作用？

11．如何在工作空间中切换不同的工作空间模式？

第 2 章　工程图文档管理

在进行工程图绘制之前，需要进行适当的文档归类与管理，这样就可以在以后的操作中提高效率。另外，在绘图前必须要将绘图环境设置好，这样才能提高工作效率，正所谓"磨刀不误砍柴工"。

通过本章的学习，掌握 AutoCAD 2012 的文件操作、命令类型、输入方式及参数的输入，能够在笛卡尔坐标系、极坐标系和用户坐标系中输入具体的数值，通过图层命令来建立图层、线型、颜色和线宽，并可以通过工具栏快速切换图层。

- AutoCAD 2012 文件操作
- AutoCAD 2012 命令与输入
- 坐标系统与用户坐标系
- 设置图层、线型和颜色
- 通过工具栏选择图层设置

2.1　工程图档与 AutoCAD 文件

2.1.1　概述

在工程制图的表达中，主要有两种视图，即零件图和装配图，分别如图 2-1 和图 2-2 所示。

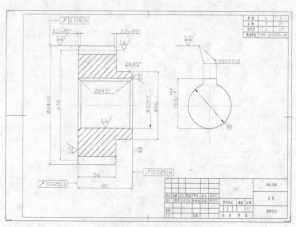

图 2-1　主动轴零件图

表达零件结构、大小和技术要求的图样称为零件图。零件图是表达零件设计信息的主要媒体，是制造和检验零件的依据。培养绘制和阅读零件图的基本能力是机械制图的主要任务之一。

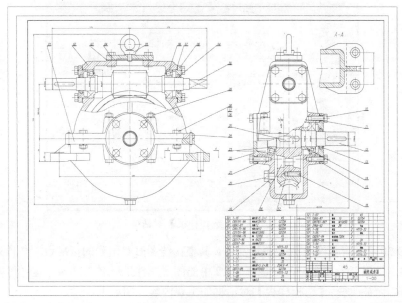

图 2-2　减速器装配图

表达机器或部件的结构形状、工作原理和各零件之间的装配连接关系等内容的图样，称为装配图。在设计机器时，先要根据设计人员的设计意图绘制装配图，然后再以装配图为依据来设计零件，即绘制零件图；而在制造设备时则恰恰相反，首先要按照零件图加工零件，然后再按照装配图上的装配关系和技术要求来装配零件并调试。如图 2-2 所示就是一个完整的装配图。

在进行文件归档时，一般都将零件图中的名称、编号等与装配图明细表中的对象相对应。这样在查找文件过程中就可以大大提高效率。对于熟悉计算机操作的人员来说，则可以通过输入自己熟悉的名称来保存文件，并利用文件夹功能进行分类，从而进一步提高检索效率。

2.1.2　AutoCAD 2012 文件操作

在 AutoCAD 2012 中，可以创建、打开、保存、查找文件。这些操作为基本操作，也是这个软件学习的基础。

1. 创建新图形

在 AutoCAD 2012 中，用户可以创建新的图形。一般来说有两种方式，一种是按照 AutoCAD 2012 提供的【选择样板】对话框创建，另一种是按照以前版本的【启动】对话框创建。如果用户是新学习 AutoCAD 并且从 2012 版本开始，建议只掌握第一种方式。老用户可以选择使用第二种方式。本节以第一种方式进行讲解。另外，当正常启动该软件时，系统将直接创建一个默认图形文件，名称为 Drawing1.dwg，可以直接在其中进行绘图操作。

AutoCAD 2012 中创建新图形有如下 4 种途径：

● 单击 按钮，选择【新建】命令。
● 单击最上端快速访问工具栏中的【新建】按钮 。
● 在命令行窗口输入 New 或 Qnew 并按 Enter 键。
● 在传统菜单栏中依次选择【文件】→【新建】命令。

无论使用哪一种方式，系统都将弹出【选择样板】对话框，如图 2-3 所示。

在这个对话框中，用户可以选择系统提供的样板文件作为基础创建图形，也可以按照不同的单位制度从空白文档开始创建。另外，用户还可以随时利用其他图形为基础开始创建。

图 2-3 【选择样板】对话框

AutoCAD 2012 的样板文件就是图形文件，其根据绘图时要用到的标准设置，预先用图形文件格式存储文件，扩展名为.dwt，AutoCAD 2012 中的图形文件扩展名为.dwg，这样可以保护样板文件不会因为粗心而被改变。【选择样板】对话框的主要内容介绍如下：

（1）【样板】列表框——在该列表框中列出 AutoCAD 2012 安装目录下 Template 目录中的所有样板。对于 AutoCAD 2012 简体中文版而言，包含空白样板、ISO 样板、制造样板以及建筑样板等，这样可以免去用户很多麻烦。对于需要的其他样板，如国标中的图形样板，可以通过【设计中心】等效率工具从其他位置方便快捷地获取。

在样板列表中包含两个空白样板，分别为 acad.dwt 与 acadiso.dwt。这两个样板不包含图框和标题栏。acad.dwt 样板为英制，图形边界（绘图界限）默认设置成 12 英寸×9 英寸；acadiso.dwt 样板为公制，图形边界默认设置成 429 毫米×297 毫米。

如果列表框中没有列出需要的样板，可以在【查找范围】下拉列表框中选择样板目录。

样板所在默认目录可以修改，在菜单栏中选择【工具】→【选项】命令，弹出【选项】对话框，在【文件】选项卡的列表框中选择【样板设置】→【图形样板文件位置】选项来指定即可，如图 2-4 所示。

图 2-4 设置样板默认目录

（2）【预览】框——选取某一样板后，【预览】框中将显示该样板中的内容。选好样板文件后单击【打开】按钮，AutoCAD 自动将所选样板文件中的设置及图形对象传递到新图中，如图 2-5 所示。

用户也可以单击【打开】按钮旁的下三角按钮，在打开的菜单中选取【无样板打开】开始创建，如图 2-6 所示，分别选取英制或公制即可。

（3）【查看】按钮——查看样板文件形式。【查看】下拉菜单有 4 个选项，如图 2-7 所示。【列表】在样板列表框中只显示样板文件名称；【详细资料】将显示样板文件的名称、大小、类型、修改时间等；【缩略图】显示样板文件的简图，如图 2-7 所示；【预览】则决定是否可以预览文件。

（4）【工具】按钮——利用工具可进行查找等操作。【工具】下拉菜单有 5 个选项，如图 2-8 所示。

● 【查找】——查找文件。选择【查找】选项，将弹出【查找】对话框。

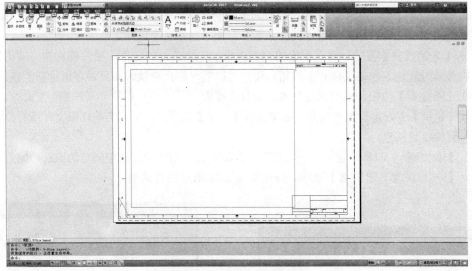

图 2-5　打开的样板图形文件

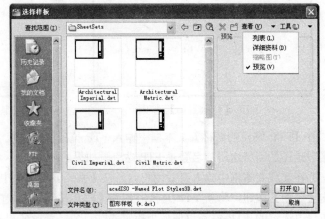

图 2-6　打开下拉列表　　　　　图 2-7　【查看】下拉菜单及【缩略图】方式

在【名称和位置】选项卡中，指定驱动器、路径和文件类型，如图 2-9 所示。

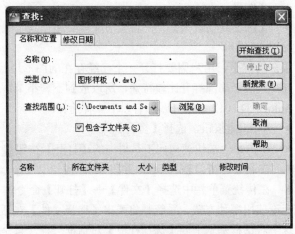

图 2-8　【工具】下拉菜单　　　　　图 2-9　【名称和位置】选项卡

在【修改日期】选项卡中，指定符合时间范围的文件，如图 2-10 所示。用户可以选择文件生成时间的范围，包括介于两个日期之间、在某个日期之前和某个日期之后。

单击【开始查找】按钮，将在下面的列表中显示符合条件的文件。要打开文件，双击图像名即可。在搜索过程中，单击【停止】按钮，用户可以随时停止查找。如果希望进行新的条件搜索，可以单击【新搜索】按钮，清空当前列表，进行新搜索。

- 【定位】——定位文件信息。如果选择【定位】选项，将显示当前样板文件所有信息涉及到的目录信息。
- 【添加/修改 FTP 位置】——定义可以在标准文件选择对话框中浏览的该选项站点。选择【添加/修改 FTP 位置】选项，弹出如图 2-11 所示的对话框。

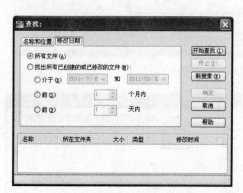

图 2-10 【修改日期】选项卡

图 2-11 【添加/修改 FTP 位置】对话框

在【FTP 站点的名称】文本框中输入 FTP 位置指定站点名称。在【登录为】选项区中指定是匿名登录还是用特定用户名登录 FTP 站点。如果 FTP 站点不允许匿名登录，可单击【用户】单选按钮并在其后文本框中输入有效用户名。在【密码】文本框中指定用于登录到 FTP 站点的密码。单击【添加】按钮，将新 FTP 站点添加到【FTP 站点】列表中。如果不满意，可以单击【修改】按钮修改选定的 FTP 站点以便使用指定的站点名、登录名和密码。或者单击【删除】按钮删除选定的 FTP 站点。下面的 URL 将显示选定 FTP 站点的 URL。

- 【将当前文件夹添加到"位置"列表中】——选择该选项，将在窗口左侧窗格中建立同名文件夹。
- 【添加到收藏夹】——将当前文件夹添加到收藏夹中。

2. 打开图形

很多情况下，用户需要打开一个已经存在的图形进行编辑。基本的方式有两种：完全打开和局部打开。由于局部打开比较特殊，所以放到下一小节讲解。

AutoCAD 2012 中打开图形有以下 4 种途径：

- 单击 按钮，选择【打开】命令。
- 单击最上端快速访问工具栏中的【打开】按钮 。
- 在命令行窗口输入 Open 并按 Enter 键。
- 在传统菜单栏中选择【文件】→【打开】命令。

无论使用哪种方式，系统都将弹出【选择文件】对话框，如图 2-12 所示。

这个对话框基本上同【选择样板】对话框一样，只是打开的是一个 dwg 图形文件，而且还多了几个不同选项。

图 2-12　【选择文件】对话框

（1）【选择初始视图】——如果图形包含多个命名视图，勾选该复选框，则在打开图形时显示指定的视图。单击【打开】按钮，系统将弹出如图 2-13 所示的对话框，从中选择一个视图后，将只显示该视图。

（2）【以只读方式打开】——【选择文件】对话框的【打开】下拉菜单同【选择样板】对话框不同，如图 2-14 所示。选择【以只读方式打开】选项，则图形文件将以只读方式打开。用户可以对该文件进行编辑修改，但只能另存为其他文件名。只读打开方式可以有效保护图形文件不被意外改动。

图 2-13　【选择初始视图】对话框

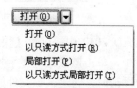

图 2-14　【打开】下拉菜单

另外，在菜单栏中【文件】菜单最下面列出了最近编辑的 9 个图形文件。在其中选择一个文件即可将其打开。其打开数量可以通过【选项】对话框中【打开与保存】选项卡的【文件打开】文本框进行设置，如图 2-15 所示。

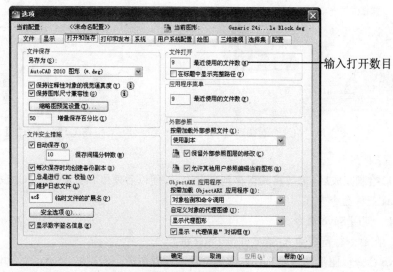

图 2-15　设置文件打开数量

3. 局部打开图形

局部打开图形功能允许用户只打开图形的一部分。局部打开的图形可以是以前保存的某一视图中的图形，可以是部分图层上的图形，也可以是由用户选择的图形。一旦使用局部打开方式打开图形，则可以使用局部装入功能按照给定的视图或图层继续装入图形的其他部分。

在【选择文件】对话框的【打开】下拉菜单中，选择【局部打开】，AutoCAD 2012 将显示如图 2-16 所示的【局部打开】对话框。AutoCAD 在加载用户选定的部分图形时，将该图形中的所有块、尺寸标注样式、图层、布局、线型、文字样式、UCS、视图和视口的配置一同加载。

图 2-16 【局部打开】对话框

在 AutoCAD 2012 中提供了【快速查看图形】工具，可以快速在多个图形之间切换。该工具位于状态栏中，单击该按钮，显示如图 2-17 所示的缩略图，即当前打开的多个图形简图。如果直接双击某个图形时，将进入该文件的模型窗口。当将鼠标移动到某个图形上时，将显示【布局】和【模型】两种显示方式缩略图，在其中一个图上单击，将进入相应的图形环境，如图 2-18 所示。

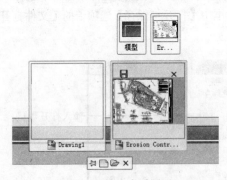

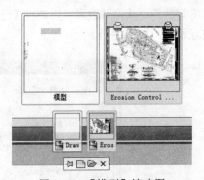

图 2-17 快速查看图形　　　　　　图 2-18 【模型】缩略图

4. 保存图形

图形绘制完成后，需要将其保存到磁盘上，以便以后使用和交流。AutoCAD 提供了 Save、Qsave 和 Saveas 三种命令方式。

（1）使用 Save 命令。

● 在命令行窗口输入 Save 并按 Enter 键。

Save 命令以图形的当前文件名或新文件名保存图形，每次执行 Save 命令均弹出【图形另存为】对话框。Save 命令只能在命令行调用。

（2）使用 Qsave 命令。

- 单击 按钮，选择【保存】命令。
- 单击快速访问工具栏中的【保存】按钮 。
- 在命令行窗口输入 Qsave 并按 Enter 键。
- 在传统菜单栏中选择【文件】→【保存】命令。

如果在执行 Qsave 命令之前还没有保存过当前编辑图形，则 AutoCAD 会弹出【图形另存为】对话框；否则 Qsave 命令以当前的文件名直接保存图形。

（3）使用 Saveas 命令。

- 单击 按钮，选择【另存为】命令。
- 在命令行窗口输入 Saveas 并按 Enter 键。
- 在传统菜单栏中选择【文件】→【另存为】命令。

Saveas 命令的功能类似于 Save 命令。

这三个命令均使用【图形另存为】对话框，该对话框如图 2-19 所示。在【保存于】下拉列表框中指定文件要保存的位置，在【文件名】文本框中输入文件名，在【文件类型】下拉列表框中选择需要的文件类型。AutoCAD 2012 可以将图形保存成【AutoCAD 2010 图形】、【AutoCAD 2000/LT2000 图形】等 11 种类型的文件。另外还提供了【立即更新图纸并查看缩略图】复选框，清除该复选框将保存文件而不更新缩略图，勾选中该复选框将更新所有缩略图。单击【保存】按钮，完成文件保存。

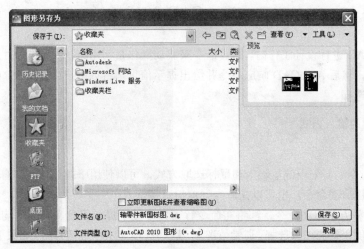

图 2-19　【图形另存为】对话框

另外，用户可以对保存文件进行设置。选择【工具】下拉菜单中的【选项】命令，将弹出【另存为选项】对话框。该对话框中包含【DWG 选项】选项卡和【DXF 选项】选项卡，如图 2-20 和图 2-21 所示，用户可以设置一些选项来控制 AutoCAD 2012 在保存文件时的行为。

（1）【DWG 选项】选项卡。

- 【保存自定义对象的代理图像】——如果将当前图形保存为 R13 版以后格式，而图形中含有应用程序自定义的对象，并且勾选了该复选框，那么 AutoCAD 在保存图形时将在图形中保存自定义对象的图像；否则，AutoCAD 将只保存一个图框来代表自定义对象。
- 【索引类型】——在该下拉列表框中选择 AutoCAD 在保存图形时是否保存空间索引或图层索引。如果当前的图形为部分打开的图形且原来没有生成过索引，那么该选项不可用。

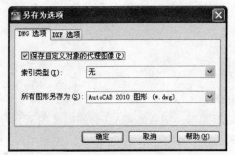

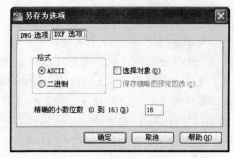

图 2-20 【DWG 选项】选项卡   图 2-21 【DXF 选项】选项卡

（2）【DXF 选项】选项卡。

- 【格式】——在该选项区单击单选按钮，选择是以 ASCII 格式还是以二进制格式创建 DXF 交换文件。
- 【选择对象】——勾选该复选框，AutoCAD 在保存 DXF 文件时会同时选择对象。
- 【保存缩略图预览图像】——勾选该复选框确定是否保存图形的预览图像。如果保存了预览图像，可以在【选择文件】对话框的【预览】窗口中观察图形。
- 【精确的小数位数】——在该文本框中输入文件保存时的数字精度。

在【另存为选项】对话框中完成设置后，单击【确定】按钮返回【另存文件为】对话框。单击【保存】按钮，完成图形保存。

2.2 AutoCAD 2012 命令

使用 AutoCAD 进行设计工作时，通过命令来驱动操作是常用方法。通常，命令告诉 AutoCAD 要执行何种操作，然后 AutoCAD 响应命令并给出提示信息，告诉用户当前系统的状态或给出一些选项让用户进行选择。

2.2.1 命令的输入方式

1．启动

AutoCAD 命令主要采用键盘输入和鼠标选取方式，可以使用下拉菜单、屏幕菜单、工具栏、快捷菜单、快捷键启动命令，也可以在命令行窗口直接输入。

不管使用何种方法启动命令，都将在命令行窗口中显示提示信息，其顺序均相同。AutoCAD 大部分命令会提供一些选项供选择。通常情况下，这些选项显示在方括号中。如果要选择一个选项，只需在命令行键入圆括号中的字母，大小写均可。

例如，用于多段线绘制的命令如下。
命令：Pline
指定起点：(在图形区域选择起点)
当前线宽为 0.0000
指定下一个点或 [圆弧(A)/半宽(H)/长度(L)/放弃(U)/宽度(W)]：(指定第二个点)

如果选择圆弧方式，只需输入 A 即可。输入命令或命令选项后，可以按 Enter 键、空格键，或在绘图区右击并在弹出的快捷菜单中选择【确认】命令，完成相应功能。默认情况下，AutoCAD 将空格键视为 Enter 键。

2．取消命令执行

在 AutoCAD 中，可以按 Esc 键或 Ctrl+C 键取消当前命令。用户可以在【选项】对话框的【用户系统配置】选项卡中设置取消执行命令的方式。

3. 重复执行命令

有时，用户会需要重复执行一个 AutoCAD 命令来完成设计任务。主要存在两种情况。

（1）重复执行一个命令。主要包括以下方式：

- 直接按 Enter 键、空格键或在绘图区右击，在弹出的快捷菜单中选择【重复】命令。
- 在命令行窗口中右击，弹出快捷菜单，在【最近的输入】子菜单中列出了最近使用过的 6 个命令，可以选择一个命令执行，如图 2-22 所示。

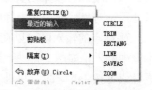

图 2-22　选择近期使用过的命令

- 在命令行中输入 Multiple 并按 Enter 键，然后在 AutoCAD 的提示下输入要重复执行的命令。

（2）重复执行多个命令。为了使用方便，AutoCAD 2012 还新提供了多重重做和多重放弃命令。例如，如果用户已经依次执行了直线、多段线、圆弧命令。那么，如果决定放弃 3 个命令，可以直接选取放弃直线命令，则其后执行的所有命令均放弃；如果在放弃后要恢复多段线命令，则在恢复的同时圆弧命令也将恢复。

其具体操作可以利用工具栏按钮或者命令行窗口输入两种方式：

- 在快速访问工具栏中单击【放弃】按钮 和【重做】按钮 。
- 在命令行窗口输入 Undo 或 Mredo 命令并按 Enter 键。

如果在命令行中输入，则需要确定一些基本参数。对于多重重做来说，将显示如下命令：

输入动作数目或[全部(A)/上一个(L)]:(指定选项、输入正数或按 Enter 键)

其中，【动作数目】选项恢复指定数目的操作，【全部】选项恢复前面的所有操作，【上一个】选项只恢复上一个操作。

4. 对话框与命令行的切换

在 AutoCAD 中，有一些命令在执行时既可以使用对话框的形式，也可以使用命令行的形式。通常，用户可以在命令前加一连字符强迫该命令在命令行中显示命令提示，而不显示对话框。这两种命令执行方式中的命令选项可能会稍有不同，但不会影响用户的使用操作。普通用户基本上不使用这种情况，本文不再赘述。

2.2.2　命令类型

AutoCAD 命令可以分为两类：普通命令和透明命令。AutoCAD 的大部分命令均为普通命令，这些命令只能单独使用；透明命令是指那些在其他命令的执行期间也可以输入执行的命令，透明命令也可以像普通命令一样使用。例如 Snap、Grid 等。

如果要透明执行命令，则必须在将要执行的透明命令前加一单撇号"'"。AutoCAD 在收到透明命令后，自动终止当前正在执行的命令去执行该透明命令。在命令行中，AutoCAD 在透明命令的提示信息前用两个大于号">>"表示正处于透明执行状态。透明命令执行完成后，AutoCAD 会恢复被终止命令的执行。

2.2.3　输入命令参数

为了完成需要的工作，大多数 AutoCAD 命令要求提供某些有关的参数。

（1）坐标点的输入。在 AutoCAD 中，既可以用鼠标等定点设备，也可以用键盘来输入一个点。现在绝大多数情况下建议采用动态输入的方式。

用鼠标输入点时，将绘图区中的十字光标移到需要的位置单击即可。该操作称为拾取点。在拾取点时，用户可以使用对象捕捉、坐标捕捉和坐标过滤器等工具提高工作效率。

使用键盘输入点时，坐标的各个分量之间用逗号分割，如 X，Y，Z。如果不需要三维点时，Z 坐标可以省略。由键盘输入的坐标可以采用直角坐标系或极坐标系的形式，也可以使用绝对坐标或相对坐标的形式。

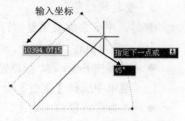

坐标点的输入既可以在命令行中输入，也可以在图形文本框中输入，如图 2-23 所示，这就是动态输入方式。当输入逗号或者按 Tab 键时，将进入到第二个输入框中。

图 2-23　输入文本信息

（2）数值输入。一般情况下，数值（整型或实型）只能由键盘来输入，但有些情况下也可以由鼠标输入，如距离和角度等。

（3）字符串输入。字符串输入只能由键盘完成，在输入时可以包含特殊的转义字符。

2.3　坐标系统

2.3.1　笛卡尔坐标系与极坐标系

AutoCAD 图形中各点的位置是用笛卡尔右手坐标系来决定的。笛卡尔坐标系有 3 个轴，分别是 X 轴、Y 轴和 Z 轴。

绘制新图形时，AutoCAD 默认置于世界坐标系（WCS）中。WCS 的 X 轴为水平方向，Y 轴为垂直方向，Z 轴垂直于 XY 平面。图形中的任何一点都是用相对于原点(0,0,0)的距离和方向来表示的。虽然 WCS 是固定的，但可以从任何角度来观察它或转动它而不用改变为另外的坐标系。

1. 绝对坐标

在二维空间中，绝对直角坐标是将点看成从原点(0,0)出发的沿 X 轴与 Y 轴的位移。例如，点(-5,8)表示该点在负 X 轴 5 个单位与正 Y 轴 8 个单位的位置上。

2. 极坐标

极坐标系使用一个距离值和角度值来定位一个点。也就是说，使用极坐标系输入的任意一点均是用相对于原点(0,0)的距离和角度表示的。

（1）绝对极坐标。绝对极坐标将点看成是对原点(0,0)的位移，表示方法为"距离<角度"。例如，"10<15"表示距离为 10 个图形单位，角度为 15°处的点。

（2）相对坐标。使用相对坐标，用户通过输入相对于当前点的位移或者距离和角度的方法来输入新点。直角坐标与极坐标都可以采用相对坐标的方式来定位点。

AutoCAD 规定，所有相对坐标的前面添加一个@号，用来表示与绝对坐标的区别。例如，"@10,25"表示距当前点沿 X 轴正方向 10 个单位、沿 Y 轴正方向 25 个单位的新点。"@10<45"表示距当前点的距离为 10 个单位，与 X 轴夹角为 45°的点。同时按 Shift 键和 2 键可以输入符号@。

2.3.2　用户坐标系

WCS 总是要在绘图中用到，并且不能被改变。其他任何相对于它建立的坐标系都称为用户坐标系（UCS，User Coordinate System），用 UCS 命令创建。使用 UCS，用户可以将复杂的三维问题变成简单的二维问题。例如，用户可以将一空间倾斜平面定义成为 XY 平面，则画三维空间图形就变成了简单的平面二维问题。UCS 可以通过平移和旋转来生成，从而指定新的 XY 平面和新的原点。当然，在 AutoCAD 2012 中可以直接选择某些已知面作为二维放置平面，但是，在一些复杂情况下，仍然需要 UCS 来完成任务。

关于 UCS 的分类和使用，将在第 4 章的三维图形操作中进行详细的讲解。

2.4　设置图层、线型和颜色

2.4.1　基本概念

1. 图层

所谓图层，就是将图形人为地分成一层一层的，在不同的层上可以使用不同颜色、型号的画笔绘制线条样式不同的图形。另外，它还有进一步的意思，就是在绘制同一个图形时可以使用不同的图层直接组合完成。各层之间完全对齐，它们的某一基准点准确地对准其他各层上的同一基准点。

2. 线型

线型分连续线和不连续线两类，不连续线由线素（如点、短划、长划和间隔等）重复图案组成。用户可使用任何 AutoCAD 2012 提供的标准线型，也可使用自己创建的线型。

图层的线型是指在图层上绘图时所用的线型，每一层都有相应线型。不同的图层线型可以不同，也可以相同。在图层上绘制对象时，该对象可采用图层所具有的线型。但是，单个对象可以使用单独的线型。

3. 颜色

在彩色屏幕上显示图线时，不同的颜色可以明确地区分图形中不同的元素。通常，为了使用上的方便，每一个图层具有一种颜色。在 AutoCAD 2012 中，图层颜色用数字表示，颜色号从 1 至 255。不同图层可以使用相同颜色，也可以设置成不同颜色。

2.4.2　设置图层

AutoCAD 提供了 Layer 命令，进行有关图层操作。Layer 命令可以透明执行。

设置图层有 3 种途径：

- 在【常用】选项卡的【图层】功能面板中单击【图层特性】按钮。
- 在命令行窗口输入 Layer 并按 Enter 键。
- 在传统菜单栏中选择【格式】→【图层】命令。

执行 Layer 命令后，将弹出如图 2-24 所示的【图层特性管理器】对话框。其中的各选项意义如下：

（1）图层列表框——该列表框显示当前图形中所有图层以及图层的特性。每一图层的属性由一个标签条来显示，如果要修改某个特性，可以单击特性标签下的相应项，实现图层的排序。单击可以显示快捷菜单，它可以快速选择全部图层。

各项含义如下：

- 【状态】——以图标方式显示项目的类型，包括图层过滤器、正在使用的图层、空图层或当前图层。
- 【名称】——显示并修改定义层的名字。选择某图层，单击该层名称，可修改该图层的层名。
- 【开】——打开/关闭图层。当图层打开时，它与其上的对象可见，并且可以打印；当图层关闭时，它与其上的对象不可见，且不能打印。单击该列中的图标，可以切换图层开关状态。
- 【冻结】——控制在所有视口中图层的冻结与解冻。冻结的图层及其上对象不可见。
- 【锁定】——控制图层的加锁与解锁。加锁不影响图层上对象的显示。如果锁定图层是当前图层，仍可以在该图层上作图。此外，用户还可在锁定图层上使用查询命令和目标捕捉功能，但不能对其进行其他编辑操作。当只想将某一图层作为参考层而不想对其修改时，可以将该图层锁定。

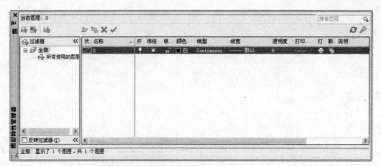

图 2-24 【图层特性管理器】对话框

- 【颜色】——设置层的颜色。选定某图层，单击该图层对应的颜色项，弹出如图 2-25 所示的【选择颜色】对话框。从调色板中选择一种颜色，或者在【颜色】文本框直接键入颜色名（或颜色号），单击【确定】按钮指定颜色。
- 【线型】——设置图层的线型。选定某图层，单击该图层对应的线型项，系统弹出【选择线型】对话框，如图 2-26 所示。

图 2-25 【选择颜色】对话框

图 2-26 【选择线型】对话框

如果所需线型已经加载，可以直接从【线型】列表框中选择后单击【确定】按钮；如果当前所列线型不能满足要求，单击【加载】按钮，弹出【加载或重载线型】对话框，如图 2-27 所示。

在该对话框中，AutoCAD 2012 列出 acad.lin 线型库中的全部线型，用户可从中选择一个或多个线型加载。如果要使用其他线型库中的线型，则单击【文件】按钮，弹出【选择线型文件】对话框，在该对话框中选择需要的线型库。

- 【线宽】——设置在图层上对象的线宽。选择某图层，单击图层的线宽项，AutoCAD 2012 将弹出如图 2-28 所示的【线宽】对话框。【线宽】列表框中显示出当前所有可用的线宽，并在列表框下部显示该图层原有线宽和新设置线宽。当新创建一个图层时，AutoCAD 2012 赋予该图层默认值，默认值在打印时的宽度为 0.01 英寸/0.25 毫米宽。
- 【打印样式】——设置与图层相关的打印样式，打印样式是指 AutoCAD 在打印过程中所用到的属性设置集合。如果正在使用颜色相关打印样式表，就不能改变与图层相关的打印样式。
- 【打印】——设置在打印输出图形时是否打印该图层。如果关闭某一图层的打印设置，那么 AutoCAD 2012 在打印输出时不会打印该图层上的对象。但是，该图层上的对象在 AutoCAD 中仍然是可见的。该设置只影响解冻图层。对于冻结图层，即使打印设置是打开的，也不会打印输出该图层。

- 【冻结新视口】——在新布局视口中冻结选定图层。

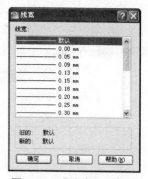

图 2-27　【加载或重载线型】对话框　　　　图 2-28　【线宽】对话框

- 【说明】——描述图层或图层过滤器。

（2）创建新图层——单击【图层特性管理器】对话框中的【新建图层】按钮创建新图层。也可以在图层列表框中右击，在弹出的快捷菜单中选择【新建图层】命令来建立图层。

单击该按钮后，在列表框中将显示图层名，如【图层 1】，并且可更改图层名。

图层取名应有实际意义，并且要简单易记。对于新建的图层，AutoCAD 2012 使用在图层列表框中选择的图层设置作为新建图层的默认设置。如果在新建图层时没有在图层列表框中选择任何图层，那么 AutoCAD 将默认指定该图层的颜色为【白】，线型为实线（Continuous），线宽为默认。新图层建好后，可以根据需要进行修改。

（3）设置当前图层——用户只能在当前图层上绘制图形，AutoCAD 2012 在图层列表框上面显示当前图层名。对于含有多个图层的图形，必须在绘制对象之前将该图层设置为当前图层。

选中某图层，单击【置为当前】按钮；或者在某一图层上右击，在弹出的快捷菜单中选择【置为当前】命令。AutoCAD 将当前图层的图层名保存到 CLAYER 系统变量中。

（4）删除层——选择要删除的图层，单击【删除】按钮；或在某图层上右击，在弹出的快捷菜单中选择【删除图层】命令。单击【应用】按钮，即可将所选择的图层删除。

注意：不能删除 0 层、当前图层以及包含图形对象的图层。

（5）创建所有视口中已冻结的新图层——单击【新建图层】按钮创建新图层，然后在所有现有布局视口中将其冻结。可以在【模型】选项卡或【布局】选项卡上使用此按钮。

（6）创建新的图层过滤器——单击【新组过滤器】按钮，创建图层过滤器，其中包含选择并添加到该过滤器的图层。

同以前版本相比，在 AutoCAD 2012 的【图层特性管理器】对话框中做出变更后，便可立即反映到整个图形中。

2.4.3　设置线型

AutoCAD 中提供了 Linetype 命令用于加载、建立及设置线型。Linetype 命令可以透明执行。

设置线型有以下途径：

- 在【常用】选项卡的【特性】功能面板中单击【线型】列表中的【其他】命令。
- 在命令行窗口输入 Linetype，并按 Enter 键。
- 在传统菜单栏中选择【格式】→【线型】命令。

Linetype 命令执行后，系统弹出如图 2-29 所示的【线型管理器】对话框。

该对话框中的各选项意义如下：

- 【线型】列表框——列出当前图形中所有可用的线型。AutoCAD 提供了两种特殊的逻辑线型，即 ByLayer 和 ByBlock。如果某一图形对象的线型为 ByLayer，那么该图形对象的线型将取其所属图层的线型；如果某一图形对象的线型为 ByBlock，那么该图形对象的线型将取其所属块插入到图形中时的线型。逻辑线型 ByBlock 主要用于块定义中的图形对象。

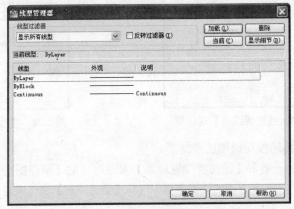

图 2-29　【线型管理器】对话框

- 【加载】——单击【加载】按钮，可以从线型库中加载所需要线型。
- 【当前】——选择要置为当前的线型，然后单击【当前】按钮，则以后绘制的对象均使用此线型。
- 【删除】——选定图形中不再需要的线型，然后单击【删除】按钮即可将其从线型库中删除。
- 【线型过滤器】——可以过滤一些线型，只显示符合条件的线型。在下拉列表框中，AutoCAD 2012 包含 3 个预定义线型过滤器：【显示所有线型】、【显示所有使用的线型】和【显示所有依赖于外部参照的线型】。用户只能选择这 3 个预定义的过滤器选项和【反转过滤器】复选框，而不能创建自定义的线型过滤器。
- 【显示细节】——单击【显示细节】按钮，AutoCAD 2012 将在【线型过滤器】对话框中列出线型具体特性，该对话框如图 2-30 所示。

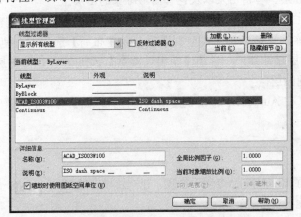

图 2-30　【线型管理器】对话框的详细信息

2.4.4　设置颜色

图形中的每一个元素均具有自己的颜色，AutoCAD 2012 提供了 Color 命令用于为新建实体设置颜色。

设置颜色有以下 3 种途径：

- 在【常用】选项卡的【特性】功能面板的【对象颜色】列表中单击【选择颜色】命令。
- 在命令行窗口输入 Color 并按 Enter 键。
- 在主菜单栏中选择【格式】→【颜色】命令。

执行 Color 命令后，AutoCAD 弹出【选择颜色】对话框。

在设置颜色时，用户可以在【索引颜色】选项卡中单击某一颜色进行选择。AutoCAD 2012 会自动将选择的颜色名称或颜色号显示在【颜色】文本框中，用户可以直接在该文本框中输入颜色号。【配色系统】、【真彩色】选项卡主要用于填充，参见后面相关内容。

2.4.5　设置线宽

通常图纸中的直线具有一定的宽度。为此，AutoCAD 2012 提供了绘制带宽度的直线功能——Lweight 命令。

设置线宽有以下 4 种途径：

- 在【常用】选项卡的【特性】功能面板的【线宽】列表中单击【线宽设置】命令。
- 在命令行窗口输入 Lweight，并按 Enter 键。
- 右击状态栏中的【线宽】按钮，在弹出的快捷菜单中选择【设置】命令。
- 在传统菜单栏中选择【格式】→【线宽】命令。

执行 Lweight 命令后，AutoCAD 2012 弹出如图 2-31 所示的【线宽设置】对话框。

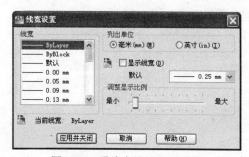

图 2-31　【线宽设置】对话框

【线宽】列表框中列出当前所有可用的线宽系列，用户可根据需要选择。当前线宽设置显示在【线宽】列表框下面的【当前线宽】选项中，单击【确定】按钮完成线宽设置。

默认情况下，AutoCAD 2012 不在图形中显示线宽。如果要显示线的宽度，可在该对话框中勾选【显示线宽】复选框，或者在状态栏中单击【线宽】按钮，切换线宽显示状态。用户可以使用对话框中的【调整显示比例】滑块来调整线宽的显示比例，该操作不会影响线的实际宽度。

2.4.6　利用功能面板设置

为了方便用户在绘图时的操作，AutoCAD 2012 提供了【常用】选项卡的【图层】和【特性】功能面板，如图 2-32 所示，用户可以迅速改变或查看被选对象的层、颜色和线型。

1. 图层操作

- 【将对象的图层设为当前图层】按钮 ——单击该按钮后，提示选择对象。选择对象后，AutoCAD 2012 自动将该对象所在层设置为当前图层。
- 【图层特性管理器】按钮 ——单击该按钮，弹出【图层特性管理器】对话框，操作同前。
- 【上一个图层】按钮 ——单击该按钮，将返回到上一个图层信息。

 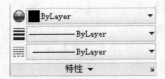

图 2-32   【图层】与【特性】功能面板

- 【图层设置】下拉列表框——在该下拉列表中选取某一图层，即可将其设置为当前图层。选择一个对象后，可以查看和改变对象所属图层。用鼠标单击某一图标，可快速改变图层状态。

2. 颜色操作

通过【特性】功能面板的【颜色控制】下拉列表框可以设置当前颜色（即新建图形对象将要使用的颜色）。选择某一对象后，AutoCAD 2012 将该对象的图形显示在列表框中，此时在下拉列表中选择其他颜色即可改变图形颜色。如果选择多个具有不同颜色的对象，列表框中将不显示特定颜色，此时选择一个颜色，可以将所选择的全部对象设置成该颜色，如图 2-33 所示。

3. 线型操作

通过【特性】功能面板的【线型控制】下拉列表框可以设置当前线型（即新建图形对象将要使用的线型）、查看和改变对象的线型，如图 2-34 所示。

4. 线宽选择

通过【特性】功能面板的【线宽控制】下拉列表框可以设置当前线宽（即新建图形对象将要使用的线宽）、查看和改变对象的线宽，如图 2-35 所示。

 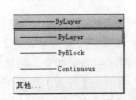 

图 2-34 【颜色控制】下拉列表框   图 2-34 【线型控制】下拉列表框   图 2-35 【线宽控制】下拉列表框

5. 打印样式操作

【打印样式控制】下拉列表框可以设置当前打印样式（即新建图形对象将要使用的打印样式）、查看和改变对象的打印样式。

 习题二

一、选择题

1. 统一标准创建图形文件时，使用样板文件最为合适，样板图形文件的扩展名为（   ）。

A．DWG　　　　　　B．DWT　　　　　　C．DWF　　　　　　D．DWL
2．在 AutoCAD 中保存文件的安全选项是（　　）。
A．自动锁定文件　　　　　　　　　　B．口令和数字签名
C．用户和密码　　　　　　　　　　　D．数字化签名
3．画笔和 Photoshop 等很多软件都可以绘图，但和 AutoCAD 相比它们不能（　　）。
A．打印图形　　　　　　　　　　　　B．保存图形
C．精确绘图和设计　　　　　　　　　D．打开图形
4．AutoCAD 不能处理（　　）信息。
A．矢量图形　　　　　　　　　　　　B．光栅图形
C．声音信息　　　　　　　　　　　　D．文字信息
5．如果一张图纸的左下角点为(10,10)，右上角点为(100,80)，该图纸的图限范围为（　　）。
A．100×80　　　　B．70×90　　　　C．90×70　　　　D．10×10
6．在 AutoCAD 中，下列坐标中使用相对极坐标的是（　　）。
A．(31,44)　　　　B．(31<44)　　　　C．(@31<44)　　　　D．(@31,44)
7．WCS 是（　　）。
A．用户坐标系　　　B．目标坐标系　　　C．世界坐标系　　　D．全球坐标系
8．重复执行上一次操作的快捷键是（　　）。
A．Enter　　　　　B．Esc　　　　　　C．Shift　　　　　D．以上都不正确
9．AutoCAD 中对图层的操作有（　　）。
A．关闭　　　　　　B．引用　　　　　　C．冻结　　　　　　D．锁定
10．UCS 是一种坐标系图标，属于（　　）。
A．世界坐标系　　　　　　　　　　　B．用户坐标系
C．自定义坐标系　　　　　　　　　　D．单一固定的坐标系
11．为了保持图形实体的颜色与该图形实体所在层的颜色一致，应设置该图形实体的颜色特性为（　　）。
A．ByBlock　　　　B．ByLayer　　　　C．White　　　　　D．任意
12．在 AutoCAD 中可以给图层定义的特性不包括（　　）。
A．颜色　　　　　　　　　　　　　　B．线宽
C．打印/不打印　　　　　　　　　　D．透明/不透明
13．以下（　　）对象不能被删除。
A．世界坐标系　　　　　　　　　　　B．文字对象
C．锁定图层上的对象　　　　　　　　D．不可打印图层上的对象
14．在 AutoCAD 中，可以通过（　　）方法激活一个命令。
A．在命令行输入命令名　　　　　　　B．单击命令对应的工具栏图标
C．从下拉菜单中选择命令　　　　　　D．右击，从快捷菜单中选择命令
15．在 AutoCAD 中，可以设置透明度的界面元素有（　　）。
A．所有的对话框　　　　　　　　　　B．浮动命令窗口
C．帮助界面　　　　　　　　　　　　D．工具选项板
16．在 AutoCAD 中，下列坐标中使用绝对极坐标的是（　　）。
A．(31,44)　　　　B．(31 <44)　　　　C．(@31 <44)　　　　D．(@31 ,44)
17．在 AutoCAD 中被锁死的图层上（　　）。

A．不显示本层图形 B．不可修改本层图形

C．不能增画新的图形 D．以上全不能

二、填空题

1．在 AutoCAD 中可进行多文档工作环境，可利用＿＿＿＿＿快捷键切换文档。

2．AutoCAD 的坐标系统有＿＿＿＿＿和＿＿＿＿＿，其中＿＿＿＿＿是固定不变的。

3．AutoCAD 默认的线型是＿＿＿＿＿，Center 表示＿＿＿＿＿。

4．图层的基本特性有＿＿＿＿＿、＿＿＿＿＿、＿＿＿＿＿、＿＿＿＿＿、＿＿＿＿＿、
＿＿＿＿＿和打印样式。

5．在图层操作中，所有图层均可关闭，＿＿＿＿＿图层无法冻结。

三、判断题

1．用户坐标系统（UCS）有助于建立自己的坐标系统。 （   ）

2．UCS 图标仅是一个 UCS 原点方向的图形提示符。 （   ）

3．在复杂图形中，冻结图层可加快系统重生成图形的速度，所有图层都可选为冻结状态。

（   ）

4．打开图形界限检查，图形绘制允许超出图形界限。 （   ）

5．默认图层为 0 层，它是可以删除的。 （   ）

6．所有图层均可加锁，也可以关闭所有图层。 （   ）

7．加锁后的图层，该层上的物体无法编辑，但可以在该层画图形。 （   ）

8．将某一层的图形转移到一个新层后，该图形的线型自动变为新层的线型。 （   ）

四、思考题

1．AutoCAD 2012 的命令输入方式有哪些，如何输入？

2．AutoCAD 2012 坐标系统有哪些基本类型？分别应用在什么场合？

3．什么是图层？其基本元素操作有哪些？

4．如何加载线型并将其设置为当前线型？

5．在图层设置中，如何通过工具栏进行当前图层的快速切换？

6．如何从模板创建一个新文件，并将它保存到指定的位置？

7．SAVE、QSAVE 和 SAVEAS 命令有什么区别？

8．如何局部打开图形？

9．如何在工作空间中切换不同的工作空间模式？

五、操作题

1．按照横向 A4 图纸的大小，设置图形界限。

2．按照表 2-1 的要求设置线型和颜色。

表 2-1

图层	线型描述	颜色
01	粗实线	白
02	细实线	蓝
03	粗虚线	
04	细虚线	黄

续表

图层	线型描述	颜色
05	细点划线	蓝绿/浅绿
06	粗点划线	棕
07	细双点划线	粉红/橘红

3．打开系统自带文件 8th floor furniture.dwg，使用图层工具栏练习图层的开/关，冻结/解冻，锁定/解锁。

4．打开系统自带的文件 db_samp.dwg（如图 2-36 所示），试着选择图形，使显示效果如图 2-36 所示（提示，选择下面的图层 E-B-CORE、E-B-ELEV、E-B-GLAZ、E-B-MULL、E-F-STLL、E-F-STAIR、E-F-TERR、E-S-COLM）。图 2-37 为全部打开的图形。

图 2-36　局部打开的图形

图 2-37　全部打开的图形

5．新建一个文件，并保存为能确定说明图纸内容的文件名称。

6．按照有关线型的规定，加载所需要的所有线型到当前文件中。

7．按照图层的规定，创建当前国标中规定的各种图层。

第 3 章 平面视图操作与编辑

AutoCAD 2012 主要的操作对象为平面视图，它可以从不同的位置、以不同的比例观察平面图形。可以说，视图操作是绘图的基础。

通过本章的学习，掌握视图的缩放、平移和刷新，掌握常用的 3 种对象选择方式，并了解选择集模式，掌握夹点编辑方式，并通过【特性】选项板来编辑对象特性。另外，可以进行对象的复制、删除与恢复。

- 平面视图操作的 4 种方法
- 对象的选择和特性更改
- 对象删除和恢复
- 对象的复制

3.1 平面视图操作

在绘制图形的过程中，图形位于视图中，视图同 Windows 标准窗口的基本操作没什么两样，但本身又带有一些不可替代的特色操作。用户可以对图形进行缩放、移动和刷新，还可同时打开多个窗口，通过各个窗口观察图形的不同部分。本节主要介绍视图缩放、平移、重画和图形的重新生成等。

AutoCAD 将视图控制命令集中放在如图 3-1 所示的菜单栏中的【视图】下拉菜单中。

3.1.1 缩放视图

当前视图可以放大或缩小，增大图像可以更详细地观察细节，称之为放大；收缩图像以便更大面积地观察图形，称之为缩小。但是请注意，对象的实际尺寸保持不变。这些就是 AutoCAD 2012 中 Zoom 命令的功能。

1. 启动
- 单击【视图】选项卡【导航】功能面板中的相应按钮。
- 在传统菜单栏中选择【视图】→【缩放】子菜单中的相应命令。
- 在命令行窗口输入 Zoom 并按 Enter 键。

图 3-1 【视图】下拉菜单

如图 3-2 所示为【缩放】按钮，图 3-3 为【缩放】操作中的快捷菜单。缩放工具栏中的各个图标含义如表 3-1 所示。

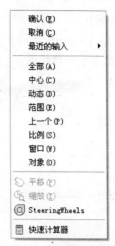

图 3-2　【缩放】按钮　　　　　　　　　　图 3-3　【缩放】快捷菜单

表 3-1　【缩放】工具栏中的各按钮含义

按钮	含义
范围	显示图纸的范围
窗口	缩放用矩形框选取的指定区域
上一个	显示本次操作中的上一次视图
实时	实时放大或者缩小当前视口中的对象外观尺寸
全部	在当前视窗中显示整张图形
动态	动态缩放图形的生成部分
比例	按所指定的比例缩放图形
居中	以新建立的中心点和高度缩放图形
对象	缩放以便尽可能大地显示一个或多个选定的对象，并使其位于绘图区域中心
放大	以一定倍数放大图形
缩小	以一定倍数缩小图形

2. 操作方法

Zoom 命令执行后，AutoCAD 提示用户如下：

指定窗口的角点，输入比例因子 (nX 或 nXP)，或者

[全部(A)/中心(C)/动态(D)/范围(E)/上一个(P)/比例(S)/窗口(W)/对象(O)] <实时>：

首先介绍各选项的含义及操作，随后通过一个实例练习来学习其应用。

（1）【全部】——在提示中输入 A，在绘图区内显示全部图形。如果图形范围超出图形界限，AutoCAD 2012 将显示对象的范围：如果所绘制的对象在图形界限内，AutoCAD 2012 将显示图形界限。若图形文件很大时，会花费很长时间。

（2）【中心】——在提示中输入 C，重新设置图形的显示中心和放大倍数。执行该选项时，AutoCAD 会有如下提示：

指定中心点：(输入新的显示点)

输入比例或高度 <301.7268>：(输入新视图的高度或放大倍数，后跟字母 X)

系统将缩放显示中心点区域的图形。如果指定的高度小于当前图形高度，图形将被放大；反

之，图形将被缩小。

（3）【动态】——在提示中输入 D，观察整个图形的范围。执行该选项时，屏幕切换到如图 3-4 所示的虚拟显示屏幕状态。

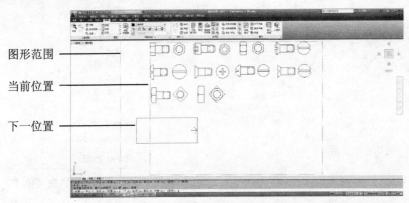

图形范围

当前位置

下一位置

图 3-4　动态缩放窗口

根据显示设置，当前视图所占区域用绿色虚线标明，图形范围用蓝色虚线框标明。视图框有两种选择状态。

- 平移视图框——它的大小不能改变，只可任意移动。平移视图框的中心处显示一个 X 标记，用户可以使用鼠标将其移到需要的位置。
- 缩放视图框——它不能平移，但大小可以调节。如果要移动视图框，单击显示平移视图框。

执行动态缩放命令的具体过程如下：用鼠标移动显示框，使框的左边线与欲显示区域的左边线重合，然后单击，则框内 X 消失，同时出现指向框右边的箭头。用户可通过拖动鼠标的方式选取新的显示区域，如图 3-4 所示。在此过程中，视图框宽高比与绘图区宽高比相同。当选好视图框后按 Enter 键，屏幕上将显示视图框内的图形。

（4）【范围】——在提示中输入 E，观察整个图形的范围。执行该选项时，AutoCAD 2012 将所有的图形全部显示在屏幕上，并最大限度地充满整个屏幕。此时，既可以观察整图，又可以得到尽可能大的显示图像。

（5）【上一个】——在提示中输入 P，将返回上一个视窗。可以连续使用该命令，逐步返回前一级视窗，最多可以返回前 10 个视图。如果在视窗中已删除某一实体，在返回的视窗中不显示它。

（6）【比例】——在提示中输入 S，可以按比例放大或缩小当前视图，但视图的中心点保持不变。

AutoCAD 允许使用 3 种方法指定缩放比例：

- 相对图形界限——输入缩放系数后再输入一个 X，即相对于当前可见视图的缩放系数。要放大或缩小，只需输入一个大一点或小一点的数字。
- 相对当前视图——输入缩放系数后，再输入一个 XP，使当前视图中的图形相对于当前的图纸空间缩放。
- 相对图纸空间单位——直接输入数值，则 AutoCAD 以该数值作为缩放系数，并相对于图形的实际尺寸进行缩放。它指定了相对当前图纸空间按比例缩放视图，并且可以用来在打印前缩放视口。

（7）【窗口】——在提示中输入 W，可以通过指定一个矩形区域的对角点来快速放大该区域。系统提示如下：

指定第一个角点：(输入窗口的顶点)

指定对角点：(输入窗口的另一个顶点)

AutoCAD 2012 在绘图窗口内全屏显示该窗口内图形。此时，窗口中心变成新的显示中心。如果通过对角点选择的区域与缩放视口的宽高比不匹配，该区域会居中显示。缩放窗口的形状不必与适合图形区形状的新视图一致。

（8）【对象】——在提示中输入 O，可以通过选择一个对象来快速使其在整个图形窗口中最大化显示。系统提示如下：

选择对象：(选择要显示的对象)

AutoCAD 2012 在绘图窗口内全屏显示该对象。此时，对象中心变成新的显示中心。

（9）【实时】——在提示中直接回车，观察整个图形的范围。它是系统默认项。执行该选项时，在屏幕上出现类似于放大镜形状的光标 ，同时系统提示如下：

按 Esc 或 Enter 键退出，或单击右键显示快捷菜单。

若按 Esc 键或 Enter 键，则结束 Zoom 命令。若右击鼠标，则会弹出图 3-5 所示的快捷菜单。

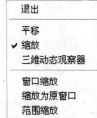

图 3-5　实时缩放工具

1）默认为实时缩放模式。如果向上拖动鼠标，则图形放大；向下拖动则图形缩小。

2）如果选择【平移】模式，则光标变为手型，按下鼠标并拖动后，就可以在任意方向上移动图形，此时不能改变图形的大小。

除了上述方法外，AutoCAD 还允许使用三键鼠标滚轮来缩放图形。向上滚动滚轮，则图形放大；向下滚动则缩小。

3.1.2　平移视图

在绘图过程中，由于屏幕大小有限，当前文件中的图形不一定全部显示在屏幕内。AutoCAD 提供了 Pan 命令，用于平移当前显示区域中的图形。它比 Zoom 命令快，操作直观且简便，因此在绘图中常使用该命令。

1. 启动

● 单击【视图】选项卡，选择【导航】功能面板的【平移】按钮 。

● 在传统菜单栏中选择【视图】→【平移】子菜单中的相应命令，如图 3-6 所示为【平移】子菜单。

● 在命令行窗口输入 Pan 并按 Enter 键。

2. 操作方法

图 3-6　【平移】子菜单

（1）【实时】——Pan 命令执行后，AutoCAD 提示用户如下：

按 Esc 或 Enter 键退出，或单击右键显示快捷菜单。

此时光标变为如图 3-7（a）所示的手形光标。可用手状光标任意拖动视图，直到满足需要为止。如果光标移到了逻辑边界处，则在手形光标的相应边出现一条线段，表明到达了相应边界，此时手形光标如图 3-7（b）所示，左一是达到上边界的提示，左二是达到右边界的提示，右二是达到下边界的提示，右一是达到左边界的提示。

（a）　　　　　　　　　　　　（b）

图 3-7　手形光标

释放鼠标左键，则停止平移。用户可根据需要调整鼠标位置继续平移图形。任何时刻按 Esc 键或 Enter 键，都可以结束平移操作。

（2）【定点】——用户可以通过输入两点来平移图形。这两点之间的方向和距离便是视图平移的方向和距离。在图 3-6 中选择【定点】命令，AutoCAD 2012 提示如下：

指定基点或位移：(指定第一个点)
指定第二点：(指定第二个点)

如果仅指定了一个点，即在系统提示输入第二点时按 Enter 键，AutoCAD 2012 将使用第一点的坐标值作为图形沿 X 轴和 Y 轴移动的距离来移动图形。

3.1.3 刷新视图

在很多情况下，由于显示精度等问题，对象可能会在屏幕上出现锯齿等，尤其是在绘图、缩放、平移之后，更是如此，读者可以从前面的操作中感受到。这并不是图形本身出了问题，而是由于屏幕缩放显示未更新等原因造成的，图形分辨率不够，此时可以通过重画等措施进行屏幕刷新，使其光滑显示。

1. 重画

（1）重画当前视口中的图形。Redraw 命令用于重画当前视口中显示的图形，清除所有绘图时留下的十字小标记和编辑命令留下的符号。该命令的执行方法如下：在命令行窗口输入 Redraw，并按 Enter 键。

（2）重画所有视口中的图形。Redrawall 命令用于重画所有视口中显示的图形，执行方法如下：

● 在传统菜单栏中选择【视图】→【重画】命令。
● 在命令行窗口输入 Redrawall，并按 Enter 键。

注意：Redraw 和 Redrawall 二者之间的区别。

2. 重生成图形

当用户改变了一些系统的设置时，可以利用 AutoCAD 2012 提供的 Regen、Regenall 命令来重新生成图形。执行该命令时，由于要把原有的数据全部重新计算一遍后，再在屏幕上显示全部图形，所以该命令速度较慢。

（1）Regen 命令将重新计算当前视口中所有对象的屏幕坐标，重新建立图形数据库索引以优化显示及对象选取的速度，并把不光滑的曲线进行光滑处理。该命令的执行方法如下：

● 在命令行窗口输入 Regen，并按 Enter 键。
● 在传统菜单栏中选择【视图】→【重生成】命令。

（2）Regenall 命令重新计算并生成当前图形的数据库，更新所有视口显示。该命令的执行方法如下：

● 在传统菜单栏中选择【视图】→【全部重生成】命令。
● 在命令行窗口输入 Regenall，并按 Enter 键。

该命令执行后，AutoCAD 2012 重新生成所有视口。

3. 设置在当前视口中生成的对象分辨率

Viewres 命令用于设置在当前视口中生成对象的视图分辨率。该命令的执行方法如下：在命令行窗口输入 Viewres 并按 Enter 键。该命令执行后，AutoCAD 提示如下：

是否需要快速缩放？[是(Y)/否(N)]<Y>：

如果输入 N，关闭快速缩放，则在执行 Zoom、Pan 和恢复视图时，AutoCAD 都要重新计算新图形；如果输入 Y，打开快速缩放，AutoCAD 不进行重新计算，并尽可能以重画的速度执行 Zoom、

Pan 和恢复视图操作。

然后，AutoCAD 继续提示用户如下。

输入圆的缩放百分比 (1-20000) <200>:

AutoCAD 用直线段来拟合显示圆、弧、椭圆和样条曲线。显示分辨率用于控制显示时的平滑程度。直线段的数目越多，曲线越光滑。该设置只影响显示的平滑程度，不影响绘图输出时的平滑程度。如图 3-8 所示说明圆的显示分辨率。

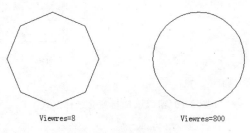

Viewres=8   Viewres=800

图 3-8 圆的显示分辨率

3.2 对象的选择和特性更改

在对图形对象进行修改等操作的过程中，往往需要首先选中对象，然后才能对其进行修改。修改的内容往往比较繁杂，为此，AutoCAD 2012 提供了"特性"选项板。通过它，用户完全免去了只能利用命令行修改属性的麻烦。另外，还可以一次修改多个对象的共有特性。

3.2.1 对象的多种选择方式

在绘图或者修改对象时，AutoCAD 2012 都会首先提示用户选择对象。同时，十字光标变成正方形，称为拾取框。选中的对象显示带有句柄方式的夹点，并高亮显示。如图 3-9 所示，用户可以直接从中看到选中对象和未选中对象的区别。

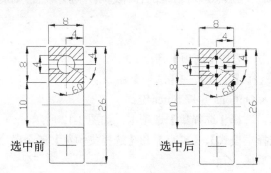

选中前   选中后

图 3-9 对象选中前后状态

1. 常见的选择方式

（1）直接选取。默认情况下，将光标移到要选取的对象上单击，即可选取该对象。用这种方式可以选择一个或多个对象。

（2）窗选方式。使用该方式可以选择一个矩形区域内的对象。需要首先指定左上角点，然后指定右下角点，AutoCAD 2012 将用这两点作为对角点定义选择对象的窗口，并用实线矩形显示对象选择窗口，如图 3-10（a）所示。只有完全位于窗口内的对象才被选中。

（3）窗交方式。该选择方式不仅选取包含在矩形区域内的对象，而且选取与矩形边界相交的对象。提示操作同窗口方式基本一致，但窗交选择方式需要首先定义右下角点，而且窗口为虚线窗口，如图 3-11（b）所示。

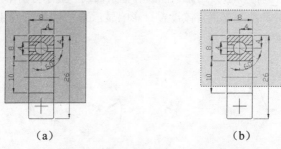

（a）   （b）

图 3-10 窗口选择与窗交选择方式

2．相邻对象的选择

对于图形中的一些距离比较近的、相交或重叠的对象，直接选择某一个对象是很困难的。为此，可以采取如下方法在这些对象间循环切换，直至切换到要选择的对象。

（1）在【选择对象】的提示下按住 Shift 键，在尽可能接近要选择对象处选择一点。系统将显示如图 3-11 所示的窗口，提示如何进行选取操作。

（2）按住 Shift 键不放，重复按空格键，直到要选择的对象高亮度显示为止。

图 3-11 选择提示

（3）按 Enter 键选定该对象。

3.2.2 选择集模式和夹点编辑

【选项】对话框中的【选择集】选项卡可以设置选择模式、拾取框尺寸和对象排序方法，从而控制选择对象的方式。如果能熟悉该对话框的各种选项并进行设置，则能非常大地提高绘图效率。建议读者熟练掌握该功能。

启动方式如下：

- 在命令行窗口右击，选择【选项】命令。
- 在传统菜单栏中选择【工具】→【选项】命令。
- 在命令行窗口输入 Options 并按 Enter 键。

弹出【选项】对话框，选择【选择集】选项卡，如图 3-12 所示。

该选项卡主要有【选择集模式】、【夹点】和【选择集预览】三个选项区，分别介绍如下：

1．【选择集模式】选项区

在【选择集模式】选项区有 6 个复选框，各项意义分别如下：

- 【先选择后执行】——勾选该复选框，在调用命令前先选择对象，被调用的命令对先前选定的对象产生影响。
- 【用 Shift 键添加到选择集】——勾选该复选框，按 Shift 键选择对象，AutoCAD 2012 将所选对象加入选择集，或从选择集中删除。未勾选该复选框，选中的对象自动添加到选择集中。
- 【对象编组】——勾选该复选框与否，则打开或关闭自动组选择。打开时选中组中一个对象即可选中整个组。

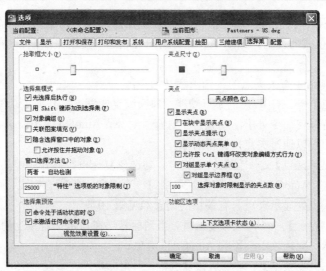

图 3-12　【选项】对话框中的【选择集】选项卡

- 【关联图案填充】——勾选该复选框，选择阴影线同时选择其边界。
- 【隐含选择窗口中的对象】——勾选该复选框，从左至右定义窗口，则选择窗口内的对象；从右向左定义窗口，则选择窗口内及与窗口边界相交的对象。
- 【允许按住并拖动对象】——勾选该复选框，则可以通过选择一点然后将定点设备拖动至第二点来绘制选择窗口；如果未勾选该复选框，则可以用定点设备分别选择两个点来绘制选择窗口。

另外，还有【拾取框大小】选项区，直接拖动其中的滑块，则拾取框大小随之变小。

2. 【夹点】选项区

夹点就是一些特征控制点，是 AutoCAD 为每个对象预先定义的。如图 3-13 所示给出了一些常用对象的夹点示例。对象夹点为用户提供了一种灵活方便的图形编辑方法。用户只需用光标拾取对象，即可将其加入选择集。此时，系统将对象以高亮显示，并标示出相应夹点。

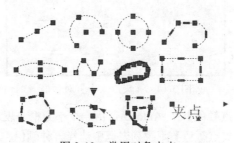

图 3-13　常用对象夹点

（1）基本操作。

1）单个夹点操作。用户在使用夹点编辑对象时，首先要用光标拾取待编辑的对象。对象被拾取后，AutoCAD 将该对象加入选择集并用蓝色方框标出相应的夹点。用户可以使用光标在所有夹点中选择一个夹点作为基点进入夹点编辑模式，这个基点称为基准夹点，AutoCAD 用红色实心方框标示出基准夹点。直接拖动该夹点，可以改变选中对象的长度、半径等特性。

2）多功能夹点操作。对于有些对象，也可以将光标悬停在夹点上以访问具有特定于对象编辑选项的菜单。然后从中选择需要的选项即可操作。

在任意时刻，用户可直接按 Esc 键退出夹点编辑操作，返回到命令行状态。

（2）夹点编辑模式的设置。AutoCAD 允许用户控制是否使用夹点编辑功能并设置夹点标记的大小与颜色。

【选择集】选项卡中有关夹点的各选项意义如下：

- 【显示夹点】——打开/禁止夹点功能。勾选该复选框，打开夹点功能。夹点功能打开时，如果在没有任何命令处于活动状态下选择了对象，AutoCAD 2012 将在选择的对象上显示夹点，用户可以通过夹点来编辑对象。
- 【在块中显示夹点】——使用块中夹点。勾选该复选框，打开块中的夹点。这时，如果选择了一个块，AutoCAD 2012 将显示块中每一个对象上的所有夹点；否则，AutoCAD 将只在块的插入点处显示夹点。有关块的概念参见第 10 章。
- 【显示夹点提示】——勾选该复选框，当光标悬浮在自定义对象上的夹点上时，显示夹点特定的提示。此选项不会影响 AutoCAD 对象。
- 【显示动态夹点菜单】——勾选该复选框，当光标悬浮在多功能夹点上时动态显示夹点菜单。
- 【允许按 Ctrl 键循环改变对象编辑方式行为】——勾选该复选框，允许按 Ctrl 键循环改变多功能夹点对象的编辑方式。
- 【对组显示单个夹点】——勾选该复选框，选择对象组的单个夹点。
- 【对组显示边界框】——勾选该复选框，围绕编组范围选择对象组的编辑框。
- 【选择对象时限制显示的夹点数】——确定显示夹点的最多对象数目。在该文本框中输入数目，当选择了多于该数目的对象时，禁止显示夹点。默认设置为 100。
- 【夹点颜色】——单击该按钮，系统将显示如图 3-14 所示对话框，可以设置夹点的不同状态颜色特性。

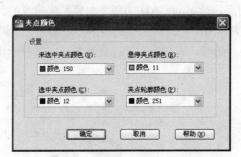

图 3-14　【夹点大小】对话框

- 【未选中夹点颜色】——AutoCAD 用一个小方框来表示没有选中作为基点的夹点。在【未选中夹点颜色】下拉列表框中选择一种颜色，AutoCAD 将使用该颜色来显示那些没有选中作为基点的夹点。如果选择了【选择颜色】选项，AutoCAD 将弹出【选择颜色】对话框来选取。AutoCAD 默认设置为蓝色。
- 【选中夹点颜色】——AutoCAD 用一个填充颜色的小方块来表示基夹点。参照上面的操作，在【选中夹点颜色】下拉列表框中选择一种颜色，AutoCAD 将使用该颜色来显示那些作为基点的夹点。AutoCAD 默认设置为红色。
- 【悬停夹点颜色】——在【悬停夹点颜色】下拉列表框中选择一种颜色，确定当光标悬浮在夹点上时，夹点显示的颜色。默认设置为绿色。
- 【夹点轮廓颜色】——设置夹点轮廓的颜色。默认设置为黑色。

- 【夹点尺寸】——设置夹点大小。在【夹点尺寸】组框中，左、右移动滑块可以改变 AutoCAD 显示夹点的大小，左侧动态显示夹点大小的变化。夹点的默认大小为 3 个像素，在【选项】对话框中可设置夹点的大小范围为 1～20 个像素。而在命令行中可设置的夹点大小的范围为 1～255 个像素。

3. 【选择集预览】选项区

在 AutoCAD 2012 中，当拾取框光标滚动过对象时，可以亮显对象。这可以通过【选择集预览】选项区设置，有以下两个复选框可供选择：

- 【命令处于活动状态时】——勾选该复选框，则仅当某个命令处于活动状态并显示【选择对象】提示时，才会显示选择预览。
- 【未激活任何命令时】——勾选该复选框，则即使未激活任何命令，也可显示选择预览。

另外，可以进行选择集【视觉效果设置】。单击【视觉效果设置】按钮，弹出【视觉效果设置】对话框，如图 3-15 所示。

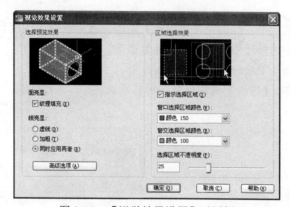

图 3-15　【视觉效果设置】对话框

【视觉效果设置】对话框包含【选择预览效果】和【区域选择效果】两个选项区，其中各选项含义如下：

- 【面亮显】——选中该复选框，当拾取框光标滚动过三维对象的某个子面对象时，该面亮显。
- 【线亮显】——决定光标滚动过线条时线条亮显状态。
  - 【虚线】——选中该单选按钮，当拾取框光标滚动过对象时，显示虚线。这种选择预览方式表示通过单击可选定对象。虚线是选定对象的默认显示形式。
  - 【加粗】——选中该单选按钮，当拾取框光标滚动过对象时，显示加粗的线。这种选择预览方式表示通过单击可选定对象。
  - 【同时应用两者】——选中该单选按钮，当拾取框光标滚动过对象时，显示加粗的虚线。这种选择预览方式表示通过单击可选定对象。
- 【高级选项】——单击该按钮，则弹出【高级预览选项】对话框，如图 3-16 所示。在该对话框中可以进行预览条件设置，包括对锁定图层上的对象和活动图层上的对象的过滤，其中后者包括【外部参照】、【多行文字】、【表格】、【图案填充】和【编组】5 个复选框。

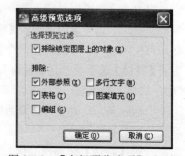

图 3-16　【高级预览选项】对话框

- 【指示选择区域】——勾选该复选框，进行窗口或交叉选择时，使用不同的背景色指示选择区域。
- 【窗口选择区域颜色】——在该下拉列表框中选择控制窗口选择区域的背景颜色。
- 【窗交选择区域颜色】——在该下拉列表框中选择控制交叉选择区域的背景颜色。
- 【选择区域不透明度】——控制窗口选择区域背景的透明度。直接在文本框中输入数值或者拖动滑块即可。

在预览区域中将可以直接观察当前设置的效果。

3.2.3 编辑对象特性

1. 利用【特性】选项板编辑特性

根据所选对象，AutoCAD 2012 在【特性】选项板中列出该对象的全部特性，用户可以直接修改这些特性。但是，有些特性是无法编辑的。这需要读者在不断的学习中加以理解。

（1）启动。

- 单击【视图】选项卡，然后在【选项板】功能面板上单击【特性】按钮。
- 在传统菜单栏中选择【修改】→【特性】命令。
- 在命令行窗口输入 Properties，并按 Enter 键。

在 AutoCAD 2012 中，【特性】选项板有 3 种显示状态，即浮动状态、固定状态和隐藏状态，如图 3-17 所示。

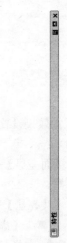

（a）固定状态   （b）浮动状态   （c）隐藏状态

图 3-17 【特性】选项板

【特性】选项板只能停靠在 AutoCAD 2012 绘图区的两侧。当用鼠标拖动选项板的标题条到不同的位置时，则可自由地切换【特性】选项板的固定和浮动两种状态。单击选项板右上角的关闭按钮，可关闭该窗口。此外在命令行输入 Propertiesclose 命令也可以将选项板关闭。用户在工作时可以将【特性】选项板一直保持打开。由于考虑到打开状态下选项板占用空间比较大，所以 AutoCAD 2012 提供了隐藏这一新功能。在标题条上单击【自动隐藏】按钮，整个【特性】选项板将收缩为一个标题条。此时该按钮变为，单击它将重新展开该选项板。该按钮是 AutoCAD 提供的多个新工具的共有按钮。

（2）【特性】选项板操作。

选择了某一图形对象后，AutoCAD 会自动将该对象的特性显示在【特性】选项板中。如果选择多个对象，将在【特性】选项板中显示所选择对象的通用特性。选择某一特性后，在【特性】选项板的底部将给出相应文字说明。

1）查看对象特性。步骤如下：

- 在绘图区中选择一个或多个要观察的对象。
- 在【特性】选项板的下拉列表框中选择【全部】或某一对象，即可查看相应特性。
- AutoCAD 2012 将选择的对象按照类型归类。如果选择【全部】选项，AutoCAD 将在【特性】选项板中列出所选择对象的基本通用特性，如图 3-18 所示；如果选择某一类对象，AutoCAD 2012 将在【特性】选项板中显示所选择对象的全部通用特性，如图 3-19 所示。在显示特性时，如果所有被选择对象的某一特性的特性值均相同，AutoCAD 2012 将显示该特性的值；否则将不显示该特性的值。

图 3-18　对象的基本通用特性

图 3-19　对象的全部通用特性

2）编辑对象特性。在【特性】选项板中选择要编辑的特性，在相应特性框中输入或选择新值即可。

2. 对象特性匹配

AutoCAD 2012 提供了对象特性匹配功能，它可以将一个对象的全部或部分对象特性复制给其他对象，也可以复制特殊特性。特性来源对象称为源对象，要赋予特性的对象称为目标对象。

（1）启动。

- 在传统菜单栏中选择【修改】→【特性匹配】命令。
- 在命令行窗口输入 Matchprop/painter，并按 Enter 键。

（2）操作方法。

对象特性匹配的操作过程如下。

命令: Matchprop/painter
选择源对象: (选择对象)
当前活动设置: 颜色 图层 线型 线型比例 线宽 厚度 打印样式 标注 文字 填充图案 多段线 视口 表格材质 阴影显示 多重引线
选择目标对象或 [设置(S)]:

各选项含义如下：

- 【选择目标对象】——选择后，将把源对象的特性复制给目标对象。目标对象可以是一个，也可以是多个，此时绘图区光标变为 ▥。
- 【设置】——在提示中输入 S，AutoCAD 将弹出如图 3-20 所示的【特性设置】对话框，在该对话框中可以设置需要复制的对象特性。

图 3-20 【特性设置】对话框

3.3 对象常规编辑

对象的常规编辑指的是类似 Windows 操作类型的复制、删除等。

3.3.1 对象删除和恢复

除了可以在选择对象后直接按 Delete 键外，还可以采用特定的一些操作。

1. 删除对象

使用 Erase 命令，用户可以删除那些绘制失误的对象。

（1）启动。

● 单击【常用】选项卡，在【修改】功能面板上单击【删除】按钮🗑。

● 在传统菜单栏中选择【修改】→【删除】命令。

● 在命令行窗口输入 Erase，并按 Enter 键。

（2）操作方法。

在启动了 Erase 命令后，AutoCAD 提示如下：

选择对象：(在选实体时，既可用拾取框选取实体，也可用界选和窗交方式选择)

选择完对象后按 Enter 键，AutoCAD 将所选择的对象从当前图形中删除。

2. 恢复删除的对象

使用 Oops 命令，用户可以恢复最近一次被打断、定义成块或删除的对象。Oops 命令启动后，自动将最近一次使用过的 Erase、Block 或 Wblock 等命令删除的对象恢复到图形中。但是，对于以前删除的对象则无法恢复。用户想要恢复前几次删除的实体，只能使用多重放弃命令。

3.3.2 对象的复制

在 AutoCAD 2012 中，不但可以在当前工作的图形中复制对象，而且允许在打开的不同图形文件之间进行复制。本节将介绍两种复制方法。

1. 使用 Copy 命令复制对象

要在当前图形内复制对象，首先要创建一个选择集，然后为复制对象指定一个起点和终点。这些点分别称为基点和第二个位移点，它们可位于图形内的任何位置。

（1）启动。

● 单击【常用】选项卡，在【修改】功能面板上单击【复制】按钮🗐。

● 在传统菜单栏中选择【修改】→【复制】命令。

- 在命令行窗口输入 Copy，并按 Enter 键。

（2）操作方法。

步骤如下：

1）选择【修改】→【复制】命令。

2）在【选择对象】提示下选择绘图区内要复制的对象，然后按 Enter 键结束选择。

3）选择完要复制的对象后，AutoCAD 提示如下：

指定基点或[位移(D)/模式(O)]<位移>：

4）在该提示下指定一点作为对象复制的基点。

指定第二个点或[阵列(A)]<使用第一个点作为位移>：(选择一个新点)

指定第二个点或[阵列(A)/退出(E)/放弃(U)]<退出>：

AutoCAD 将用这两点间的距离和方向来确定复制对象的位置。AutoCAD 2012 将一直重复上面的命令提示，多次复制所选择对象，直到按 Enter 键结束操作为止。

2. 使用剪贴板在图形窗口之间复制、移动对象

在 AutoCAD 2012 中可以同时打开多个文档，用户可以快速在图形之间复制和粘贴，或从一个图形往另一个图形拖动对象。AutoCAD 将利用 Windows 剪贴板在图形之间复制、移动对象，这些命令是放在菜单栏的【编辑】下拉菜单中的，如图 3-21 所示。

图 3-21　【编辑】下拉菜单

（1）将对象复制、移动到剪贴板。

1）Cutclip 命令。

- 单击【常用】选项卡，在【剪贴板】功能面板上单击【剪切】按钮。
- 在传统菜单栏中选择【编辑】→【剪切】命令。
- 在命令行窗口输入 Cutclip，并按 Enter 键。

执行 Cutclip 命令后，AutoCAD 提示用户选择要剪切的对象，AutoCAD 2012 将所选择的对象复制到剪贴板中，同时从图形中删除此对象。剪贴板中的内容可作为嵌入式 OLE 对象粘贴到文档或图形中。

2）Copyclip 命令。

- 单击【常用】选项卡，在【剪贴板】功能面板上单击【复制裁剪】按钮。
- 在传统菜单栏中选择【编辑】→【复制】命令。
- 在命令行窗口输入 Copyclip，并按 Enter 键。

执行 Copyclip 后，AutoCAD 提示用户选择要进行复制的对象，AutoCAD 将选定对象复制到剪贴板中，但原来的对象仍然保留在当前图形中。

3）Copybase 命令。

- 在菜单栏中选择【编辑】→【带基点复制】命令。
- 在命令行窗口输入 Copybase，并按 Enetr 键。

执行 Copybase 命令后，AutoCAD 首先提示用户指定复制的基点，然后选择要复制到剪贴板中的对象。这样，用户从剪贴板中将对象粘贴到同一图形或其他图形时能够精确定位。

（2）将剪贴板中的对象粘贴到当前图形中。

1）Pasteclip 命令。

- 单击【常用】选项卡，在【剪贴板】功能面板上单击【粘贴】按钮。
- 在传统菜单栏中选择【编辑】→【粘贴】命令。

- 在命令行窗口输入 Pasteclip，并按 Enter 键。

执行 Pasteclip 命令后，AutoCAD 可以粘贴剪贴板中的对象、文字以及各类文件，包括图元文件、位图文件和多媒体文件。

2）Pasteblock 命令

- 单击【常用】选项卡，在【剪贴板】功能面板上单击【粘贴为块】按钮。
- 在传统菜单栏中选择【编辑】→【粘贴为块】命令。
- 在命令行窗口输入 Pasteblock，并按 Enter 键。

执行 Pasteblock 命令后，AutoCAD 提示用户指定块的插入点。然后，将剪贴板中的对象以块的形式插入到当前的图形中。

3）Pasteorig 命令。

- 单击【常用】选项卡，在【剪贴板】功能面板上单击【粘贴到原坐标】按钮。
- 在传统菜单栏中选择【编辑】→【粘贴到原坐标】命令。
- 在命令行窗口输入 Pasteorig 并按 Enter 键。

执行 Pasteorig 命令后，AutoCAD 将剪贴板中的对象粘贴到新图形。对象在新图形中的坐标值与原图形相同。

注意：只有剪贴板中包含其他图形（当前图形除外）中的 AutoCAD 数据时，用户才能使用 Pasteorig 命令。

4）Pastespec 命令。

- 单击【常用】选项卡，在【剪贴板】功能面板上单击【选择性粘贴】按钮。
- 在传统菜单栏中选择【编辑】→【选择性粘贴】命令。
- 在命令行窗口输入 Pastespec，并按 Enter 键。

执行 Pastespec 命令后，AutoCAD 弹出【选择性粘贴】对话框，如图 3-22 所示。

在【作为】列表框中选择剪贴板中的对象粘贴到图形中的有效格式。如果选择了【图像图元】选项，AutoCAD 2012 将把剪贴板中图元文件格式的图形转换为 AutoCAD 对象。如果没有转换图元文件格式的图形，图元文件将显示为 OLE 对象。

图 3-22 【选择性粘贴】对话框

 习题三

一、选择题

1. 在绘制中，AutoCAD 的选择方法有（ ）。
   A．window 选择 B．crossing 选择 C．ALL 选择 D．点选

2. 要快速显示整个图像范围内的所有图形，可使用（ ）命令。
   A．【视图】→【缩放】→【窗口】 B．【视图】→【缩放】→【动态】
   C．【视图】→【缩放】→【全部】 D．【视图】→【缩放】→【范围】

3. 用 Copy 命令复制对象时，可以（ ）。
   A．原地复制对象 B．同时复制多个对象
   C．一次把对象复制到多个位置 D．复制对象到其他图层

4. 多次复制 Copy 对象的选项为（　　　）。

  A. m　　　　　　　　B. d　　　　　　　　C. p　　　　　　　　D. c

5. 在下列命令中，不具有删除功能的命令是（　　　）。

  A. 撤消命令　　　　　B. 删除命令　　　　C. 修剪命令　　　　D. 镜像命令

6. 下列有关放弃、重做的说法正确的一项是（　　　）。

  A. Ctrl+Z 可放弃最近命令的执行，但对部分命令无效，如 Save、SaveAs 等

  B. 命令 U 或 Undo 一次都可放弃多步操作，U 是命令 Undo 的简写，实际上是一条命令

  C. Redo 或 Ctrl+Y 在任何时刻，都能恢复最近一次删除的对象，但仅限于最近一次

  D. 恢复操作除可使用放弃命令 U 或 Ctrl+Z 外，也可使用 Oops 命令，一次也可放弃多步操作

7. 若想同时查询显示绘图区中一圆的周长、面积和圆心点坐标，可通过【工具】→【查询】下的（　　　）。

  A. 距离　　　　　　　　　　　　　　B. 面积

  C. 列表显示　　　　　　　　　　　　D. 【面域】→【质量特性】

二、判断题

1. 图像的剪裁边框只能越变越小，且剪下去的部分再也不能恢复。（　　　）

2. Pan 和 Move 命令实质是一样的，都是移动图形。（　　　）

3. Copy 命令产生对象的拷贝，而保持原对象不变。（　　　）

4. 范围缩放可以显示图形范围并使所有对象最大显示。（　　　）

5. 缩放命令 Zoom 和缩放命令 Scale 都可以调整对象的大小，可以互换使用。（　　　）

6. 可以通过输入一个点的坐标值或测量两个旋转角度定义观察方向。（　　　）

三、思考题

1. 简述视图缩放对图形的影响。

2. 刷新的作用是什么？

3. 哪些操作可以将视图显示范围放大？

4. 简述对象的主要选择方式，并说明窗选方式与窗交方式的区别。

5. 对象的删除与恢复操作如何进行？

6. AutoCAD 共有哪些选择方式？

7. 如何快速选择对象？

8. 对象过滤器有何作用？

9. 什么是选择集？如何构造选择集？

10. 当对象比较密集时，如何进行选择？

11. 什么是夹点编辑？

12. 如果进行了错误的删除，如何恢复？

13. 使用剪贴板进行复制与使用 Copy 命令进行复制有什么异同？

四、操作题

打开 AutoCAD 自带的示例文件 Welding Fixture Model.dwg，使用缩放工具、平移工具详细查看焊接夹具的不同部分。练习对象的夹点操作、对象的删除与恢复，熟练掌握对象的复制操作。

第4章 三维绘图基础

教学目标

　　AutoCAD 2012 具有功能强大的平面图形绘制功能，但存在一定的局限性和缺陷，因为各个平面视图相互独立可能产生错误或二义性。而三维建模的使用，则可以弥补二维图形在表达上的不足。

　　通过本章的学习，可以掌握面板与工作空间设置，了解三维操作的基础术语；掌握标准三维坐标系与用户坐标系的设置，三维图像的类型与管理；通过设置观察方向和视点，借助动态观察工具与相机功能来动态观察三维模型；掌握视口操作和命名视图操作。

本章要点

- 工作空间与三维建模空间
- 标准三维坐标系与用户坐标系
- 三维图像的类型
- 视觉样式管理器
- 三维视图观察
- 三维视图的动态观察与相机
- 视口与命名视图

4.1　工作空间与三维建模空间

　　在 AutoCAD 2012 中，提供了工作空间这个概念。如图 4-1 所示，其中包括【草图与注释】、【三维基础】、【三维建模】和【AutoCAD 经典】共 4 个带有基于任务的工作空间。如果在操作过程中用户自定义了某些界面，则可以将当前设置保存到工作空间中。

　　工作空间是经过分组和组织的菜单、工具栏、选项板和控制面板的集合。不同的工作空间会对应不同的界面，使用户可以在面向任务的自定义绘图环境中工作。

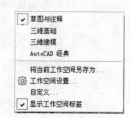

图 4-1　工作空间切换

　　在创建三维模型时，可以使用三维建模工作空间，其中仅包含与三维相关的工具栏、菜单和选项板。三维建模不需要的界面项会被隐藏，使得用户的工作屏幕区域最大化。如图 4-2 所示，就是三维建模状态下的工作界面。

　　如果要进行工作空间切换，直接单击状态栏中的【切换工作空间】按钮，系统会弹出如图 4-1 所示菜单，选择相应的空间即可。

　　相对于二维的【草图与注释】环境而言，【三维建模】工作空间增加了一些基本元素和术语，如图 4-3 所示。下面分别进行介绍。

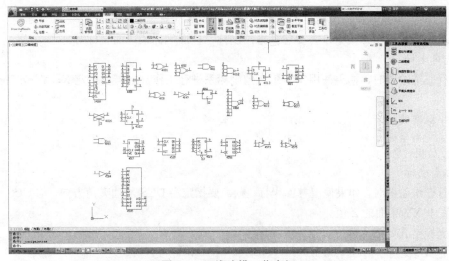

图 4-2　三维建模工作空间

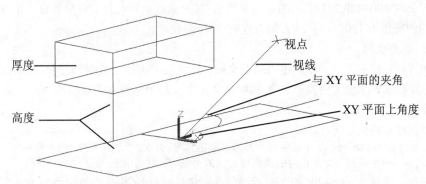

图 4-3　三维绘图术语示意

- 视点——观察图形的方位。即相对于三维实体而言，人的眼睛所在的位置。
- XY 平面——即 Z 轴坐标值为 0 的平面，只有 XY 轴。
- Z 轴——垂直于 XY 平面，与它们形成空间坐标系。
- 平面视图——垂直于某根轴所观察到的视图平面。
- 高度——所测对象距离 Z 坐标 0 的相对长度。
- 厚度——同一对象沿着 Z 轴测得的高度差值。
- 相机位置——通过假想的照相机来观察对象，其所在位置代替了人的眼睛位置。
- 目标点——照相机汇聚的清晰点，在 AutoCAD 2012 中就是坐标原点。
- 视线——目标点与相机位置连接所得到的假想线。
- 与 XY 平面的夹角——视线与其投影到 XY 平面上的线之间的角度。
- XY 平面上角度——视线投影到 XY 平面上的线与 X 轴之间的夹角。

4.2　标准三维坐标系与用户坐标系

4.2.1　标准三维坐标系

在三维空间中，对象上每一点的位置均是用三维坐标表示的。所谓三维坐标就是人们平时所说的 XYZ 空间，也就是在二维坐标的基础上增加一个 Z 坐标。

在标准的三维表示方式中，主要包括直角坐标、柱面坐标或球面坐标等。

1. 直角坐标

在进行三维绘图时，如果使用笛卡尔直角坐标系进行工作，则需要指定 X、Y、Z 三个方向上的值。

直角坐标格式如下：

X,Y,Z(绝对坐标)

@X,Y,Z(相对坐标)

2. 柱面坐标

在进行三维绘图时，如果使用柱面坐标，则需要指定沿 UCS X 轴夹角方向、与 UCS 原点的距离以及垂直于 XY 平面的 Z 值。

柱面坐标格式如下：

XY 平面内与 UCS 原点的距离<与 X 轴的角度,Z 坐标值(绝对坐标)

@XY 平面内与前一点的距离<与 X 轴的角度,Z 坐标值(相对坐标)

例如，"100<120,30"表示的点是从当前 UCS 原点到该点有 100 个单位，在 XY 平面上的投影与 X 轴的夹角为 120°，且沿 Z 轴方向有 30 个单位。

3. 球面坐标

在进行三维绘图时，如果使用球面坐标，则需要给出指定点与当前 UCS 原点的距离、与坐标原点连线在 XY 平面上的投影和 X 轴的夹角，以及与坐标原点的连线和 XY 平面的夹角，每项用尖括号"<"作为分隔符。

球面坐标格式如下：

与 UCS 原点的距离<XY 平面内的投影与 X 轴的角度<与 XY 平面的角度(绝对坐标)

@与前一点的距离<XY 平面内的投影与 X 轴的角度<与 XY 平面的角度(相对坐标)

例如，坐标"100<120<30"表示一个点，它与当前 UCS 原点的距离为 100 个单位，在 XY 平面的投影与 X 轴的夹角为 120°，该点与 XY 平面的夹角为 30°。

4.2.2　用户坐标系（UCS）

AutoCAD 2012 提供的 UCS 命令可以帮助用户定制自己需要的用户坐标系（User Coordinate System，UCS）。这样可以在绘图的时候，对不同的平面可以通过改变原点(0,0,0)的位置以及 XY 平面和 Z 轴的方向来方便地绘图。

如图 4-4 所示，（a）图是当前 WCS 坐标系下绘制的立方体，（b）图是用建立的 UCS 坐标系表示。从中可以看到，用户坐标系符号中没有方框。

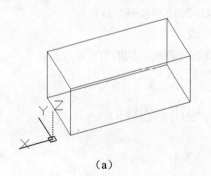
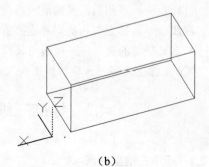

（a）　　　　　　　　　　　　　　　　（b）

图 4-4　三维坐标系显示

在三维空间，用户可在任何位置定位和定向 UCS，也可随时定义、保存和使用多个用户坐标系。如果需要，可以定义并保存任意多个 UCS。使用 UCS，则坐标的输入和显示都是对应于当前 UCS 的。如果图形中定义了多个视口，所有活动视口共用同一个 UCS。

　　AutoCAD 将有关定义和管理用户坐标系的命令放到菜单栏的【工具】子菜单中，并同时提供了【坐标】功能面板，如图 4-5 所示。

　　1. 定义用户坐标系

● 在传统菜单栏中选择【工具】→【新建 UCS】，【新建 UCS】子菜单如图 4-6 所示。
● 在命令行窗口输入 Ucs，并按 Enter 键。
● 单击【视图】选项卡，在【坐标】功能面板中选择相应按钮。

图 4-5　UCS 工具栏

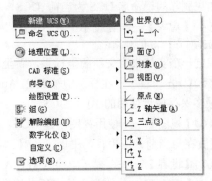

图 4-6　【新建 UCS】子菜单

执行 Ucs 命令后，AutoCAD 2012 提示如下：

指定 UCS 的原点或 [面(F)/命名(NA)/对象(OB)/上一个(P)/视图(V)/世界(W)/X/Y/Z/Z 轴(ZA)] <世界>：

其中命令的含义如下：

　　（1）【指定 UCS 的原点】——若输入新的坐标值，则 AutoCAD 将新坐标值所确定的点作为当前用户坐标系的原点，但 X、Y 和 Z 的方向不变。也可使用默认值<0,0,0>。如果没有指定新原点的 Z 坐标值，AutoCAD 将使用默认的标高值。

　　如果指定第二点，UCS 将绕先前指定的原点旋转，以使 UCS 的 X 轴正半轴通过该点。

　　如果指定第三点，UCS 将绕 X 轴旋转，以使 UCS 的 XY 平面的 Y 轴正半轴包含该点。

　　即这三点分别为原点、X 轴正方向上的一点和坐标轴为正的 XOY 平面上的一点。Z 轴由右手定则确定，可以使用该选项指定任意可能的坐标系。

　　（2）【面】——在提示中输入 F，AutoCAD 2012 提示如下：

选择实体对象的面：

用三维实体的面创建 UCS。在此提示下，AutoCAD 2012 将高亮显示所选择的面，并将新建的 UCS 中 XY 平面附着于此面上。新 UCS 的 X 轴将与所找到面的最近边对齐。AutoCAD 继续提示如下：

输入选项[下一个(N)/X 轴反向(X)/Y 轴反向(Y)]<接受>：

　　在此提示下，可以输入 N 将 UCS 放到邻近的面或选择边所在面的反面上，或者输入 X 或 Y 将 UCS 绕 X 轴或 Y 轴旋转 180°。

　　注意：默认情况下，在三维中指定视图时，该视图将相对于固定的 WCS 而不是可移动的 UCS 建立。

　　（3）【命名】——按名称保存并恢复通常使用的 UCS 方向。输入 NA，系统提示如下：

输入选项 [恢复(R)/保存(S)/删除(D)/?]: (指定选项)

● 【恢复】——恢复已保存的 UCS, 使它成为当前 UCS。输入 R, 系统提示如下:

输入要恢复的 UCS 名称或[?]:(输入名称或输入?)

其中输入名称即指定一个已命名的 UCS;"?"则列出当前已定义的 UCS 的名称, 系统提示如下:

输入要列出的 UCS 名称<*>:(输入名称列表或按 Enter 键列出所有 UCS)

● 【保存】——把当前 UCS 按指定名称保存。名称最多可以包含 255 个字符, 包括字母、数字、空格及 Microsoft Windows 和本程序未作他用的特殊字符。输入 S 系统提示如下:

输入保存当前 UCS 的名称或[?]:(输入名称或输入?,同上)

● 【删除】——从已保存的用户坐标系列表中删除指定的 UCS。输入 D, 系统提示如下:

输入要删除的 UCS 名称<无>:(输入名称列表或按 Enter 键)

如果删除的已命名 UCS 为当前 UCS, 当前 UCS 将重命名为 UNNAMED。

（4）【对象】——在提示中输入 OB, AutoCAD 2012 提示如下:

选择对齐 UCS 的对象:

指定一个实体来定义新的坐标系, 新坐标系与实体具有相同的 Z 轴方向。

（5）【上一个】——在提示中输入 P, AutoCAD 2012 将恢复到最近一次使用的 UCS。AutoCAD 2012 最多保存最近使用的 10 个 UCS。

（6）【视图】——使用视图创建 UCS。在提示中输入 V, AutoCAD 2012 将新的 UCS 的 XOY 平面设置在与当前视图平行的平面上, 且原点不动。

（7）【世界】——在提示中输入 W, AutoCAD 2012 将当前坐标系设置成世界坐标系。

（8）【X/Y/Z】——绕指定的坐标轴旋转当前的 UCS。在提示中输入 X、Y、Z, AutoCAD 2012 提示如下:

指定绕(X/Y/Z)轴的旋转角度<90>:

用户可以输入正或负角度来旋转 UCS。

（9）【Z 轴】——在提示中输入 ZA, AutoCAD 2012 提示如下:

指定新原点<当前值>:

在正 Z 轴范围上指定点<当前值>:

将当前 UCS 沿 Z 轴的正方向移动一定的距离, 指定的第一点是新坐标系原点, 第二点决定 Z 轴的正向。XY 平面垂直于新的 Z 轴。

2. 使用 UCS 对话框

AutoCAD 2012 还提供了 Ucsman 命令, 可以对 UCS 进行有效的管理, 包括重命名、删除等, 但不包括创建。

启动【UCS】对话框的方法如下:

● 单击【视图】选项卡, 在【坐标】功能面板中单击【已命名 UCS】按钮。

● 在传统菜单栏中选择【工具】→【命名 UCS】命令。

● 在命令行窗口输入 Ucsman, 并按 Enter 键。

该命令执行后, 系统弹出如图 4-7 所示的 UCS 对话框。各参数含义如下:

（1）【命名 UCS】选项卡——在 UCS 列表框中选择 UCS, 单击【置为当前】按钮, 则该坐标系成为当前坐标系。如果选择 UCS 后右击, 弹出快捷菜单, 则可对 UCS 更名或删除。

（2）【正交 UCS】选项卡——在该选项卡中选择预置的正交 UCS, 如图 4-8 所示。在【名称】列表框中列出了 AutoCAD 所提供【俯视】、【仰视】、【前视】、【后视】、【左视】和【右视】6 种预置的 UCS。用户还可通过【相对于】下拉列表框选择基本坐标系的正投影方向。

（3）【设置】选项卡——在该选项卡中设置 UCS 与图标, 如图 4-9 所示。

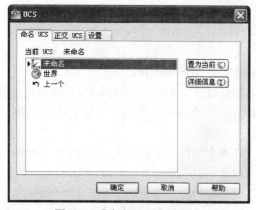

图 4-7　【命名 UCS】选项卡

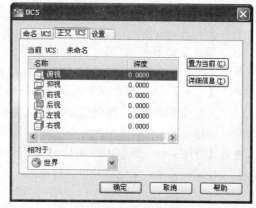

图 4-8　【正交 UCS】选项卡

- 【UCS 图标设置】——在该选项区进行用户坐标系图标的设置。勾选【开】复选框，则在当前视窗中显示用户坐标系的图标；勾选【显示于 UCS 原点】复选框，则在用户坐标系的起点显示图标；勾选【应用到所有活动视口】复选框，则在当前图形的所有活动窗口应用图标。
- 【UCS 设置】——在该选项区为当前视窗指定用户坐标系。勾选【UCS 与视口一起保存】复选框，则坐标系仍为当前视窗中的用户坐标系；未勾选，用户坐标系保存在视窗中，不依赖于当前视窗的用户坐标系。勾选【修改 UCS 时更

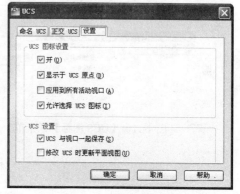

图 4-9　【设置】选项卡

新平面视图】复选框，任何用户坐标系的更改都将引起视图改变；如不勾选，用户坐标系的更改不影响视图。

3. UCS 图标

AutoCAD 2012 提供了很多种 UCS 图标，表达了不同的信息含义，如图 4-10 所示。

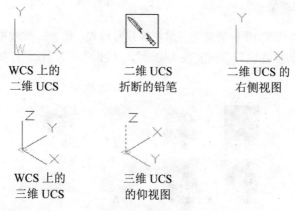

图 4-10　UCS 图标

UCS 图标的显示以及 UCS 图标的位置控制可以通过 Ucsicon 命令进行。该命令也可在菜单栏中的【视图】→【显示】→【UCS 图标】子菜单中选择，如图 4-11 所示。

Ucsicon 命令执行后，AutoCAD 2012 提示如下：

输入选项[开(ON)/关(OFF)/全部(A)/非原点(N)/原点(OR)/特性(P)]<当前值>：

各选项含义如下：

- 【开】——选中则显示 UCS 的图标，否则将隐藏 UCS 的图标。
- 【原点】——强制 UCS 图标显示于当前坐标系的原点(0,0,0)处。若 UCS 的原点位于屏幕之外或者放在原点时会被视窗剪切，则坐标系图标仍显示在视窗的左下角位置；否则将 UCS 图标显示在视口的左下角，与 UCS 的原点不一定重合。
- 【特性】——弹出如图 4-12 所示对话框，在其中可以指定二维或三维 UCS 图标的显示样式、大小、颜色，并可进行预览。

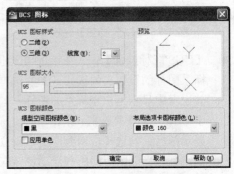

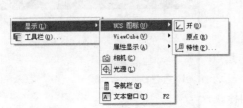

图 4-11　【UCS 图标】子菜单　　　　　　　　图 4-12　【UCS 图标】对话框

4.3　三维图像的类型与管理

在 AutoCAD 2012 中，增强了对原来版本的视觉样式管理功能，不但可以使用命令或者系统变量进行设置，而且可以采用【视图】选项卡的【视觉样式】功能面板来控制，如图 4-13 所示。由于有些渲染工具普通用户基本上不使用，所以本节主要讲解视觉样式，其他面板没有详细列出。

图 4-13　【视觉样式】面板

4.3.1　三维图像的类型

AutoCAD 2012 共提供了 10 种类型的三维图像视觉样式，即"二维线框"、"概念"、"隐藏"、"真实"、"着色"、"带边框着色"、"灰度"、"勾画"、"线框"、"X 射线"，如图 4-14 所示，其效果依次如图 4-15 所示。

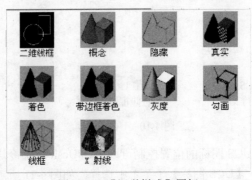

图 4-14　【视觉样式】图标

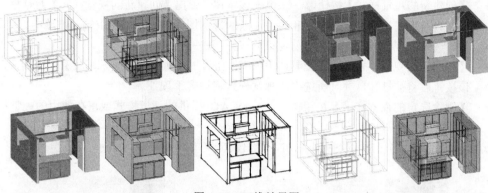

图 4-15　三维效果图

【真实】效果是最具真实性的三维图像。【概念】效果缺乏真实感，但是可以更方便地查看模型的细节。

用户在创建三维图形的过程中，完全可以根据自己的需要进行不同阶段的选择，以便不断地对自己的三维图像进行控制。例如，如果追求速度，可以选择线框或消隐形式，这也是三维绘图操作中使用最多的。

由于线框图形具有二义性，而且图线过多，图形显得混乱，所以往往使用消隐操作对图形进行消隐。消隐操作隐藏了被前景遮掩的背景，使图形显示非常简洁、清晰。有关着色和渲染操作，将在第 12 章中讲解，在此不再赘述。

使用 Hide 命令可以对整个图形进行消隐操作，启动方式有以下 2 种：

● 在传统菜单栏中选择【视图】→【消隐】命令。

● 在命令行窗口输入 Hide，并按 Enter 键。

执行 Hide 命令后，AutoCAD 将对整个图形进行消隐。如图 4-16 所示为消隐前后的效果对比。

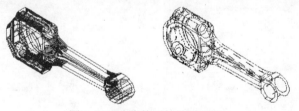

图 4-16　消隐前后的效果对比

4.3.2　视觉样式管理器

在真实和概念样式中移动模型时，模型参照的光源以及表面显示等都是遵从系统默认值的。用户可以随时根据需要自定义视觉样式，突破当前的 10 种模式。这项工作可以通过视觉样式管理器来实现，其基本的启动方式有以下 3 种：

● 在传统菜单栏中选择【工具】→【选项板】→【视觉样式】命令。

● 在命令行窗口输入 Visualstyles，并按 Enter 键。

● 在【视觉样式】功能面板中单击按钮 ﹆。

系统将弹出如图 4-17 所示的选项板，用来创建和修改视觉样式，包括图形中可用的视觉样式的样例图像面板、面设置、环境设置和边设置。

（1）样例下面的工具条中的按钮功能如下：

- 【创建新的视觉样式】按钮——单击该按钮，弹出【创建新的视觉样式】对话框，从中可以输入新的视觉样式的名称和说明，新的样例图像被置于面板末端并被选中。
- 【将选定的视觉样式应用于当前视口】按钮——用途同名称。
- 【将选定的视觉样式输出到工具选项板】按钮——如果【工具选项板】已关闭，则单击该按钮后将被打开，并且所选中的视觉样式将被置于顶部。
- 【删除选定的视觉样式】按钮——AutoCAD 提供的视觉样式或正在使用的视觉样式无法被删除。

（2）在该选项板中的样例图像上右击，弹出快捷菜单，如图 4-18 所示。

图 4-17　视觉样式管理器

图 4-18　快捷菜单

快捷菜单中命令功能如下：

- 【应用于当前视口】——将选定的视觉样式应用到图形中的当前视口。
- 【应用于所有视口】——将选定的视觉样式应用到图形中的所有视口。
- 【编辑名称和说明】——选择该命令，将弹出【编辑名称和说明】对话框，如图 4-19 所示，从中可以添加说明或更改现有的说明。当光标在样例图像上晃动时，将在工具栏中显示说明。
- 【尺寸】——在该子菜单中设定样例图像的大小，有【小】、【中】、【大】和【完整】4 个选项。【完整】选项使用一个图像填充面板。

对于视觉样式而言，可以进行包括面、材质和颜色、环境设置、边设置等多种效果设置。这些操作主要是与渲染处理等有关，读者可以参照相应的专业书籍。

图 4-19 【创建新的视觉样式】对话框

如图 4-20 所示是 3 种面样式的效果。如图 4-21 所示是两种光源质量的效果,显示时更加平整。

（a）真实   （b）古氏   （c）无着色   （a）镶嵌面光源   （b）平滑光源

图 4-20 面样式效果   图 4-21 光源质量效果

4.4 三维视图观察

在 AutoCAD 2012 的模型空间中绘制和编辑三维图形时,可以从不同的角度查看图形的效果,以便精确地绘制和编辑三维图形。用户可以从不同位置观察图形,这些位置称为视点,即用户观察图形的方向。控制命令包括 Vpoint、Dview 或 Plan 等。

AutoCAD 定义了一些标准视图供用户使用,用户可以通过【视图】菜单中【三维视图】子菜单的相应选项选择需要的视图。

4.4.1 设置观察方向

启动方式有以下两种:

- 在传统菜单栏中选择【视图】→【三维视图】→【视点预设】命令。
- 在命令行窗口输入 Ddvpoint,并按 Enter 键。

执行命令后,AutoCAD 2012 将弹出【视点预设】对话框,如图 4-22 所示。

定义视点时需要两个角度,一个为 X 轴的角度,另一个为与 XY 平面的夹角,这两个角度共同决定了观察者相对于目标点的位置。图 4-22 左边的图形代表观察方向与 X 轴的角度,右边的图形代表观察方向与 XY 平面的夹角。对话框中各选项含义如下:

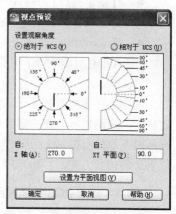

图 4-22 【视点预设】对话框

- 【自 X 轴】——在左侧图上需要的角度处单击,或在【自 X 轴】文本框中输入角度值,设置观察方向与 X 轴的角度。
- 【自 XY 平面】——在右侧图上需要的角度处单击,或在【自 XY 平面】文本框中输入角度值,设置观察方向与 XY 平面的角度。
- 【绝对于 WCS】——选中该单选按钮,当前设置的观察方向将相对于 WCS 坐标系。
- 【相对于 UCS】——选中该单选按钮,当前设置的观察方向将相对于当前 UCS 坐标系。

- 【设置为平面视图】——如果要观察图形的平面视图，可单击该按钮，将当前的视图设置成平面视图。平面视图的查看方向是 XY 平面角度为 270°，与 XY 平面夹角为 90°。

如图 4-23 所示，就是两种不同视点状态下的效果。

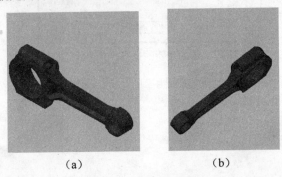

（a）　　　　　　　　　　（b）

图 4-23　不同视点效果

4.4.2　设置观察视点

使用 Vpoint 命令可以让用户从指定位置向原点(0,0,0)方向观察，为当前视口设置当前视点。该命令所设视点均是相对于 WCS 坐标系的，且该命令不能用于图纸空间。

1. 启动

- 在传统菜单栏中选择【视图】→【三维视图】→【视点】命令。
- 在命令行窗口输入 Vpoint，并按 Enter 键。

2. 操作方法

执行命令后，AutoCAD 提示如下：

当前视图方向：VIEWDIR=当前值
指定视点或 [旋转(R)] <显示坐标球和三轴架>：

各选项含义如下：

- 【指定视点】——AutoCAD 2012 将使用输入坐标创建一个矢量，定义观察视图的方向。
- 【旋转】——通过 XY 平面中与 X 轴的夹角、与 XY 平面的夹角指定观察方向。
- 【显示坐标球和三轴架】——在提示中按 Enter 键，AutoCAD 将在绘图区域中显示坐标球和三轴架，如图 4-24 所示。

在图中，坐标球相当于一个球体的俯视图，十字光标代表视点的位置，拖动鼠标，使十字光标在坐标球范围内移动，光标位于小圆环内表示视点在 Z 轴正方向，光标位于内外环之间，则表示视点位于 Z 轴的负方向。移动光标，便可设置视点。

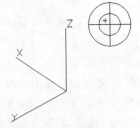

图 4-24　设置观察视点

4.4.3　显示 UCS 平面视图

Plan 命令可将当前视区设置为平面视图。它提供了用平面视图观察图形的便捷方式。

1. 启动

- 在传统菜单栏中选择【视图】→【三维视图】→【平面视图】子菜单中的相应命令。
- 在命令行窗口输入 Plan，并按 Enter 键。

2. 操作方法

执行 Plan 命令后，AutoCAD 2012 提示如下：

输入选项[当前 UCS(C)/UCS(U)/世界(W)]<当前 UCS>：

各选项含义如下：

- 【当前 UCS】——设置当前视图为当前 UCS 平面视图，并重生成显示。
- 【UCS】——输入一个已保存过的 UCS 名称后，AutoCAD 将当前的视图修改为以前保存的用户坐标系平面视图，并重生成显示。
- 【世界】——将当前的视图修改为世界坐标系的平面视图，并重生成显示。

如图 4-25 所示，就是平面视图的设置效果。

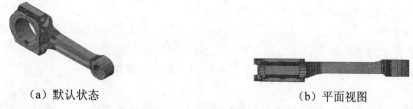

（a）默认状态　　　　　　　　　　　　　（b）平面视图

图 4-25　设置相对于 WCS 的平面视图

4.5　三维视图的动态观察与相机

在 AutoCAD 2012 中，对于三维对象的某些特殊面，通过静态操作来编辑往往是有困难的，所以，如何在动态环境中实时观察它就显得很重要。系统提供了【导航】功能面板，如图 4-26 所示，它位于【视图】选项卡中，可以从各个角度、高度和距离来全面、细致地观察它。与【导航】功能面板对应的菜单如图 4-27 所示。

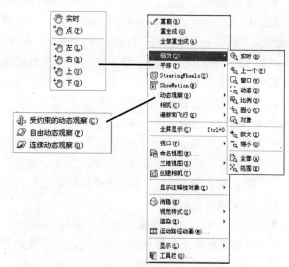

图 4-26　【导航】功能面板　　　　　　　图 4-27　三维导航相关菜单

4.5.1　动态观察

在 AutoCAD 2012 中，动态观察包括以下 3 类：

（1）受约束的动态观察。沿 XY 平面或 Z 轴约束三维动态观察。其命令为 3dorbit。

（2）自由动态观察。不参照平面，在任意方向上进行动态观察。沿 XY 平面和 Z 轴进行动态观察时，视点不受约束。其命令为 3dforbit。

（3）连续动态观察。连续地进行动态观察。在要连续动态观察移动的方向上单击并拖动，然后释放鼠标，轨道沿该方向继续移动。其命令为 3dcorbit。

1. 受约束的动态观察

使用 3dorbit 命令，就可以通过鼠标拖动来操作三维对象的视图。

启动方式如下：

- 在传统菜单栏中选择【视图】→【动态观察】→【受约束的动态观察】命令。
- 单击【视图】选项卡，在【导航】功能面板中选择【动态观察】按钮 。
- 在命令行窗口输入 3dorbit，并按 Enter 键。

在执行 3dorbit 命令之前，如果没有选择任何对象，则在命令的执行过程中可以观察到整个图形；如果选择了对象，则在执行过程中可以只观察所选择对象的效果。

3dorbit 命令执行后，AutoCAD 将在当前视口中激活三维视图，如图 4-28 所示，同时显示光标 。

拖动鼠标时，视图中的目标点（象限仪的中心点）保持不变，视点（相机）围绕目标点移动。

注意：3dorbit 命令处于活动状态时，无法编辑对象。

2. 自由动态观察

使用 3dforbit 命令，就可以通过鼠标拖动来操作三维对象的视图。

启动方式如下：

图 4-28　受约束的动态观察

- 在传统菜单栏中选择【视图】→【动态观察】→【自由动态观察】命令。
- 单击【视图】选项卡，在【导航】功能面板中选择【自由动态观察】按钮 。
- 在命令行窗口输入 3dforbit，并按 Enter 键。

3dforbit 命令执行后，当前视口中就显示一个象限仪，如图 4-29 所示。它是一个大圆，被四个小圆圈分割成四个象限。如果当前 UCS 图标处于显示状态，则还会在三维视图左下角显示彩色的三维 UCS 坐标。

在三维动态观察器中移动光标时，所处位置不同，光标显示外观也不相同，对象旋转方向也不同。光标意义分别如下：

- 球形光标 ——它由两条直线所环绕的球体形成，只能在光标位于象限仪内部时才显示。如果此时在绘图区域中拖动光标，光标就像被附着在所包围对象的一个球面上。

图 4-29　三维动态观察器

- 圆形光标 ——它是一个圆形的箭头，在中心处有一个垂直于圆形箭头平面的直线，只能在光标位于象限仪外部时显示。如果此时沿象限仪的圆周拖动光标，则视图围绕通过象限仪中心且与象限仪平面垂直的轴线滚动。
- 水平椭圆光标 ——它是一个水平的椭圆，且带有三维轴线，只能在光标移动到象限仪左侧或右侧的小圆圈中时显示。如果此时拖动光标，则视图围绕通过象限仪中心且与 Y 轴平行的轴线滚动。
- 垂直椭圆光标 ——它是一个垂直的椭圆，且带有三维轴线，只能在光标移动到象限仪上面或下面的小圆圈中时显示。如果此时拖动光标，则视图围绕通过象限仪中心且与 X 轴平行的轴线滚动。

当调整好视图观察方向后，按 Esc 键或 Enter 键都可以退出三维动态观察器。

3. 连续动态观察

使用 3dcorbit 命令，就可以通过鼠标拖动来操作三维对象的视图。

启动方式如下：

- 在传统菜单栏中选择【视图】→【动态观察】→【连续动态观察】命令。
- 单击【视图】选项卡，在【导航】功能面板中选择【连续动态观察】按钮。
- 在命令行窗口输入 3dcorbit，并按 Enter 键。

3dcorbit 命令执行后，在绘图区中单击并沿任意方向拖动定点设备，使对象沿正在拖动的方向开始移动。释放定点设备上的按钮，对象在指定的方向上继续进行它们的轨迹运动。为光标移动设置的速度决定了对象的旋转速度。

可通过再次单击并拖动来改变连续动态观察的方向；或在绘图区中右击，在弹出的快捷菜单中选择命令选项，也可以修改连续动态观察的显示。

4.5.2　其他动态操作

在三维动态观察状态下右击，AutoCAD 2012 将弹出如图 4-30 所示的快捷菜单。在该快捷菜单中，用户可以通过选择其他命令来调整视图观察。

1. 平移视图

在快捷菜单中选择【其他导航模式】→【平移】选项，或者单击【视图】面板中【平移】按钮，光标变成平移状态的手形光标，此时可以平移视图进行观察。操作完成后，右击，在弹出的快捷菜单中选择【动态观察】命令，返回三维动态观察器。

2. 缩放视图

在快捷菜单中选择【其他导航模式】→【缩放】命令，或者单击【导航】面板中【实时】按钮，光标变成实时缩放状态的光标，此时可以上下移动光标来缩放视图。

图 4-30　三维动态观察快捷菜单

3. 调整视距

在快捷菜单中选择【其他导航模式】→【调整视距】命令，就是调整相机视距，光标变成带有一条横线的、指向上下两个方向的箭头光标，此时可以上下移动光标来调整相机与目标点之间的距离。

4. 回旋

回旋即指旋转相机。在快捷菜单中选择【其他导航模式】→【回旋】命令，光标变成类似弓形箭头的光标，此时可以移动光标，模拟在三脚架上旋转相机的效果，获得相应视图。

5. 视觉辅助工具

【视觉辅助工具】子菜单如图 4-31 所示。

- 【指南针】——选择该命令，AutoCAD 2012 将会在象限仪中显示或者隐藏指南针，如图 4-32 所示。在指南针的球面上标有 X、Y 和 Z，表示当前坐标方向。
- 【栅格】——选择该命令，AutoCAD 2012 将在三维动态观察器中显示或者隐藏栅格。栅格位于当前 UCS 的 XY 平面上，并沿 X、Y 的正方向延伸，如图 4-32 所示。
- 【UCS 图标】——选择该命令，AutoCAD 2012 将在三维动态观察器中显示或者隐藏 UCS 图标。

图 4-31　【视觉辅助工具】子菜单　　　　图 4-32　三维动态观察中的辅助效果

4.6　视口与命名视图

4.6.1　平铺视口

视口是 AutoCAD 在屏幕上用于显示图形的矩形区域，它是在模型空间中起作用的，通常是把整个绘图区当作一个视口。在三维绘图中，常需要把一个绘图区分成几个视口，在各个视口中，用户可以设置不同的视点，从而能够更加全面地观察图形。

AutoCAD 2012 提供了 Vports 命令进行多视口的操作，位于【视图】选项卡的【视口】功能面板中，如图 4-33 所示。

1．多个平铺视口

设置多个平铺视口的具体操作步骤如下：

图 4-33　【视口】功能面板

（1）在【视口】功能面板中选择【命名】按钮　，弹出【视口】对话框，如图 4-34 所示。

图 4-34　【视口】对话框的【新建视口】选项卡

（2）选择【新建视口】选项卡，在【标准视口】列表框中选择需要的配置。

（3）如果要将所选择的设置应用到当前的视口中，可在【应用于】下拉列表框中选择【当前视口】选项。如果要将所选择的设置应用到整个模型空间中，可选择【显示】选项。

（4）如果将多个平铺视口用于二维操作，可在【设置】下拉列表框中选择【二维】选项；如果将多个平铺视口用于三维操作，可选择【三维】选项。

（5）在【预览】选项区的查看框选择一个视口，然后在【修改视图】下拉列表框中选择一个平面正交视图或等轴测视图。

（6）单击【确定】按钮，关闭【视口】对话框。

如图 4-35 所示为用于三维操作的 4 个相等平铺视口示例。

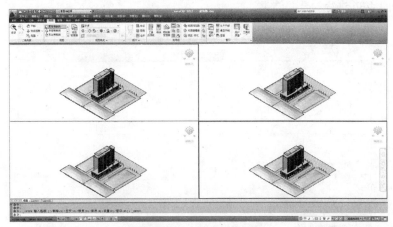

图 4-35　平铺视口示例

2．拆分视口

用户可以将一个视口拆分开，形成大于 4 个的视口。这个过程只扩展了当前视口，而不需要替换整体显示。具体操作步骤如下：

（1）单击进行拆分的视口。在【视口】功能面板中选择【命名】按钮🖳命名，弹出【视口】对话框。

（2）在【标准视口】列表框中选择要拆分的视口数目和布置方式。在【应用于】下拉列表框中选择【当前视口】选项。单击【确定】按钮关闭对话框，如图 4-36 所示。

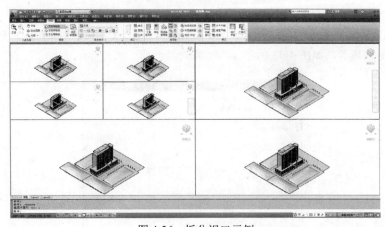

图 4-36　拆分视口示例

3．合并视口

合并视口的具体操作步骤如下：

（1）在【视口】功能面板中选择【合并】按钮🖳，AutoCAD 2012 提示如下：

命令：_-Vports
输入选项 [保存(S)/恢复(R)/删除(D)/合并(J)/单一(SI)/?/2/3/4] <3>：_J
选择主视口 <当前视口>：

（2）选择要进行合并操作的主视口，AutoCAD 2012 将将该视口中的视图显示在合并后的视口中。然后，AutoCAD 继续提示：

选择要合并的视口：

（3）选择要进行合并操作的相邻视口，AutoCAD 2012 将其与第一个视口合并。如图 4-37 所示就是相对于图 4-36 进行的合并结果。

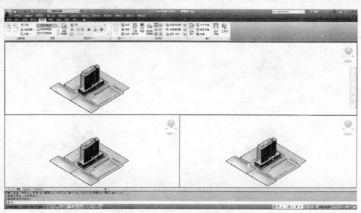

图 4-37　合并视口示例

4. 保存视口配置

用户可以将视口配置信息保存起来，包括视口数量、它们在屏幕上的位置和每个视口的配置等。具体操作步骤如下：

（1）在【视口】功能面板中选择【命名】按钮 🔲 命名，弹出【视口】对话框。

（2）在【新名称】文本框中输入要保存的配置名称。在【标准视口】列表框中进行选择，单击【确定】按钮。

5. 恢复视口配置

具体操作步骤如下：

（1）在【视口】功能面板中选择【命名】按钮 🔲，打开【视口】对话框。此时对话框已切换到【命名视口】选项卡，如图 4-38 所示。

图 4-38　【命名视口】选项卡

（2）在【命名视口】列表框中选择要恢复的视口配置。单击【确定】按钮，关闭对话框。

6. 删除与重命名视口配置

具体操作步骤如下：

（1）在【视口】功能面板中选择【命名】按钮 🔲，弹出【视口】对话框并自动切换到【命名视口】选项卡。

（2）在【命名视口】列表框中选择一个命名的视口配置并右击，在弹出的快捷菜单中可以选择【删除】或【重命名】命令。单击【确定】按钮，关闭对话框。

4.6.2　命名视图

在 AutoCAD 2012 中，用户可以将图形中经常用到的部分作为视图保存起来，以后需要时随时将其恢复，这样可以加快操作速度，提高效率。

AutoCAD 2012 提供了命名用户视图的操作，启动方式如下：

- 在传统菜单栏中选择【视图】→【命名视图】命令。
- 在命令行窗口输入 View，并按 Enter 键。

1. 保存命名视图

当保存一个视图时，AutoCAD 2012 将保存该视图的中心点、观察方向、缩放比例因子和有关透视设置。具体操作步骤如下：

（1）在传统菜单栏中选择【视图】→【命名视图】命令，弹出【视图管理器】对话框，如图 4-39 所示。

（2）在【视图管理器】对话框单击【新建】按钮，弹出【新建视图】对话框，如图 4-40 所示。

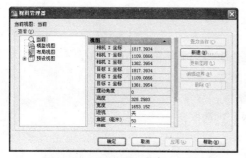

图 4-39　【视图管理器】对话框

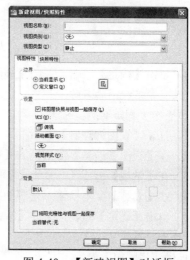

图 4-40　【新建视图】对话框

（3）在【视图名称】文本框中输入新建视图的名称。

（4）如果只想保存当前视图的一部分，可选中【定义窗口】单选按钮。然后单击右侧的【定义视图窗口】按钮，AutoCAD 将隐藏所有打开的对话框，提示用户指定两个对角点来确定要保存的视图区域。如果选中【当前显示】单选按钮，AutoCAD 将保存当前绘图区域中显示的视图。

（5）如果要将一个 UCS 与视图一起保存，首先在【设置】选项区勾选【将图层快照与视图一起保存】复选框，然后在 UCS 下拉列表框中选择一个 UCS。

（6）单击【确定】按钮，分别关闭【新建视图】对话框和【视图管理器】对话框。

2. 恢复命名视图

在绘图过程中，如果用户需要重新使用某一个命名视图，可以将该命名视图恢复。如果在绘图时使用了多个视口，AutoCAD 将该视图恢复到当前视口中。具体操作步骤如下：

（1）打开【视图管理器】对话框。

（2）在【视图管理器】对话框的【查看】列表框中选择要恢复的视图。

（3）单击【置为当前】按钮。

（4）单击【确定】按钮，关闭【视图管理器】对话框。

3. 删除命名视图

当不再需要一个视图时，用户可以将其删除。具体操作步骤如下：

（1）在传统菜单栏中选择【视图】→【命名视图】命令，弹出【视图管理器】对话框。

（2）在【视图管理器】对话框的【查看】列表框中选择要删除的视图。

（3）右击，弹出快捷菜单，如图 4-41 所示，在快捷菜单中选择【删除】命令。

图 4-41　快捷菜单

（4）单击【确定】按钮，关闭【视图管理器】对话框。

4. 改变命名视图的名称

具体操作步骤如下：

（1）打开【视图管理器】对话框。

（2）在【视图管理器】对话框的【查看】列表框中选择要重命名的视图。

（3）在【常规】选项区中激活【名称】右侧的文本框。

（4）在【名称】文本框输入视图的新名称。

（5）单击【确定】按钮，关闭【视图管理器】对话框。

5. 查看视图信息

具体操作步骤如下：

（1）打开【视图管理器】对话框。

（2）在【视图管理器】对话框的【查看】列表框中选择要查看信息的视图。

（3）在【视图详细信息】选项板中可以查看到命名视图所保存的信息。查看完后，单击【确定】按钮关闭对话框。

（4）单击【确定】按钮，关闭【视图管理器】对话框。

 习题四

一、选择题

1. 应用（　　）命令可以从不同的角度动态观察三维图形。

　　A．Ddvpoint　　　　　B．Vpoint　　　　　C．View　　　　　D．3Dorbit　　　E．Camera

2. 执行 Ddvpoint 命令后，在弹出的窗口中，左右两边设置的窗口的区别为（　　）。

A．均为 XOY 平面上的角度

B．左边是 XOY 平面上的角度，右边是 Z 轴上代表的高度、角度

C．左边是 Z 轴上代表的高度、角度，右边是 XOY 平面上的角度

D．以上都不对

3．执行（　　）命令可以使三维图形恢复平面显示。

A．Vpoint　　　　　　B．Ddvpoint　　　　　C．Ucspoint　　　　　D．Plan

4．（　　）命令可以通过鼠标控制整个三维图形的任意视图。

A．Ucs　　　　　　　B．3Dorbit　　　　　C．Vpoint　　　　　D．Rotate3d

5．执行 3Dorbit 前，必须设置（　　）。

A．着色模式　　　　B．重置视图　　　　C．形象化辅助工具　　　　D．投影

6．执行（　　）命令可以在绘图区内同时观察不同视点方向的三维图形。

A．3Dorbit　　　　　B．Ucs　　　　　C．Dsviews　　　　　D．Vports

7．在图纸空间中，在【视图】下拉菜单的【视口】中，（　　）和（　　）可用来设置不规则视图。

A．多边形视口　　　B．对象　　　　　C．两个视口　　　　D．合并

二、思考题

1．三维建模与二维平面绘图之间有何区别？相比二维平面操作而言，三维建模多了哪些基本元素？

2．什么是工作空间？工作空间的切换及其区别是什么？

3．三维坐标系的基本类型有哪些？

4．如何定义用户坐标系？

5．当显示三维实体模型时，如何增强其真实感？怎样进行细节设置？

6．三维动态观察的方向如何确定？

7．视点与相机的操作有何区别？

8．简述视口与视图的区别。如何设置用户自己的命名视图并随时进行切换？

三、操作题

1．打开一个 AutoCAD 2012 自带的文件，并进行视图显示模式切换。

2．打开一个 AutoCAD 2012 自带的文件，进行适当的渲染，并通过视图样式管理器进行设置。

3．通过改变观察方向与视点位置对三维模型进行动态观察。

4．建立平铺视口，在多个视口中调整需要的对象。

第 5 章　三视图与基本投影元素绘制

教学目标

在工程设计中，主要的交流方式有说、写和画 3 种方式，其中画就是指通过图样方式分析工作意图，常见的图样有机械图样、建筑图样等。机械制图是采用正投影法绘制的。

通过本章的学习，掌握三视图的形成原理，三视图之间的投影关系与绘制步骤；掌握点的投影规律以及 AutoCAD 2012 的绘制方法；掌握直线的投影规律以及 AutoCAD 2012 的绘制方法；能够正确使用正交、捕捉、栅格、对象捕捉、极轴追踪与动态输入等工具进行精确绘图。

本章要点

- 三视图基础知识
- 点的投影与 AutoCAD 2012 点的绘制
- 直线的投影与 AutoCAD 2012 直线的绘制
- AutoCAD 2012 精确绘图辅助工具

5.1　三视图基础知识

用正投影法将物体向投影面投射所得的图形，称为视图，如图 5-1 所示。

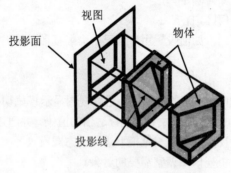

图 5-1　视图的概念

5.1.1　三视图的形成

1. 三投影面体系的建立

如图 5-1 所示，两个不同的物体在同一个投影面上的视图完全相同，所以，只用一个视图不能准确表达物体结构，通常采用三个相互垂直相交的投影平面组成三投影面体系来表达，如图 5-2 所示。

三个投影面两两相交的交线 OX、OY、OZ 称为投影轴，三个投影轴相互垂直且交于一点 O，称为原点。

2. 物体在三投影面体系中的投影

如图 5-3 所示，将物体置于三投影面体系中，然后按正投影法分别向 V、H、W 三个投影面进行投影，即可得到物体的相应投影。

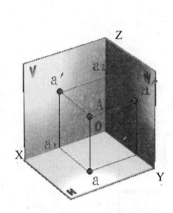

图 5-2　三投影面体系

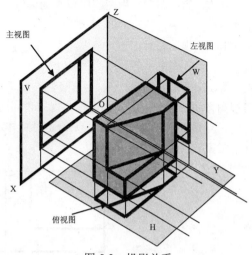

图 5-3　投影关系

其中，从前向后投射在 V 面上所得的投影称为主视图（也称正面投影），从上向下投射在 H 面上所得的投影称为俯视图（也称水平投影），从左向右投射在 W 面上所得的投影称为左视图（也称侧面投影）。

为了便于画图，需将三个互相垂直的投影面展开，V 面保持不动，H 面绕 OX 轴向下旋转 90°，W 面绕 OZ 轴向右旋转 90°，使 H、W 面与 V 面合成为一个平面。展开后，主视图、俯视图和左视图的相对位置如图 5-4 所示。

注意：当投影面展开时，OY 轴被分为两处，随 H 面旋转的用 YH 表示，随 W 面旋转的用 YW 表示。

为简化作图，在画三视图时，不必画出投影面的边框线和投影轴，如图 5-5 所示。

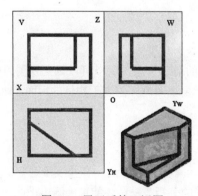

图 5-4　展开后的三视图

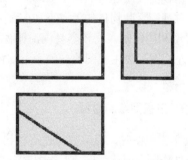

图 5-5　去除投影轴后的三视图

5.1.2　三视图之间的关系

1. 三视图的位置关系

由投影面的原理和展开过程可以看出，三视图之间的位置关系是以主视图为准，俯视图在主视图的正下方，左视图在主视图的正右方。在绘制工程图时，必须按照这样的关系绘图。

2. 三视图之间的投影关系

从三视图的形成过程中可以看出，主视图和俯视图同时反映物体长度，主视图和左视图同时反映物体高度，俯视图和左视图同时反映物体宽度。由此可以归纳出主、俯、左三个视图之间的投影关系如下：

- 主、俯视图长对正。
- 主、左视图高平齐。
- 俯、左视图宽相等。

三视图之间的这种投影关系也称为视图之间的三等关系（三等规律）。简单而言，就是"长对正，高平齐，宽相等"。应当注意，无论是对总体还是对物体的局部，乃至物体上的点、线、面，均应符合三等关系，如图 5-6 所示。

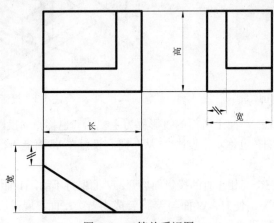

图 5-6　三等关系视图

3. 视图与物体的方位关系

处于三维空间中的物体，基本上是有上、下、左、右、前、后共 6 个方位关系。对于三视图而言，它们分别反映不同的方位关系。

- 主视图反映物体的上、下和左、右位置关系。
- 俯视图反映物体的前、后和左、右位置关系。
- 左视图反映物体的上、下和前、后位置关系。

在看图和画图时，比较容易混淆俯视图、左视图中的前后关系，所以可以以主视图为中心，俯视图、左视图远离主视图的一侧表示物体的前面，靠近主视图的一侧表示物体的后面，即有"里后外前"之说。

5.1.3　三视图绘制过程

当绘制三视图时，有些线段由于给出了足够的尺寸，可以直接画出，有些线段则要根据给定的几何条件作图。因此，学习工程图时，要掌握几何图形的分析方法，才能正确画出平面图形（即三视图）。

1. 平面图形的分析

（1）平面图形的尺寸分析。

平面图形的尺寸分析，就是分析平面图中每个尺寸的作用以及图形和尺寸之间的关系。平面图形中的尺寸按其作用分为定形尺寸和定位尺寸两种。

要理解定形尺寸、定位尺寸的意义，就需要了解"基准"的概念。所谓基准，就是标注尺寸的起点。对于平面图形来说，有左、右和上、下两个方向的基准。可画出左右和上下两条基准线，相对于两个坐标轴。平面图形中的很多尺寸都是以基准为出发点的。基准线一般采用对称图形的对称线、较大圆的中心线、主要轮廓线等。

所谓定形尺寸，就是指确定平面图形中各部分形状和大小的尺寸，如线段长度、圆弧半径或直径、角度大小等。

所谓定位尺寸，就是指确定平面中图形各部分之间的相对位置关系的尺寸。

（2）平面图形的线段分析。

平面图形是根据给定的尺寸绘制的。图形中的线段和给定的尺寸有着紧密关系。按它们之间的关系，平面图形中的线段分为已知线段、中间线段和连接线段 3 类。

- 已知线段：具有全部定形尺寸和定位尺寸，可以直接画出的线段。
- 中间线段：只有定形尺寸，定位尺寸不全，但可根据与其他线段的连接关系画出的线段。
- 连接线段：只有定形尺寸而没有定位尺寸，只能在其他线段画出后，根据几何条件画出的线段。

进行平面图形分析的目的：一是分析图形中的尺寸有无多余或遗漏，以便确定图形是否可以画出；二是分析图形中的各线段的性质，以便确定画图步骤，即先画已知线段，再画中间线段，最后画连接线段。

2．平面图形的绘图步骤

具体的绘图步骤如下：

（1）根据图形大小选择比例及图纸幅面。

（2）画出图形基准线，并根据各个封闭图形的定位尺寸确定其位置。

（3）绘制已知线段。

（4）绘制中间线段。

（5）绘制连接线段。

（6）检查或者去掉多余线段，然后将图线加深。在 AutoCAD 2012 中则为确定线宽并显示。

加深的顺序为先加深所有的粗实线圆和圆弧，然后再加深粗实线直线。先从上到下加深所有的粗实线，再从左到右加深所有垂直的粗实线，即先曲后直。其次按照线型要求与加深粗实线的同样顺序加深所有的虚线、点划线、细实线，即先粗后细。

（7）标注尺寸，完成图纸。

标准尺寸应在底稿完成后即画出尺寸界线、尺寸线、尺寸箭头，图形加深后再标注尺寸数字，这样可以保证画图的质量。

图形与尺寸的关系极其密切，同一图形如果标注的尺寸不同，则画图的步骤也就不同，但能不能正确绘制图形，主要是根据所给的尺寸是否完全。

5.2　点的投影

三维空间中的物体是由点、线和面组成，其中点是最基本的几何元素。本节介绍点的正投影建立及其基本原理。

5.2.1　点投影原理

空间点只有其空间位置而无大小，而且点的一个投影不能确定其空间位置。如图 5-7 所示，3 个物体有相同的正面和水平投影，只有确定其第三面投影，才能清楚地表示出该几何体的形状。

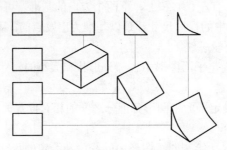

图 5-7 需用三面投影图表示的几何体

因此要表达一个空间点 A，就需要将其置于三投影面体系之中，如图 5-8（a）所示。过 A 点分别向三个投影面作垂线（即投射线），相交取得三个垂足 a、a′ 和 a″，即分别为 A 点的 H 面投影、V 面投影和 W 面投影。

由图 5-8（a）中可以看出，由于 Aa⊥H、Aa′⊥V，而 H 与 V 相交于 X 轴，因此 X 轴必定垂直于平面 $Aa_xa′$，也就是 aa_x 和 $a′a_x$ 同时垂直于 OX 轴。当 H 面绕 OX 轴旋转至与 V 面成为同一平面时，在投影图上 a、a_x、a′ 三点共线，即 $a_xa′⊥OX$ 轴。同理，$a′a″⊥OZ$，$aa_x=Oa_y=a″a_z$。

由以上分析可归纳出，点的投影规律如下：

（1）点的两面投影连线垂直于相应的投影轴，即 $aa′⊥OX$、$a′a″⊥OZ$、$aa_{YH}⊥OY_H$ 、$a″a_{YW}⊥OY_W$。

（2）点的投影到投影轴的距离，等于该点到相应投影面的距离，如点 A 的正面投影到 OX 轴的距离 $a′a_x$ 等于点 A 到水平投影面的距离 Aa。

点的空间位置也可由直角坐标来确定，即把三投影面体系看成空间直角坐标系，把投影面当作坐标面，投影轴当作坐标轴，O 即为坐标原点。

如图 5-8（b）所示，空间点 A(x,y,z) 到三个投影面的距离可以用直角坐标来表示如下：

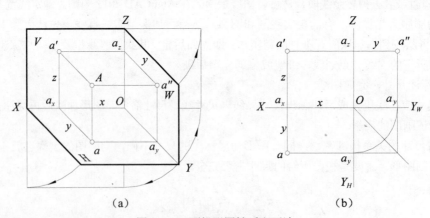

| (a) | (b) |

图 5-8 三面投影图性质和画法

空间点 A 到 W 面的距离，等于点 A 的 x 坐标，即 $aa_{YH}=Oa_x=a′a_z=Aa″=x$。

空间点 A 到 V 面的距离，等于点 A 的 y 坐标，即 $aa_x=Oa_y=a″a_z=Aa′=y$。

空间点 A 到 H 面的距离，等于点 A 的 z 坐标，即 $a″a_y=Oa_z=a′a_x=Aa=z$。

由此可见，若已知点的直角坐标，就可作出点的三面投影。点的任何一面投影都反映了点的两个坐标，点的两面投影即可反映点的三个坐标，也就是确定了点的空间位置。因而，若已知点的任意两个投影，就可作出点的第三面投影。

例 5.1　已知点 A(30,10,20)，求作点 A 的三面投影图。

作图步骤如下：

（1）自原点 O 沿 OX 轴向左量取 x=30，得点 a_x，如图 5-9（a）所示。

（2）过 a_x 作 OX 轴的垂线，在垂线上自 a_x 向上量取 z=20，得点 A 的正面投影 a′，自 a_x 向下量取 y=10，得点 A 的水平投影 a，如图 5-9（b）所示。

（3）过 a′ 作 OZ 轴的垂线，得交点 a_z。过 a_z 在垂线上沿 OY_W 方向量取 $a_z\,a''$=10，定出 a″。也可以过 O 向右下方作 45° 辅助线，并过 a 作 OY_H 垂线与 45° 线相交，然后再由此交点作 OY_W 轴的垂线，与 a′ 点且垂直于 OZ 轴的投影线相交，交点即为 a″，如图 5-9（c）所示。

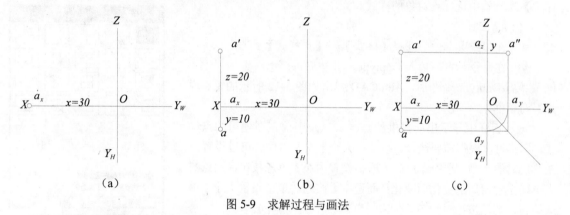

图 5-9　求解过程与画法

立体图的作图步骤如图 5-10 所示。

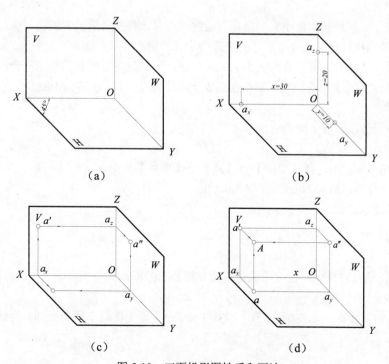

图 5-10　三面投影图性质和画法

5.2.2 AutoCAD 2012 中点的绘制

在按照第 1 章内容设置了单位与图纸界限后，就可以在 AutoCAD 2012 中确定具体点的位置并绘制。用户可以设置点的显示样式及大小，并且可以选择点的具体绘制方式。

在绘制图形的过程中，点对象是很有用的，例如可将点作为要捕捉和要偏移对象的节点或参考点。AutoCAD 提供了 3 种画点的方法。用户可以根据屏幕大小或绝对单位设置点样式及其大小。

图 5-11 【点】子菜单

画点命令位于【绘图】功能面板中，如图 5-11 所示。

1．设置点的样式及大小

在 AutoCAD 中绘图前，首先需要知道要画什么样的点，点有多大。用户可以根据需要在【点样式】对话框中选择点对象的样式和大小。

（1）启动。

● 在传统菜单栏中选择【格式】→【点样式】命令。

● 在命令行窗口输入 Ddptype，并按 Enter 键。

执行 Ddptype 命令后，AutoCAD 弹出如图 5-12 所示的【点样式】对话框。

该对话框中显示出所提供的点样式以及当前正在使用的点样式，用户可以根据需要选择。在【点大小】文本框中，可以设置点在绘制时的大小。选中【相对于屏幕设置大小】单选按钮，则点的大小随显示窗口的变化而变化；而选中【按绝对单位设置大小】单选按钮，则是按绝对绘图单位来设置。

设置完成后，单击【确定】按钮结束操作。

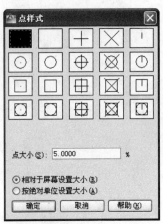

图 5-12 【点样式】对话框

（2）说明。

1）在改变了点的样式和大小后，用户所绘制的点对象将使用新设置的值。而对于所有已经存在的点，则要等到执行重生成命令后才会更改为设置的值。

2）如果选中【相对于屏幕设置大小】单选按钮，在缩放图形时点的显示不会改变；如果选中【按绝对单位设置大小】单选按钮，那么在缩放显示时点的显示大小将会相应改变。

2．绘制单点

Point 命令用于在屏幕上画一个点。

（1）启动。

● 在传统菜单栏中选择【绘图】→【点】→【单点】命令。

● 在命令行窗口输入 Point，并按 Enter 键。

（2）操作方法。

```
命令：Point
当前点模式：PDMODE=0  PDSIZE=0.0000
指定点：
```

此时，可以输入点坐标，也可用鼠标直接在屏幕上拾取点。

3．绘制多点

有时需连续绘制多个点，如果每次都使用 Point 命令，工作效率就会很低。为此，可以使用多点方法来绘制。

（1）启动。

- 在传统菜单栏中选择【绘图】→【点】→【多点】命令。
- 单击【常用】选项卡，在【绘图】功能面板中单击【多点】按钮 。
- 在命令行窗口输入 Multiple 并按 Enter 键，然后按提示继续输入 Point。

（2）操作方法。

系统提示与单个点的提示相同，只是在绘制完一点后 AutoCAD 会继续提示用户绘制点，直到按 Esc 键结束操作为止。

4．定距画点

AutoCAD 2012 允许在一个对象上按指定的间距长度放置一些点。

（1）启动。

- 单击【常用】选项卡，在【绘图】功能面板中单击【定距等分】按钮 。
- 在传统菜单栏中选择【绘图】→【点】→【定距等分】命令。
- 在命令行窗口输入 Measure，并按 Enter 键。

（2）操作方法。

命令：Measure
选择要定距等分的对象：　(用鼠标在绘图区域选择要放置点的对象，如直线、圆等)
指定线段长度或 [块(B)]：　(输入等分距离，或用鼠标在屏幕上指定两点来确定长度)

例 5.2　在如图 5-13 所示的线段上按照一定距离绘制多个点。

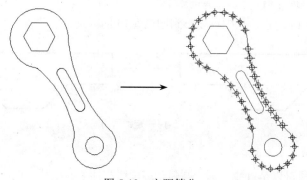

图 5-13　定距等分

（1）执行 Ddptype 命令，弹出【点样式】对话框。【点大小】设置为 5，并选择交叉线圆方式，选中【相对于屏幕设置大小】单选按钮。单击【确定】按钮。

（2）执行定距等分命令。

命令：Measure
选择要定距等分的对象：　(选择线段)
指定线段长度或 [块(B)]：　50(输入等分距离)

（3）说明。

1）被测量的对象可以是直线、圆、圆弧、多段线和样条曲线等图形对象，但不能是块、尺寸标注、文本和剖面线等图形对象。

2）在放置点或块时，将离选择对象点较近的端点作为起始位置。如果用块代替点，那么在放置块的同时其属性被排除。

3）若对象总长不能被指定间距整除，则选定对象的最后一段小于指定间距数值。

4）Measure 命令一次只能测量一个对象。

5. 定数画点

AutoCAD 允许在按指定的数目等分一个对象并放置一些点。

（1）启动。

● 单击【常用】选项卡，在【绘图】功能面板中单击【定数等分】按钮 。

● 在传统菜单栏中选择【绘图】→【点】→【定数等分】命令。

● 在命令行窗口输入 Divide，并按 Enter 键。

（2）操作方法。

命令：Divide

选择要定数等分的对象：（用鼠标在绘图区域选择要放置点的对象，如直线、圆等）

输入线段数目或［块(B)］：（输入点数目）

例 5.3 在如图 5-14 所示的线段上按照一定距离绘制多个点。

（1）执行 Ddptype 命令，弹出【点样式】对话框。【点大小】设置为 5，并选择交叉线圆方式，选中【相对于屏幕设置大小】单选按钮。单击【确定】按钮。

（2）执行定数等分命令。

命令：Divide

选择要定数等分的对象：（选择上部水平线）

输入线段数目或［块(B)］：11(输入点数目)

执行结果如图 5-14 所示，从中可以看到同图 5-13 的区别。

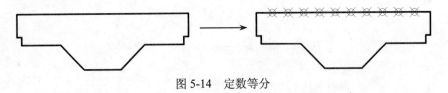

图 5-14　定数等分

（3）说明。

1）被等分的对象可以是直线、圆、圆弧、多段线和样条曲线等，但不能是块、尺寸标注、文本和剖面线。

2）Divide 命令一次只能等分一个对象。

3）Divide 命令最多只能将一个对象分为 32767 份。

5.3　直线的投影

5.3.1　直线的投影特性

一般情况下，直线的投影仍是直线。两点确定唯一一条直线，只要作出属于直线上任意两点的投影，连线即可。需要注意的是，本书中提到的"直线"均指由两端点所确定的直线段。因此，求作直线的投影，实际上就是求作直线两端点的投影，然后连接同面投影即可。

如图 5-15 所示，直线 AB 的三面投影 ab、a′b′、a″b″均为直线。求作其投影时，首先作出 A、B 两点的三面投影 a、a′、a″ 及 b、b′、b″，然后连接 a、b 即可得到 AB 的水平投影 ab，同理可得到 a′b′、a″b″。

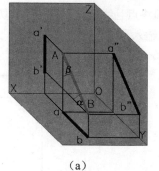 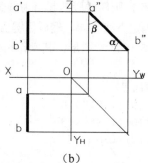

（a）　　　　　　　　　（b）

图 5-15　直线的三面投影

5.3.2　AutoCAD 2012 中直线的绘制

在 AutoCAD 2012 中，可以绘制各种样式的线，如直线、构造线、射线等。一般情况下，用户可以通过指定坐标点、特性（如线型、颜色）和测量单位（如长度）来画线。AutoCAD 2012 的默认线型是 CONTINUOUS（连续线）。

1. 绘制单一直线

线可以是线段，也可以是一系列相连线段，但是每条线段都是独立的线对象。如果要编辑单个线段，可以使用直线命令。AutoCAD 2012 允许通过连接起点和终点的线段而形成一个封闭图形。

（1）启动。

● 单击【常用】选项卡，在【绘图】功能面板中单击【直线】按钮 。

● 在传统菜单栏中选择【绘图】→【直线】命令。

● 在命令行窗口输入 Line，并按 Enter 键。

（2）操作方法。

使用 Line 命令可以绘制一条直线段或多条首尾相连的直线段。具体操作如下：

命令：Line
指定第一点：　(在此提示下指定直线的起点)
指定下一点或 [放弃(U)]：　(指定直线的终点)
指定下一点或 [放弃(U)]：

在该提示下，按 Enter 键、空格键或右击，在弹出的快捷菜单中选择【确认】命令，都可结束命令。如果继续输入一点，则将用前一点作为这条直线的起点，以该点作为直线终点绘制直线。在一次操作中输入 3 个点后，系统提示如下。

指定下一点或 [闭合(C)/放弃(U)]：

在此提示下，可以继续输入直线端点来绘制直线，也可在命令行窗口输入 C 或 U 选择【闭合】或【放弃】选项。

（3）说明。

1）输入线段端点坐标的方法可以是在窗口绘图区域中拾取点，或者直接键入坐标值。坐标值可分为绝对直角坐标、相对直角坐标和极坐标。

2）如果输入 C，AutoCAD 便将用户输入的最后一点和第一点连成一条直线，形成封闭图形，并结束直线绘制。

3）如果输入 U，AutoCAD 会擦去上一次绘制的线段。如果不断使用【放弃】选项，AutoCAD 则会按绘制时相反的次序区域覆盖所绘制的线段。

4）在【指定第一点】提示下按 Enter 键，可以从上次刚画完的线段终点开始画一条新线段。

如果上次刚画完的是圆弧，则新线段的起点为圆弧终点且线段在此点与弧相切。

5）可以先用鼠标确定直线方向，然后用键盘输入直线长度。

例 5.4 绘制如图 5-16 所示图形，其操作指令也在其中。

命令:Line

指定第一点:(指定直线起始点)

指定下一点或 [放弃(U)]: @100,0

指定下一点或 [放弃(U)]: @50<-30

指定下一点或 [闭合(C)/放弃(U)]:✓

命令:Line

指定第一点: ✓(使用前面的最后一点作为起点)

指定下一点或 [放弃(U)]: (拾取点 4)

指定下一点或 [放弃(U)]: (拾取点 5)

指定下一点或 [闭合(C)/放弃(U)]:(拾取点 6)

指定下一点或 [闭合(C)/放弃(U)]:(拾取点 1)

指定下一点或 [闭合(C)/放弃(U)]: ✓

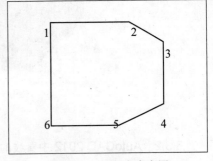

图 5-16　Line 命令应用

2. 绘制射线

射线是只有起点并延伸到无穷远的直线，它通常作为辅助作图线使用。启动方法如下：

● 单击【常用】选项卡，在【绘图】功能面板中单击【射线】按钮。

● 在传统菜单栏中选择【绘图】→【射线】命令。

● 在命令行窗口输入 Ray，并按 Enter 键。

例 5.5 绘制如图 5-17 所示的多个射线，均从中心点开始。

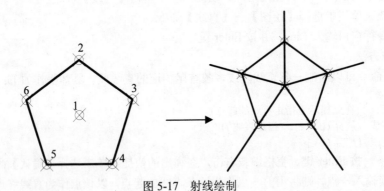

图 5-17　射线绘制

命令: Ray

指定起点: (拾取中心点 1)

指定通过点: (拾取点 2)

指定通过点: (拾取点 3)

指定通过点: (拾取点 4)

指定通过点: (拾取点 5)

指定通过点: (拾取点 6)

指定通过点: ✓

3. 绘制构造线

构造线是没有始点和终点的无限长直线，也称为参照线。构造线主要用于辅助绘图，启动方法如下：

● 单击【常用】选项卡，在【绘图】功能面板中单击【构造线】按钮。

● 在传统菜单栏中选择【绘图】→【构造线】命令。

- 在命令行窗口输入 Xline，并按 Enter 键。

例 5.6　绘制如图 5-18 所示的各种构造线。

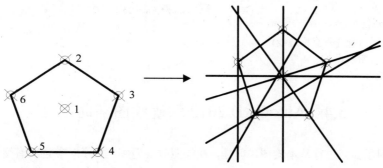

图 5-18　构造线绘制

（1）绘制任意构造线。步骤如下：

命令：Xline
指定点或 [水平(H)/垂直(V)/角度(A)/二等分(B)/偏移(O)]:(拾取点 1)
指定通过点：(拾取点 3)
指定通过点：✓

（2）绘制水平构造线。

命令：Xline
指定点或 [水平(H)/垂直(V)/角度(A)/二等分(B)/偏移(O)]:H
指定通过点：(拾取点 1)
指定通过点：✓

（3）绘制垂直构造线。

命令：Xline
指定点或 [水平(H)/垂直(V)/角度(A)/二等分(B)/偏移(O)]:V
指定通过点：(拾取点 1)
指定通过点：✓

（4）绘制带有指定角度的构造线。

命令:Xline
指定点或 [水平(H)/垂直(V)/角度(A)/二等分(B)/偏移(O)]:A
输入构造线的角度 (0.0000) 或 [参照(R)]: 30
指定通过点:(拾取点 5)
指定通过点：✓
命令:Xline
指定点或 [水平(H)/垂直(V)/角度(A)/二等分(B)/偏移(O)]:A
输入构造线的角度 (0.0000) 或 [参照(R)]: R
选择直线对象:(选择刚绘制的构造线)
输入构造线的角度 <0.0000>: 30
指定通过点:(拾取点 5)
指定通过点：✓

（5）绘制平分角度的构造线。

命令：Xline
指定点或 [水平(H)/垂直(V)/角度(A)/二等分(B)/偏移(O)]:B
指定角的顶点：(拾取点 4)
指定角的起点：(拾取点 5)
指定角的端点：(拾取点 3)

指定角的端点：✓

（6）绘制平行于直线的构造线。

命令：Xline
指定点或 [水平(H)/垂直(V)/角度(A)/二等分(B)/偏移(O)]：O
指定偏移距离或 [通过(T)] <通过>:T
选择直线对象：(选择垂直构造线)
指定通过点：(拾取点 6)
选择直线对象：✓

5.4   AutoCAD 2012 精确绘图辅助工具

在前面学习了如何进行基本绘图，但是，在绘图时会遇到在两个对象之间有交叉内容的情况。例如，以一个线段的端点作为另一条线段的起点，如果只通过输入的方式就非常麻烦，需要准确知道该点坐标值。为此，AutoCAD 2012 为用户提供了精确绘图工具和命令。

精确绘图主要有命令行操作、状态栏操作、快捷菜单和功能键等方式。建议用户使用状态栏方式。在状态栏中列出了有关的系统工作状态，如图 5-19 所示，单击相应按钮可以完成该状态的开/关切换。

图 5-19   状态栏

5.4.1   正交绘图

正交模式决定着光标只能沿水平或垂直方向移动，所以绘制的线条只能是完全水平或垂直的。这样无形中增加了绘图速度，免去了自己定位的麻烦。它是可以透明执行的。

1. 启动
● 在命令行窗口输入 Ortho，并按 Enter 键。
● 在状态栏单击【正交】按钮⌐。
● 按 F8 键。

2. 操作方法
命令：Ortho
输入模式 [开(ON)/关(OFF)] <当前值>:
在提示中输入 ON 或 OFF，或在弹出的快捷菜单中选择【开】或【关】命令，将打开或关闭正交绘图模式。

3. 说明
（1）当坐标系旋转时，正交模式作相应旋转。
（2）光标离哪根轴近，就沿着该轴移动。
（3）当在命令行窗口输入坐标或指定对象捕捉时，AutoCAD 2012 忽略正交模式。

5.4.2   捕捉光标

捕捉是 AutoCAD 2012 提供的一种定位坐标点的功能，它使光标只能按照一定间距的大小移动。捕捉功能打开时，如果移动鼠标，十字光标只能落在距该点一定距离的某个点上，而不能随意定位。AutoCAD 2012 提供的 Snap 命令可以透明地完成该功能的设置。

1．启动

● 在命令行窗口输入 Snap，并按 Enter 键。

● 在状态栏单击【捕捉模式】按钮。

● 按 F9 键。

2．操作方法

命令：Snap

指定捕捉间距或［开(ON)/关(OFF)/纵横向间距(A)/样式(S)/类型(T)］<10.0000>：

（1）【捕捉间距】——系统默值认项。在提示中直接输入一个捕捉间距的数值，AutoCAD 将使用该数值作为 X 轴和 Y 轴方向上的捕捉间距进行光标捕捉。

（2）【开/关】——在提示中输入 ON/OFF 来打开/关闭捕捉功能。

（3）【纵横向间距】——在提示下输入 A，AutoCAD 提示用户分别设置 X 轴和 Y 轴方向上的捕捉间距。如果当前捕捉模式为"等轴测"，则不能分别设置。

（4）【样式】——在提示中输入 S，或在弹出的快捷菜单中选择【样式】选项。AutoCAD 提示如下：

输入捕捉栅格类型［标准(S)/等轴测(I)］<当前值>：

AutoCAD 2012 提供了两种标准模式：标准模式和等轴测模式。

● 【标准】——AutoCAD 显示平行于当前 UCS 的 XY 平面的矩形栅格，X 和 Y 的间距可以不同。

● 【等轴测】——AutoCAD 显示等轴测栅格，此处栅格点初始化为 30° 和 150° 角。等轴测捕捉可以旋转，但不能有不同的 X 轴和 Y 轴捕捉间距值。

（5）【类型】——在提示中输入 T，或在快捷菜单中选择【类型】选项，提示如下：

输入捕捉类型［极轴(P)/栅格(G)］<当前值>：

AutoCAD 2012 提供了两种捕捉类型：【极轴】和【栅格】。

● 【极轴】——AutoCAD 将捕捉设置成与【极轴追踪】相同的设置。

● 【栅格】——AutoCAD 将捕捉设置成与【栅格】相同的设置。

在【草图设置】对话框中也可以设置捕捉栅格的功能。用户可使用如下 3 种方法打开【草图设置】对话框：

● 在传统菜单栏中选择【工具】→【草图设置】命令。

● 在状态栏中的【捕捉模式】、【栅格显示】、【极轴追踪】、【对象捕捉】或【对象捕捉追踪】等按钮上右击，在弹出的快捷菜单中选择【设置】命令。

● 在命令行窗口输入 Dsettings，并按 Enter 键。

在【草图设置】对话框中选择【捕捉和栅格】选项卡，如图 5-20 所示。

在此选项卡中，可以勾选或取消【启用捕捉】复选框来打开或关闭捕捉功能；在【捕捉间距】选项区中，可以设置 X 轴和 Y 轴方向的捕捉间距、捕捉旋转角度和捕捉基点等选项；在【捕捉类型】选项区中，可以设置捕捉类型和捕捉样式。

3．说明

（1）捕捉模式功能可以让鼠标快速定位。

（2）捕捉栅格的改变只影响新点的坐标，图形中已有的对象保持原来的坐标。

（3）透视视图下捕捉模式无效。

5.4.3　栅格显示功能

同光标捕捉不同，显示栅格的目的仅仅是为绘图提供一个可见参考，它不是图形的组成部分。

因此，AutoCAD 2012 在输出图形时并不会打印栅格。栅格不具有捕捉功能，但它是透明的。下面主要讲解其设置和特殊应用。

图 5-20　【捕捉和栅格】选项卡

1. 启动

● 在命令行窗口输入 Grid，并按 Enter 键。

● 在状态栏单击【栅格显示】按钮▦。

● 按 F7 键。

2. 操作方法

命令：Grid
指定栅格间距(X) 或 [开(ON)/关(OFF)/捕捉(S)/主(M)/自适应(D)/界限(L)/跟随(F)/纵横向间距(A)] <当前值>：

● 【指定栅格间距】——系统默认值。在提示中直接输入栅格显示的间距。如果数值后跟一个 X，可将栅格间距设置为捕捉间距的指定倍数。

● 【开/关】——在提示中输入 ON 或 OFF，或在快捷菜单中选择【开】或【关】命令，即可打开/关闭栅格。

● 【捕捉】——在提示中输入 S，或在快捷菜单中选择【捕捉】选项，将栅格间距设置成当前的捕捉间距。

● 【主】——在提示中输入 M，再按提示输入各主栅格线的栅格分块数。指定主栅格线与次栅格线比较的频率。将以除二维线框之外的任意视觉样式显示栅格线而非栅格点。

● 【自适应】——控制放大或缩小时栅格线的密度。在提示中输入 D，系统提示如下。

打开自适应行为 [是(Y)/否(N)] <是>：(输入 Y 或 N)

限制缩小时栅格线或栅格点的密度。系统提示如下：

允许以小于栅格间距的间距再拆分 [是(Y)/否(N)] <是>

如果打开，则放大时将生成其他间距更小的栅格线或栅格点。这些栅格线的频率由主栅格线的频率确定。

● 【界限】——显示超出 Limits 命令指定区域的栅格。

● 【跟随】——更改栅格平面以跟随动态 UCS 的 XY 平面。

● 【纵横向间距】——在提示中输入 A，或在绘图区右击，在弹出的快捷菜单中选择【纵横向间距】命令，AutoCAD 会提示用户分别设置栅格的 X 向间距和 Y 向间距。如果输入值后有 X，则 AutoCAD 2012 将栅格间距定义为捕捉间距的指定倍数。如果捕捉样式为【等轴测】，则不能分别设置 X 和 Y 方向的间距。

3. 说明

（1）如果栅格间距太小，图形将不清晰，屏幕重画非常慢。

（2）栅格仅显示在图形界限区域内。

例 5.7 设置 X 方向的捕捉间距为 5，栅格间距为 10；Y 方向的捕捉间距为 10，栅格间距为 20。

步骤如下：

```
命令:Snap
指定捕捉间距或 [开(ON)/关(OFF)/纵横向间距(A)/样式(S)/类型(T)] <10.0000>:A
指定水平间距 <10.0000>: 5
指定垂直间距 <10.0000>: 10
命令:Grid
指定栅格间距(X) 或 [开(ON)/关(OFF)/捕捉(S)/主(M)/自适应(D)/界限(L)/跟随(F)/纵横向
间距(A)] <10.0000>:ON
命令:Grid
指定栅格间距(X) 或 [开(ON)/关(OFF)/捕捉(S)/主(M)/自适应
(D)/界限(L)/跟随(F)/纵横向间距(A)] <10.0000>:A
指定水平间距 (X) <10.0000>:2X
指定垂直间距 (Y) <10.0000>:20
```

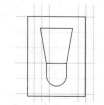

如图 5-21 所示为设置结果。因为捕捉间距只是栅格间距的一半，所以必须移动 2 次，十字光标才能从一个栅格点移动到另一个栅格点。

图 5-21　设置显示栅格

5.4.4　对象捕捉

使用 AutoCAD 2012 提供的对象捕捉功能，可以在对象上准确定位某个点。这种方法不必知道坐标或绘制构造线，在绘图需要使用已经绘制的图形上的几何点时显得尤其重要。

每次当 AutoCAD 提示输入一个点时，用户都可以进行对象捕捉。如图 5-22 所示为对象捕捉方式的参考示例。

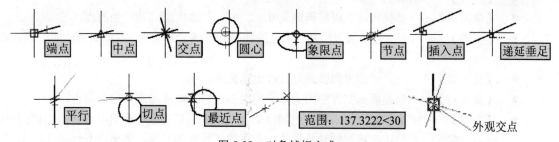

图 5-22　对象捕捉方式

1. 启动

如果要绘制一个新的目标，利用输入坐标值的方法是十分有用的，但当需要通过已经绘制对象上的几何点定位新的点时，利用对象捕捉功能则是比较方便快捷的。

对象捕捉用来选择图形的关键点，如端点、中点、圆心、节点、象限点、交点、插入点、垂足、切点、最近点、外观交点等。

对象捕捉模式的设定可以通过如下方法进行：

● 在状态行栏单击【对象捕捉】按钮　。

● 在命令行窗口中，在点输入提示下输入关键字（如 Mid、Cen、Qua 等）。这种捕捉模式基本上与上一功能相似，主要区别在于它可以设置多种对象捕捉模式。执行方式是在点输入提示下输入关键字，各关键字用 "," 隔开。

- 在命令行窗口输入 Osnap，并按 Enter 键，或在点提示下透明执行这个命令，弹出【草图设置】对话框，此时自动选择【对象捕捉】选择卡，如图 5-23 所示，对关键点进行设置。

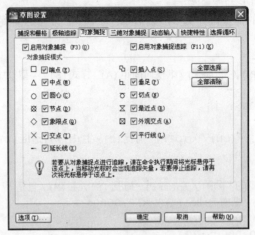

图 5-23   【对象捕捉】选项卡

- 在传统菜单栏中选择【工具】→【草图设置】命令，并在弹出的【草图设置】对话框中选择【对象捕捉】选项卡，对关键点进行设置。

2. 说明

AutoCAD 2012 共提供了 13 种对象捕捉模式，下面分别对每一种模式进行介绍。

- 【端点】——捕捉直线、圆弧或多段线上离拾取点最近的点。
- 【中点】——捕捉直线、多段线段或圆弧的中点。
- 【圆心】——捕捉圆弧、圆或椭圆的中心。
- 【节点】——捕捉点对象，包括尺寸的定义点。
- 【象限点】——捕捉直线、圆或椭圆上 0°、90°、180° 或 270° 处的点。
- 【交点】——捕捉直线、圆弧或圆、多段线和另一直线、多段线、圆弧或圆任何组合的最近交点。
- 【延长线】——在直线或者圆弧的延长线上捕捉点。
- 【插入点】——捕捉插入文件中的文本、属性和符号（块或形式）的原点。
- 【垂足】——捕捉直线、圆弧、圆、椭圆或多段线上的一点对于用户拾取的对象相切的点。该点从最后一点到用户拾取的对象形成一条正交（垂直的）线，结果点不一定在对象上。
- 【切点】——捕捉同圆、椭圆或圆弧相切的点，该点从最后一点到拾取的圆、椭圆或圆弧形成一条切线。
- 【最近点】——捕捉对象上最近的点，一般是端点、垂点或交点。
- 【外观交点】——该选项与交点相同，只是它还可捕捉 3D 空间中两个对象的视图交点（这两个对象实际上不一定相交，但视觉上相交）。在二维空间中，外观交点和交点模式等效。注意该捕捉模式不能和交点捕捉模式同时有效。
- 【平行线】——限制当前线性对象平行于已有线性对象，如多段线、线段等。

5.4.5 三维对象捕捉

同以前版本不同的是，AutoCAD 2012 可以对三维对象执行对象捕捉。

1. 启动

三维对象捕捉用来选择三维图形中的关键点，如顶点、边中点、面中心等。在状态行栏单击【三维对象捕捉】按钮即可启动。

在命令行窗口输入 Osnap，并按 Enter 键，弹出【草图设置】对话框，此时选择【三维对象捕捉】选择卡，如图 5-24 所示，可对关键点进行设置。

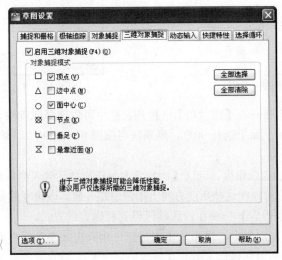

图 5-24 【三维对象捕捉】选项卡

2. 说明

AutoCAD 2012 共提供了 6 种对象捕捉模式，下面分别对每一种模式进行介绍。

- 【顶点】——捕捉三维对象最近的顶点。
- 【边中点】——捕捉面边的中点。
- 【面中心】——捕捉面所在的中心。
- 【节点】——捕捉样条曲线上得节点。
- 【垂足】——捕捉垂直于面的点。
- 【切点】——捕捉同圆、椭圆或圆弧相切的点，该点从最后一点到拾取的圆、椭圆或圆弧形成一条切线。
- 【最靠近面】——捕捉最靠近三维对象面上的点。

5.4.6 极轴追踪

极轴追踪用来按照指定角度绘制对象。当在该模式下确定目标点时，光标附近将按照指定的角度显示对齐路径，并自动在该路径上捕捉距离光标最近的点，如图 5-25 所示。

1. 启动

- 在状态栏单击【极轴追踪】按钮。
- 按 F10 键。

2. 设置

用户可以在【草图设置】对话框的【极轴追踪】选项卡中设置该功能，如图 5-26 所示。

各选项说明如下：

- 【启用极轴追踪】——确定是否启用极轴追踪。勾选或取消此复选框即可。

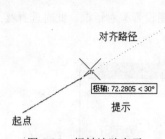

图 5-25　极轴追踪表示

图 5-26　【极轴追踪】选项卡

- 【极轴角设置】——在【增量角】下拉列表框中可以选择或者输入增量角度，极轴将按此角度追踪。例如，如果选择 90°，则系统将按照 0°、90°、180°、270° 方向指定目标点位置。

另外，可以设置附加追踪角度。勾选【附加角】复选框激活列表框，然后单击【新建】按钮创建新的一些角度，使用户可以在这些角度方向上指定追踪方向。该角度最多可设置 10 个。

- 【对象捕捉追踪设置】——在该选项区设置极轴追踪方式。
  - 【仅正交追踪】——选中该单选按钮，则只在水平与垂直方向上显示相关提示，其他增量角和附加角均无效。
  - 【用所有极轴角设置追踪】——选中该单选按钮，所有增量角和附加角均有效。
- 【极轴角测量】——在该选项区设置基准。
  - 【绝对】——选中该单选按钮，以当前坐标系为基准计算极轴追踪角。
  - 【相对上一段】——选中该单选按钮，以最后创建的两个点的连线作为基准。

5.4.7　自动捕捉与自动追踪

如果使用自动捕捉功能，当用户把光标放在一个对象上时，AutoCAD 2012 会自动捕捉到该对象上符合条件的特征点，同时显示该捕捉方式的提示。

用户可以在【选项】对话框的【绘图】选项卡中设置自动捕捉功能，如图 5-27 所示。

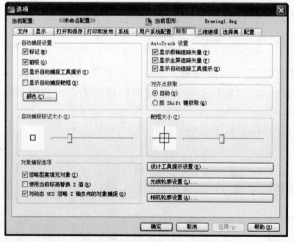

图 5-27　【绘图】选项卡

有关自动捕捉的选项具体含义如下:

- 【标记】——勾选该复选框，AutoCAD 2012 将显示自动捕捉的标记。当用户将光标移动到一个对象上的某一捕捉点时，AutoCAD 会显示一个几何符号显示捕捉到的点的位置。
- 【磁吸】——勾选该复选框，AutoCAD 将打开自动捕捉的磁吸功能。磁吸功能打开后，AutoCAD 自动将光标锁到与其最近的捕捉点上。此时，光标只能在捕捉点之间移动。
- 【显示自动捕捉工具提示】——勾选该复选框，AutoCAD 在对象上捕捉到点后，会在光标处显示文字，提示用户捕捉到的点的类型，如图 5-27 所示。
- 【显示自动捕捉靶框】——勾选该复选框，AutoCAD 2012 在捕捉对象点时以光标中心点为中心，显示一个小正方形，即靶框，如图 5-28 所示。

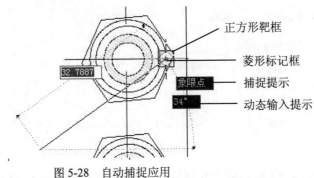

图 5-28　自动捕捉应用

- 【颜色】——单击此按钮，弹出【图形窗口颜色】对话框，在该对话框中从【颜色】下拉列表框中可以选择捕捉标记框的显示颜色，再单击【应用并关闭】按钮退出。
- 【自动捕捉标记大小】——通过拖动滑块可以设置捕捉标记的大小。

默认设置中，当用户从命令行进入对象捕捉，或使用【对象捕捉设置】对话框打开对象捕捉时，自动捕捉（AutoSnap）也自动打开。当捕捉到特征点时，将显示标记框和捕捉提示。

另外，在【绘图】选项卡中还可以设置自动追踪功能，有关选项含义如下:

- 【显示极轴追踪矢量】——勾选该复选框，当极轴追踪打开时，将沿指定角度显示一个矢量。使用极轴追踪，可以沿角度绘制直线。极轴角是 90°的约数，如 45°、30°和 15°。
- 【显示全屏追踪矢量】——勾选该复选框，AutoCAD 将以无限长直线显示对齐矢量。
- 【显示自动追踪工具提示】——勾选该复选框，工具栏提示作为一个标签显示追踪坐标。
- 【对齐点获取】——在该选项区选择在图形中显示对齐矢量的方法。
  - ◆ 【自动】——选中该单选按钮，当靶框移到对象捕捉上时，自动显示追踪矢量。
  - ◆ 【按 Shift 键获取】——选中该单选按钮，当按 Shift 键并将靶框移到对象捕捉上时，显示追踪矢量。
- 【靶框大小】——通过拖动滑块可以调整靶框显示的尺寸大小。

此外，【绘图】选项卡还包括【对象捕捉选项】选项区。

- 【忽略图案填充对象】——勾选该复选框，指定在打开对象捕捉时，对象捕捉忽略填充图案。
- 【使用当前标高替换 Z 值】——勾选该复选框，指定对象捕捉忽略对象捕捉位置的 Z 值，并使用为当前 UCS 设置的标高的 Z 值。
- 【对动态 UCS 忽略 Z 轴负向的对象捕捉】——勾选该复选框，指定使用动态 UCS 期间对象捕捉忽略具有负 Z 值的几何体。

5.4.8　动态输入

在前面的讲解中，读者可能已经注意到，在有些情况下，绘制的图元上会出现一些提示、数据输入框、选项等，称其为动态输入。相比之下，动态输入更加直接、方便，建议用户熟练掌握。

如图 5-29 所示，就是在动态条件下的输入情况。左图为笛卡尔坐标系输入，右图为极坐标系输入。从中可以看到，动态输入在光标附近提供了一个命令界面，以帮助用户专注于绘图区域。工具栏提示将在光标附近显示信息，该信息会随着光标移动而动态更新。当某条命令为活动时，工具栏提示为用户提供输入的位置。

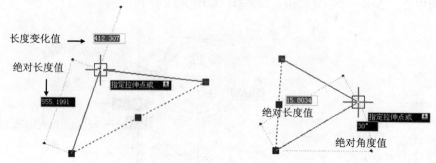

图 5-29　动态输入状态

在文本框中输入值并按 Tab 键后，文本框将显示一个锁定图标，并且光标会受用户输入的值约束。随后可以在第二个文本框中输入值。另外，如果用户输入值后按 Enter 键，则第二个文本框将被忽略，且该值将被视为直接距离输入。

完成命令或使用夹点所需的动作与命令提示中的动作类似。区别是用户的注意力可以保持在光标附近。

动态输入不会取代命令行窗口。用户可以隐藏命令行窗口以增加绘图屏幕区域，但是在有些操作中还是需要显示命令行窗口。按 F2 键可根据需要隐藏或显示命令提示和错误消息。

1. 启动
- 在状态栏单击 DYN 按钮 ⊥。
- 按 F12 键。

2. 设置

用户可以在【草图设置】对话框的【动态输入】选项卡中设置该功能，如图 5-30 所示。在 DYN 按钮上右击，在弹出的快捷菜单中选择【设置】命令，弹出【草图】对话框，此时系统自动选择【动态输入】选项卡，以控制启用动态输入时每个组件所显示的内容。

【动态输入】有 3 个组件：指针输入、标注输入和动态提示。

（1）指针输入。当启用指针输入且有命令在执行时，十字光标的位置将在光标附近的工具栏提示中显示为坐标。可以在工具栏提示中输入坐标值，而不用在命令行中输入。

第二个点和后续点的默认设置为相对极坐标，不需要输入@。如果需要使用绝对坐标，需要使用"#"前缀。例如，要将对象移到原点，请在提示输入第二个点时，输入#0,0。

使用指针输入设置可修改坐标的默认格式，以及控制指针输入工具栏提示何时显示。

（2）标注输入。启用标注输入时，当命令提示输入第二点时，工具栏提示将显示距离和角度值。在工具栏提示中的值将随着光标移动而改变。按 Tab 键可以移动到要更改的值。标注输入可用于 Arc、Circle、Ellipse、Line 和 Pline。

图 5-30　【动态输入】选项卡

使用夹点编辑对象时，标注输入工具栏提示可能会显示以下信息：

● 旧的长度。
● 移动夹点时更新的长度。
● 长度的改变。
● 角度。
● 移动夹点时角度的变化。
● 圆弧的半径。

使用标注输入设置只显示希望看到的信息。

在使用夹点来拉伸对象或在创建新对象时，标注输入仅显示锐角，即所有角度都显示为小于或等于180°。因此，无论 Angdir 系统变量如何设置（在【图形单位】对话框中设置），270°的角度都将显示为90°。创建新对象时指定的角度需要根据光标位置来决定角度的正方向。

（3）动态提示。启用动态提示时，提示会显示在光标附近的工具栏提示中。用户可以在工具栏提示（而不是在命令行）中输入响应。按↓键可以查看和选择选项，按↑键可以显示最近的输入。

注意要在动态提示工具栏提示中使用 Pasteclip，可输入字母，然后在粘贴输入之前用空格键将其删除；否则，输入将作为文字粘贴到图形中。

本节内容与图形绘制紧密相关，希望读者能够多加练习，以提高绘图效率。

另外，系统还提供了快捷特性工具，可以随时显示所选中对象的自定义特性；提供了透明度隐藏/显示工具，可以控制透明度的显示状态，在此不再赘述。

习题五

一、选择题

1．在需要输入点坐标时，用 Midpoint 目标捕捉方式可以捕捉实体中点，下列叙述错误的是
（　）。

　A．可以用来捕捉圆的中心
　B．两次连续使用 MID 可以捕捉一直线中点与端点之间的中点
　C．可以捕捉直线的中点

    D. 可以捕捉圆弧的中点

    E. 可以捕捉正多边形的中心

2. 在 AutoCAD 中画出图形"."的命令是（   ）。

    A. Point   B. Donut   C. Hatch   D. Solid

3. 在下列线型中，常用于作辅助线的线型是（   ）。

    A. 多段线   B. 样条曲线   C. 构造线   D. 多线

4. 以坐标原点为起点，在 X 轴的负方向绘制一条长为 200 的直线，终点坐标定位错误的是（   ）。

    A. -200,0   B. @200,0

    C. 200<180   D. 打开正交，光标移动到 X 负半轴，输入 200

5. 使用【绘图】→【点】→【定数等分】时，命令行上要求输入的数值是（   ）。

    A、点到点之间的距离   B. 点的数目

    C. 线段数目   D. 点的数目减 1

6. 执行 LINE 命令时，放弃下一点坐标的定位但不结束该命令的操作是（   ）。

    A、命令行中输入 C   B. 绘图区域中右击选择"放弃"

    C. 绘图区域中右击选择"确认"   D. 按 ESC 键

7. 用构造线（Xline）绘制等边三角形角平分线时，可使用命令项（   ）快速生成。

    A. 角度   B. 二等分   C. 偏移   D. 参照

8. 快速打开正交方式用（   ）键。

    A. ^D   B. F8   C. F6   D. F2

二、填空题

1. 在 AutoCAD 中，自动追踪功能是一个非常有用的辅助绘图工具，分为_____和_____两种。

2. 极轴追踪是按设定的_____来追踪特征点的，极轴追踪模式是在_____对话框的"极轴追踪"选项卡中进行设置的。

三、判断题

1. 正交功能打开时只能画水平或垂直的线段。   （   ）

2. 应用对象追踪时，应同时使用"对象追踪"和"对象捕捉"。   （   ）

3. 当启用正交命令时，只能画水平和垂直线，不能画斜线。   （   ）

4. 构造线在绘图中既可以用作辅助线，又可以用作绘图线。   （   ）

5. 在当前图形文件中，修改点的样式后，已有的点不会发生变化。   （   ）

6. 在 Line 命令"指定第一点："提示后输入空格或者按 Enter 键，AutoCAD 会自动将最后一次所画的直线或圆弧的端点作为新直线的起点，其中圆弧和直线是相切的。   （   ）

四、操作题

1. 新建一个文件，并采用正交方式绘制垂直相交的两条中心线。

2. 打开一个旧文件，并采用捕捉方式确定起点和终点，绘制两点之间的直线。

3. 新建一个文件，采用动态输入和非动态输入两种方式，练习坐标的输入和直线绘制。

五、思考题

1．三视图的形成原理是什么？

2．如何绘制三视图并遵循其基本的三个原则？

3．点的绘制方法有哪些？其基本区别是什么？

4．AutoCAD 2012 中的直线类型有哪些？

5．绘图时设置的栅格间距和网格捕捉间距有关系吗？

6．如何快速准确地绘制水平和垂直直线？

7．什么是对象捕捉？对象捕捉的作用是什么？有哪几种对象捕捉模式？

8．如何设置对象捕捉标记的大小和颜色？

9．极轴追踪在绘图中有何作用？如何设置追踪的增量角度？

10．什么是自动追踪？自动追踪有几种方式？

11．如何设置点样式？如何设置点的大小？

第6章 基本绘图命令

教学目标

AutoCAD 2012 的复杂图形由一系列简单的图形元素组成，因此，掌握了简单图形绘制后，其他问题就迎刃而解了。

通过本章的学习，掌握圆、圆弧、圆环和椭圆（弧）4 种标准曲线的绘制；掌握矩形、正多边形和区域填充的绘制；了解多线样式的定义、编辑以及绘制多线；掌握样条曲线的绘制，了解其编辑操作；掌握多段线的绘制方法，了解多段线的分解与编辑；掌握修订云线与区域覆盖工具。

本章要点

- 圆（弧）与椭圆（弧）
- 矩形、正多边形和区域填充
- 多线
- 样条曲线
- 多段线
- 修订云线与区域覆盖

6.1 圆（弧）和椭圆（弧）

AutoCAD 2012 将与绘图有关的命令放在【绘图】菜单中，如图 6-1 所示。同时，【绘图】功能面板提供了菜单选项相应的命令按钮，如图 6-2 所示。

图 6-1 【绘图】下拉菜单

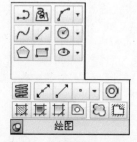

图 6-2 【绘图】功能面板

6.1.1 圆

AutoCAD 2012 提供了 6 种绘制圆的方法，并将这些方法放在菜单栏中的【绘图】→【圆】子菜单中，如图 6-3 所示。

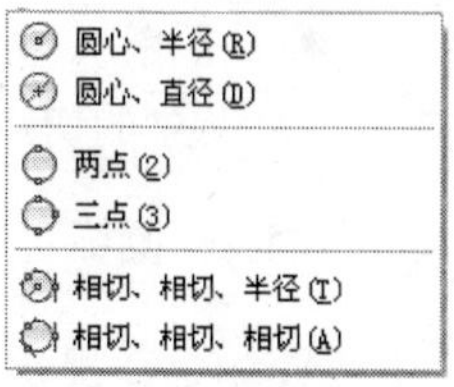

1. 启动

- 单击【常用】选项卡，在【绘图】功能面板单击【圆】按钮 ⊘。
- 在传统菜单栏中选择【绘图】→【圆】，从中选择画圆命令。
- 在命令行窗口输入 Circle，并按 Enter 键。

| ⊘ 圆心、半径(R) |
| ⊘ 圆心、直径(D) |
| ○ 两点(2) |
| ○ 三点(3) |
| ⊚ 相切、相切、半径(T) |
| ○ 相切、相切、相切(A) |

图 6-3　【圆】子菜单

2. 操作方法

- 【圆心、半径】、【圆心、直径】——通过指定圆的圆心，按提示输入圆的直径或半径绘制圆。绘制结果如图 6-4 所示图形中的圆 1。

命令：Circle
指定圆的圆心或 [三点(3P)/两点(2P)/切点、切点、半径(T)]:(拾取点 1)
指定圆的半径或 [直径(D)] <30.0000>:D
指定圆的直径 <60.0000>: 30

如果直接在第三步输入数值，则为半径值。

- 【三点】——利用三点绘制圆。绘制结果如图 6-4 所示图形中的圆 2。

命令：Circle
指定圆的圆心或 [三点(3P)/两点(2P)/切点、切点、半径(T)]: 3P
指定圆上的第一个点:(拾取点 1)
指定圆上的第二个点:(拾取点 2)
指定圆上的第三个点:(拾取点 3)

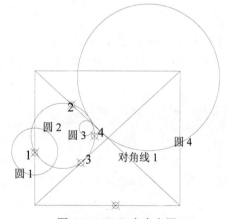

图 6-4　Circle 命令应用

- 【两点】——利用两点绘制圆。在上一提示中输入 2P，AutoCAD 2012 提示如下：

指定圆直径的第一个端点:
指定圆直径的第二个端点:

根据提示指定两个端点后，AutoCAD 2012 以两个端点之间的距离作为圆直径，以两个端点连线的中点作为圆心，绘制一个圆。

- 【相切、相切、半径】——利用两个相切条件和一个半径绘制圆。绘制如图 6-4 所示中的圆 3 和圆 4。

命令：Circle
指定圆的圆心或 [三点(3P)/两点(2P)/切点、切点、半径(T)]:T
指定对象与圆的第一个切点:(拾取对角线 1 上任意点)
指定对象与圆的第二个切点:(拾取圆 2 上点 4)
指定圆的半径 <7.1186>:

圆 3 和圆 4 使用的命令相同，只是当半径取值不同时，切点位置不一样，绘制结果也不同。

- 【相切、相切、相切】——在确定圆上的三个点时，使用对象捕
捉中的切点捕捉方式选择三个与圆相切的对象即可。

6.1.2　圆弧

AutoCAD 提供了很多种画圆弧的方法，内容涉及圆心、半径、起始
角和终止角，此外还有顺时针与逆时针的方向区别。如图 6-5 所示为菜
单栏中【绘图】→【圆弧】子菜单。

图 6-5　"圆弧" 子菜单

1. 启动

- 单击【常用】选项卡，在【绘图】功能面板单击【圆弧】按钮 。
- 在传统菜单栏中选择【绘图】→【圆弧】，从中选择圆弧命令。
- 在命令行窗口输入 Arc，并按 Enter 键。

2. 操作方法

在这些方法中，很多方法都不太常用。因为可以采用先绘制圆然后进行必要的修剪方式都可
以实现。【圆弧】子菜单各选项功能介绍如下：

- 【三点】——系统默认的方法是通过三个指定点画圆弧。输入的第一点为圆弧起点，第二
点为弧上任意一点，第三点是圆弧终点，如图 6-6（a）所示。

```
命令: Arc
指定圆弧的起点或 [圆心(C)]: (拾取起点 1)
指定圆弧的第二个点或 [圆心(C)/端点(E)]: (拾取点 2)
指定圆弧的端点: (拾取端点 3)
```

- 【起点、圆心、端点】——通过指定圆弧的起点、圆心和终点来绘制圆弧。输入的第一点
为圆弧起点，第二点为圆弧圆心，第三点为圆弧终点，如图 6-6（b）所示。

```
命令: Arc
指定圆弧的起点或 [圆心(C)]: (拾取起点 1)
指定圆弧的第二个点或 [圆心(C)/端点(E)]: (输入 C)
指定圆弧的圆心: (拾取中心点 2)
指定圆弧的端点或 [角度(A)/弦长(L)]: (拾取端点 3)
```

- 【起点、圆心、角度】——通过指定圆弧的起点、圆心和圆弧的包角角度来绘制圆弧。输
入的第一点为圆弧起点，第二点为圆弧圆心，然后输入圆弧包角角度，如图 6-6（c）所示。

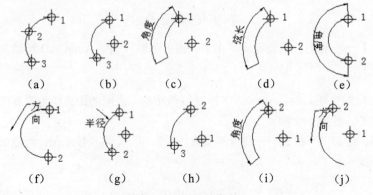

（a）　　（b）　　（c）　　（d）　　（e）

（f）　　（g）　　（h）　　（i）　　（j）

图 6-6　圆弧的不同画法

```
命令: Arc
指定圆弧的起点或 [圆心(C)]: (拾取起点 1)
指定圆弧的第二个点或 [圆心(C)/端点(E)]: (输入 C)
```

指定圆弧的圆心：（拾取中心点 2）
指定圆弧的端点或 ［角度(A)/弦长(L)］：（输入 A）
指定包含角：（输入圆弧包角角度值）

* 【起点、圆心、长度】——通过指定圆弧的起点、圆心和圆弧的弦长来绘制圆弧。输入的第一点为圆弧起点，第二点为圆弧圆心，然后输入圆弧弦长，如图 6-6（d）所示。

命令：Arc
指定圆弧的起点或 ［圆心(C)］：（拾取起点 1）
指定圆弧的第二点或 ［圆心(CE)/端点(EN)］：（输入 C）
指定圆弧的圆心：（拾取中心点 2）
指定圆弧的端点或 ［角度(A)/弦长(L)］：（输入 L）
指定弦长：（输入圆弧的弦长）

* 【起点、端点、角度】——通过指定圆弧的起点、端点和圆弧的包角角度来绘制圆弧。输入的第一点为圆弧起点，第二点为圆弧终点，然后输入圆弧包角角度，如图 6-6（e）所示。

命令：Arc
指定圆弧的起点或 ［圆心(C)］：（拾取起点 1）
指定圆弧的第二个点或 ［圆心(C)/端点(E)］：（输入 E）
指定圆弧的端点：（拾取端点 2）
指定圆弧的圆心或 ［角度(A)/方向(D)/半径(R)］：（输入 A）
指定包含角：（输入圆弧的包角角度）

* 【起点、端点、方向】——通过指定圆弧的起点、端点和圆弧起点处的切线方向来绘制圆弧。输入的第一点为圆弧起点，第二点为圆弧终点，然后输入圆弧起点的切线方向，如图 6-6（f）所示。

命令：Arc
指定圆弧的起点或 ［圆心(C)］：（拾取起点 1）
指定圆弧的第二个点或 ［圆心(C)/端点(E)］：（输入 E）
指定圆弧的端点：（拾取端点 2）
指定圆弧的圆心或 ［角度(A)/方向(D)/半径(R)］：（输入 D）
指定圆弧的起点切向：（输入圆弧起点的切线方向）

* 【起点、端点、半径】——通过指定圆弧的起点、端点和圆弧的半径来绘制圆弧。输入的第一点为圆弧起点，第二点为圆弧终点，然后输入圆弧半径，如图 6-6（g）所示。

命令：Arc
指定圆弧的起点或 ［圆心(C)］：（拾取起点 1）
指定圆弧的第二个点或 ［圆心(CE)/端点(E)］：（输入 E）
指定圆弧的端点：（拾取端点 2）
指定圆弧的圆心或 ［角度(A)/方向(D)/半径(R)］：（输入 R）
指定圆弧半径：（输入圆弧的半径大小）

* 【圆心、起点、端点】——通过指定圆弧圆心、起点和端点来绘制圆弧。输入第一点为圆弧圆心，第二点为圆弧起点，第三点为圆弧终点，如图 6-6（h）所示。

命令：Arc
指定圆弧的起点或 ［圆心(C)］：（输入 C）
指定圆弧的圆心：（拾取圆心点 1）
指定圆弧的起点：（拾取起点 2）
指定圆弧的端点或 ［角度(A)/弦长(L)］：（拾取端点 3）

* 【圆心、起点、角度】——通过指定圆弧的圆心、起点和圆弧的包角角度来绘制圆弧。输入的第一点为圆弧圆心，第二点为圆弧起点，然后输入圆弧包角角度，如图 6-6（i）所示。

命令：Arc
指定圆弧的起点或 ［圆心(C)］：（输入 C）
指定圆弧的圆心：（拾取圆心点 1）

指定圆弧的起点：(拾取起点 2)

指定圆弧的端点或 [角度(A)/弦长(L)]：(输入 A)

指定包含角：(输入圆弧的包角角度)

● 【圆心、起点、长度】——通过指定圆弧的圆心、起点和圆弧的弦长来绘制圆弧。输入的第一点为圆弧圆心，第二点为圆弧起点，然后输入圆弧弦长，如图 6-6（j）所示。

命令：Arc

指定圆弧的起点或 [圆心(C)]：(输入 C)

指定圆弧的圆心：(拾取圆心点 1)

指定圆弧的起点：(拾取起点 2)

指定圆弧的端点或 [角度(A)/弦长(L)]：(输入 L 或在快捷菜单中选择【弦长】命令指定弦长：输入圆弧的弦长)

3．说明

（1）系统默认画弧的方向为逆时针方向。如果输入角度值为正，则按逆时针方向画弧；输入角度值为负时，则按顺时针方向画弧。

（2）绘制圆弧时，如果输入正弦长或正半径值，则 AutoCAD 2012 强制绘制 180°范围内的圆弧；而输入负弦长或负半径值，则画的是大于 180°的圆弧。

（3）在绘制圆弧命令的第一个提示中按 Enter 键响应，则所画新弧与上次画的直线或弧相切。

例 6.1　如图 6-7（a）所示，使用【起点、端点、方向】方法画圆弧以连接两直线；如图 6-7（b）所示，使用【起点、圆心、角度】方法绘制圆弧。

步骤如下：

命令：_arc

指定圆弧的起点或 [圆心(C)]：(拾取点 1)

指定圆弧的第二个点或 [圆心(C)/端点(E)]：E

指定圆弧的端点：(拾取点 2)

指定圆弧的圆心或 [角度(A)/方向(D)/半径(R)]：D

指定圆弧的起点切向：(移动鼠标观察效果并确定)

命令：arc

指定圆弧的起点或 [圆心(C)]：(拾取点 3)

指定圆弧的第二个点或 [圆心(C)/端点(E)]：C

指定圆弧的圆心：(拾取点 4)

指定圆弧的端点或 [角度(A)/弦长(L)]：A

指定包含角：90

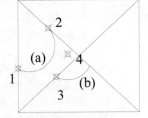

图 6-7　Arc 命令应用

6.1.3　圆环

圆环实际上就是两个半径不同的同心圆之间所形成的封闭图形。

1．启动

● 单击【常用】选项卡，在【绘图】功能面板单击【圆环】按钮◎。

● 在传统菜单栏中选择【绘图】→【圆环】命令。

● 在命令行窗口输入 Donut，并按 Enter 键。

2．操作方法

要创建圆环，应指定它的内外直径和圆心。通过指定不同圆心，可连续创建具有相同直径的多个圆环对象，直到按 Enter 键结束为止。

绘制圆环的操作过程如下：

命令：Donut

指定圆环的内径 <当前值>：(指定圆环内径)

指定圆环的外径 <当前值>：(指定圆环外径)
指定圆环的中心点或<退出>：(指定圆环中心位置)

3．说明

（1）在绘制圆环时，如果圆环内径值为 0，AutoCAD 2012 会画一个实心圆，如图 6-8（a）、（c）所示。

（2）系统变量 Fillmode 不同，圆环状态也不同，如图 6-8（b）、（d）所示。

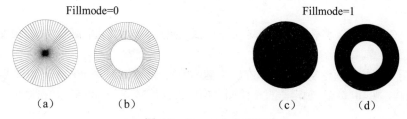

图 6-8　Donut 命令应用

6.1.4　椭圆（弧）

在 AutoCAD 2012 中可以创建整个椭圆或它的一部分，即椭圆弧。在椭圆中，较长的轴线称为长轴，较短的轴线称为短轴。在绘制椭圆时，长轴和短轴与定义轴线的次序无关。如图 6-9 所示为菜单栏中【绘图】→【椭圆】子菜单。

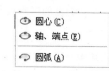

图 6-9　【椭圆】子菜单

1．启动

● 单击【常用】选项卡，在【绘图】功能面板单击【椭圆】按钮⬥。

● 在传统菜单栏中选择【绘图】→【椭圆】，从中选择椭圆命令。

● 在命令行窗口输入 Ellipse，并按 Enter 键。

2．操作方法

命令：Ellipse
指定椭圆的轴端点或 [圆弧(A)/中心点(C)]：
各选项功能介绍如下：

● 【指定椭圆的轴端点】——默认选项是指定椭圆一个轴的端点，系统继续提示指定该轴的另一个端点。

指定轴的另一个端点：(指定该椭圆一个轴的第二个端点)
指定另一条半轴长度或 [旋转(R)]：

在此提示下可以输入椭圆第二个轴的半轴长度，或是用鼠标在绘图区域指定椭圆第二个轴的端点。如果输入 R，则 AutoCAD 提示如下：

指定绕长轴旋转的角度：

在该提示下输入一个范围为 0°～89.4°的角度即可。

● 【中心点】——在提示中可以输入 C，AutoCAD 提示如下：

指定椭圆的中心点：(用户指定椭圆的中心点位置)
指定轴的端点：(指定椭圆某一个轴的一个端点)
指定另一条半轴长度或 [旋转(R)]：

所谓椭圆的中心点，即指椭圆长轴和短轴的交点。在该提示下，可以指定另一轴的半轴长度绘制椭圆，也可以指定一个旋转角度绘制椭圆。

● 【圆弧】——在提示中输入 A，AutoCAD 2012 首先提示构造椭圆弧的母体椭圆。构造母体椭圆后，AutoCAD 提示如下：

指定起始角度或 [参数(P)]：

指定端点角度或 [参数(P)/包含角度(I)]：

输入参数或角度后，就可以绘制一定范围内的椭圆弧。AutoCAD 2012 提供了两种绘制椭圆弧的方法：角度方式和参数方式。这两种方式的提示和输入基本相似，只是计算方法不同。

另外，AutoCAD 2012 将椭圆弧命令单独提取出来，放置在【绘图】功能面板的【椭圆】下拉按钮中，只需单击【椭圆弧】按钮 ◎ 启动即可，它同椭圆操作中的【圆弧】一致。

3．说明

（1）AutoCAD 2012 将椭圆的起点定义在长轴起始点。绘制椭圆弧时，所有角度均从起点按逆时针方向开始计算。

（2）采用【旋转】项绘制椭圆时，在定义椭圆的第一条轴后，AutoCAD 2012 以该轴为直径绘制一个假想圆，并将其绕该轴沿垂直于绘图平面的方向旋转 $0°\sim89.4°$，在原平面中得到的该圆投影即为椭圆。

例 6.2　指定椭圆的轴端点，输入椭圆弧的起始角和终止角绘制椭圆弧，如图 6-10 所示。

步骤如下：

命令：_ellipse

指定椭圆的轴端点或 [圆弧(A)/中心点(C)]：A ✓ (指定画椭圆弧的方式)

指定椭圆弧的轴端点或[中心点(C)]：(指定 A 点)

指定轴的另一个端点：@-88,0 ✓ (指定 B 点)

指定另一条半轴长度或 [旋转(R)]：25 ✓ (输入短半轴长度，确定 C 点)

指定起始角度或[参数(P)]：60 ✓ (输入起始角度)

指定端点角度或 [参数(P)/包含角度(I)]：-60 ✓ (输入端点角度，画出椭圆弧)

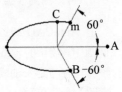

图 6-10　绘制椭圆弧

6.2　矩形、正多边形和区域填充

6.2.1　矩形

1．启动

● 单击【常用】选项卡，在【绘图】功能面板单击【矩形】按钮 □。

● 在传统菜单栏中选择【绘图】→【矩形】命令。

● 在命令行窗口输入 REC、Rectang 或 Rectangle，并按 Enter 键。

2．操作方法

命令：Rectang

指定第一个角点或 [倒角(C)/标高(E)/圆角(F)/厚度(T)/宽度(W)]：

各选项功能介绍如下：

● 指定【第一个角点】——输入矩形的一个角点，AutoCAD 2012 提示如下：

指定另一个角点或 [面积(A)/尺寸(D)/旋转(R)]：

　　◆ 【指定另一个角点】——输入矩形的另一个角点。AutoCAD 2012 以这两个点作为矩形的对角点绘制矩形，如图 6-11（a）所示。

　　◆ 【面积】——输入 A，则系统提示如下：

　　　　输入以当前单位计算的矩形面积 <100.0000>：(输入矩形面积值)

　　　　计算矩形标注时依据 [长度(L)/宽度(W)] <长度>：(确定输入长度或者宽度)

　　　　输入矩形长度 <10.0000>：(输入长度)

◆　　【尺寸】——输入 D，则系统提示如下：
　　指定矩形的长度 <10.0000>:(输入长度)
　　指定矩形的宽度 <10.0000>:(输入宽度)

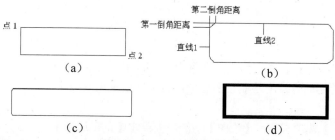

图 6-11　Rectang 命令应用

◆　　【旋转】——输入 R，则系统提示如下：
　　指定旋转角度或 [拾取点(P)] <334>:　(输入旋转角度或者直接鼠标拾取)
　　指定另一个角点或 [面积(A)/尺寸(D)/旋转(R)]:(指定另一个点)

● 　　【倒角】——在提示中输入 C，可设置倒角长度。系统提示如下：
指定矩形的第一个倒角距离 <当前值>:(输入第一倒角长度)
指定矩形的第二个倒角距离 <当前值>:(输入第二倒角长度)
指定第一个角点或[倒角(C)/标高(E)/圆角(F)/厚度(T)/宽度(W)]:(输入矩形的一个角点)
指定另一个角点或[面积(A)/尺寸(D)/旋转(R)]:(输入矩形的另一个角点)
设置完倒角长度后，指定矩形的两个角点坐标即可。

如果设置了长度不等的两个倒角长度，AutoCAD 2012 总是将第一倒角长度赋予首尾相连的两条直线中的第一条直线，将第二倒角长度赋予第二条直线。在判断直线的顺序时，AutoCAD 2012 使用顺时针方向排序，如图 6-11 （b）所示。

如果输入的两个倒角长度之一为 0，AutoCAD 2012 将绘制普通矩形。

● 　　【圆角】——在提示中输入 F，设置倒圆角的圆角半径。系统提示如下：
指定矩形的圆角半径 <当前值>:(输入圆角半径)
指定第一个角点或[倒角(C)/标高(E)/圆角(F)/厚度(T)/宽度(W)]:(输入矩形的一个角点)
指定另一个角点或[面积(A)/尺寸(D)/旋转(R)]:(输入矩形的另一个角点)

输入圆角半径后，指定矩形的两个角点即可，如图 6-11（c）所示。如果输入的圆角半径为 0，AutoCAD 将绘制普通矩形。

● 　　【宽度】——在提示中输入 W，设置矩形边框线的绘制宽度。系统提示如下：
指定矩形的线宽 <当前值>:　(输入矩形边框线的宽度)
指定第一个角点或 [倒角(C)/标高(E)/圆角(F)/厚度(T)/宽度(W)]:　(输入矩形的一个角点)
指定另一个角点或 [面积(A)/尺寸(D)/旋转(R)]:　(输入矩形的另一个角点)
该设置可与前面的三种矩形绘制方法组合使用，如图 6-11（d）所示。

● 　　【厚度】——在提示中输入 T，设置矩形边框线的厚度。系统提示如下：
指定矩形的厚度 <当前值>:　(输入矩形边框线的厚度)
指定第一个角点或 [倒角(C)/标高(E)/圆角(F)/厚度(T)/宽度(W)]:　(输入矩形的一个角点)
指定另一个角点或 [面积(A)/尺寸(D)/旋转(R)]:　(输入矩形的另一个角点)

厚度就是矩形在 Z 坐标方向上的高度。如果输入的厚度值为正，则向上拉伸矩形；如果输入的厚度值为负，则向下拉伸矩形。该设置可以与 3 种矩形和其他设置组合使用。

● 　　【标高】——在提示中输入 E，设置矩形的标高值。系统提示如下：
指定矩形的标高 <当前值>:　(输入矩形的标高值)

指定第一个角点或 [倒角(C)/标高(E)/圆角(F)/厚度(T)/宽度(W)]：(指定矩形的一个角点)

指定另一个角点或 [面积(A)/尺寸(D)/旋转(R)]：(输入矩形的另一个角点)

该设置可以在平行于 XY 坐标平面的任意平面上绘制矩形，它能够与三种矩形和其他设置组合使用。

6.2.2　正多边形

在 AutoCAD 2012 中，正多边形是具有等长边的封闭多线段，线段数目为 3～1024。用户可通过与假想圆内接或外切的方法来绘制正多边形，也可以指定正多边形某一边的端点来绘制它。

1. 启动

- 单击【常用】选项卡，在【绘图】功能面板单击【正多边形】按钮 ⬡。
- 在传统菜单栏中选择【绘图】→【正多边形】命令。
- 在命令行窗口输入 Polygon，并按 Enter 键。

2. 操作方法

（1）绘制内接假想圆的正多边形，如图 6-12 所示的正六边形 1。

命令：Polygon

输入侧面数 <4>:6

指定正多边形的中心点或 [边(E)]：(拾取点 1)

输入选项 [内接于圆(I)/外切于圆(C)] <I>:I

指定圆的半径：96(直接输入半径)

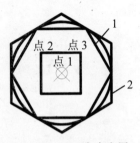

图 6-12　Rectang 命令应用

（2）绘制外切假想圆的正多边形，如图 6-12 所示的正六边形 2。

命令：Polygon

输入侧面数 <6>:↙

指定正多边形的中心点或 [边(E)]：(拾取点 1)

输入选项 [内接于圆(I)/外切于圆(C)] <I>: C

指定圆的半径：(选择圆，该圆直径为 96)

可以看到，在【指定圆的半径】提示下，如果输入半径值，则多边形至少有一条边是水平放置的；如果使用鼠标拾取，则多边形的放置方向可随意。

另外，在圆半径相同情况下，外切多边形比内接多边形大。

（3）用边位置与长度确定正多边形，如图 6-12 所示的正四边形。

首先在状态栏单击【正交模式】按钮 ⊾，然后执行多边形命令。

命令：Polygon

输入侧面数 <6>:4

指定正多边形的中心点或 [边(E)]: E

指定边的第一个端点：(拾取点 2)

指定边的第二个端点：(拾取点 3)

6.2.3　实体区域填充

在 AutoCAD 2012 中，可以创建带有颜色填充的三角形和四边形区域。同前面的三角形和四边形不同的是，它们的边线内部是充满的。

1. 启动

- 在命令行窗口输入 Solid，并按 Enter 键。

2．操作方法

绘制二维填充的操作过程如下：

命令：Solid

指定第一点：(指定图形的第一点)

指定第二点：(指定图形的第二点)

指定第三点：(指定图形的第三点)

指定第四点或 <退出>：(指定图形的第四点或按 Enter 键结束命令)

3．说明

（1）当提示【指定第四点】时按 Enter 键，AutoCAD 2012 会绘制三角形区域，如图 6-13（a）所示。

（2）画完四边形后，AutoCAD 将分别以它的第三点、第四点作为下一个四边形的第一点、第二点，并提示输入新四边形第三、第四点。该过程不断重复，直至按 Enter 键结束。

（3）第三点、第四点顺序不同，所绘图形也不一样，如图 6-13（b）和（c）所示。

图 6-13　Solid 命令应用

6.3　多线

所谓多线，是指一次绘制多条相互平行的直线，其数目在 1～16 条之间。这些直线的线型可以相同，也可以不同，Mline 命令可以同时绘出这些直线。

6.3.1　绘制多线

1．启动

● 在传统菜单栏中选择【绘图】→【多线】命令。

● 在命令行窗口输入 Mline，并按 Enter 键。

2．操作方法

命令行：Mline

指定起点或[对正(J)/比例(S)/样式(ST)]：

各选项的含义如下：

● 【指定起点】——输入多线的起点，系统继续提示如下：

指定下一点：

在此提示下确定下一点，并以当前的线型样式、线型比例和绘图方式绘制出多线。

● 【对正】——确定绘制多线的方式。在提示下输入 J 并回车，系统提示如下：

输入对正类型[上(T)/无(Z)/下(B)]<上>：

◆ 【上】——该选项表示当从左往右绘多线时，多线上最顶端的线将随着光标进行移动；当从右往左绘制多线时则恰恰相反。输入 J 执行该选项，系统提示如下：

指定起点或[对正(J)/比例(S)/样式(ST)]：(输入起始点)
指定下一点：(指定下一点)
指定下一点或[放弃(U)]：(指定下一点)
指定下一点或[闭合(C)/放弃(U)]：

如图 6-14（a）所示为从左往右绘制多线时的上偏移状况。

◆ 【无】——该选项表示绘制多线时，光标将随着多线的中间线移动，如图 6-14（b）所示。

◆ 【下】——该选项与【上】选项含义相反，也就是当从左往右绘制直线时，多线上最底端的线将随着光标进行移动；当从右往左绘图时，则正好相反。如图 6-14（c）所示为从左往右绘制多线时的下偏移状况。

（a）　　　　　　　（b）　　　　　　　（c）

图 6-14　绘制多线

如图 6-15（a）所示为从左往右绘制多线时的下偏移状况，图 6-15（b）为从右往左绘制多线时的下偏移状况。

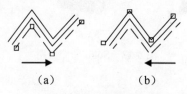

（a）　　　　　　　（b）

图 6-15　绘制多线

● 【比例】——确定所绘多线相对于定义的多线的比例因子。输入 S，系统提示如下：
输入多线比例<20.00>：(输入新的比例因子值，其中 20.00 是默认的比例因子值)
● 【样式】——确定绘制多线时所用的线型样式。输入 ST，系统提示如下：
输入多线样式名或[？]：
在提示下指定需要的多线样式。所输入的多线样式名称必须是已加载的样式或者是用户创建的库文件（MLN）中已定义的样式名。

6.3.2　定义多线样式

1. 启动
● 在传统菜单栏中选择【格式】→【多线样式】命令。
● 在命令行窗口输入 Mlstyle，并按 Enter 键。
2. 操作方法
激活该命令后，弹出如图 6-16 所示的【多线样式】对话框。
此对话框各选项的作用及含义分别如下：
（1）【置为当前】——【样式】列表框内显示当前的多线样式名，从中可选取已定义的多线，单击该按钮即可将其作为当前多线样式。
（2）【加载】——从多线库文件（ACAD.MLN）中加载已定义的多线。单击该按钮，弹出如图 6-17 所示的【加载多线样式】对话框。

图 6-16　【多线样式】对话框

（3）【新建】——新建多线样式。单击【新建】按钮，弹出如图 6-18 所示的【创建新的多线样式】对话框。在【基础样式】下拉列表框中选择一个样式作为参照，然后在【新样式名】文本框中输入样式名称，单击【继续】按钮，弹出如图 6-19 所示的【新建多线样式】对话框，利用该对话框可以定义多线样式。

图 6-17　【加载多线样式】对话框

图 6-18　【创建新的多线样式】对话框

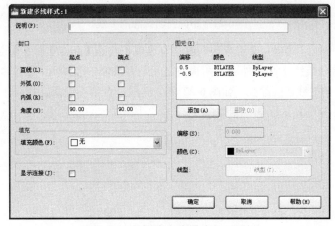

图 6-19　【新建多线样式】对话框

该对话框右侧的【图元】选项区控制组成多线图元的功能，对话框左侧的【封口】、【填充】和【显示连接】3 个选项区则控制多线特性。各选项功能介绍如下：

- 【图元】——在列表框中有【偏移】、【颜色】和【线型】3 个参数，用来显示多线中的每根线相对于多线原点的偏移量、颜色及线型。
- 【添加】——给多线中增加新线型（最多为 16 根线。当加到 16 根以后，此按钮以灰白色显示，表明不能再增加线型）。单击【添加】按钮，然后分别在【偏移】、【颜色】和【线型】文本框中定义新增加线型的偏移量、颜色和线型。

- 【删除】——单击此按钮，从多线样式中删除当前选取的线。
- 【偏移】——在文本框中输入数值，改变当前线的偏移量。
- 【颜色】——在下拉列表框中选择颜色。当选择【选择颜色】选项时，弹出【选择颜色】对话框，从中选取当前多线的颜色。
- 【线型】——单击该按钮，弹出【选择线型】对话框，从中选取当前多线样式的线型。
- 【显示连接】——勾选该复选框，连续绘出的多线在转折处显示交叉线，如图 6-20（a）所示；否则不显示交叉线，如图 6-20（b）所示。

（a）　　　　　　　　　　　　（b）

图 6-20　连接状态的多线

- 【直线】——位于【封口】选项区，通过勾选或不勾选【起点】和【端点】复选框确定【多线】在起始端或终止端是否封闭。勾选复选框表示封闭，否则不封闭。如图 6-21（a）所示为勾选【起点】和【端点】复选框；如图 6-21（b）所示为不勾选【起点】和【端点】复选框；如图 6-21（c）所示为勾选【起点】复选框，但不勾选【端点】复选框。

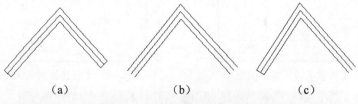

（a）　　　　　　　　　（b）　　　　　　　　　（c）

图 6-21　不同封闭状态的多线

- 【外弧】——位于【封口】选项区，通过勾选或不勾选【起点】和【端点】复选框确定【多线】在起始端或终止端最外面的两根线之间是否绘弧。选择两个复选框表示在起点和端点的最外面的两根线之间绘弧，如图 6-22（a）所示；否则不绘弧。如果不勾选【起点】复选框，勾选【端点】复选框，则如图 6-22（b）所示。

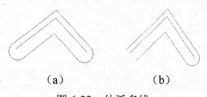

（a）　　　　　　　　　　　（b）

图 6-22　外弧多线

- 【内弧】——利用【起点】和【端点】开关确定【多线】在多线的内部成偶数的线的两端是否绘弧。如图 6-23（a）所示是【多线】为偶数两端绘弧示例；若多线由奇数条线组成，则位于中心的线不绘弧，如图 6-23（b）所示是【多线】为奇数两端绘弧示例。
- 【角度】——通过在【起点】和【端点】对应的输入框中输入角度值，从而控制多线两端的角度，其有效范围为 10°到 170°。如图 6-24 所示为起始端为 60°，终止端为 90°，并且两端直线封闭的多线。

（a）　　　　　　　　　　　　　　　（b）

图 6-23　内弧多线

- 【填充】——打开此开关，绘制多线时，AutoCAD 2012 会用指定的颜色填充所绘制的多线。可通过颜色按钮打开【选择颜色】对话框来选取颜色。填充的多线其必须是封闭的。如图 6-25 所示为多线填充示例。

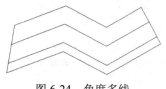

图 6-24　角度多线　　　　　　　　图 6-25　多线填充

6.3.3　编辑多线样式

对于多线而言，除了按照前面的内容进行创建外，还可以对已有多线进行编辑，如添加或删除多线顶点形成新的多线，控制角点结合的可见性，控制多线与其他多线的相交样式，打开或闭合多线对象中的间隔等。

1. 启动
- 在传统菜单栏中选择【修改】→【对象】→【多线】命令。
- 在命令行窗口输入 Mledit，并按 Enter 键。

2. 操作方法

激活该命令后，弹出如图 6-26 所示的【多线编辑工具】对话框。

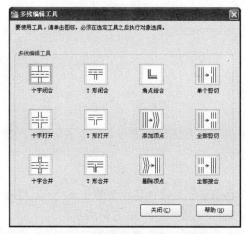

图 6-26　【多线编辑工具】对话框

在【多线编辑工具】列表框中以 4 列显示相关的编辑方式以及样例图像，其中第 1 列控制交叉的多线，第 2 列控制 T 形相交的多线，第 3 列控制角点结合和顶点，第 4 列控制多线中的打断。各选项操作方法与效果如下：

（1）控制交叉。

● 【十字闭合】——在两条多线之间创建闭合的十字交点。

命令行：Mledit

选择第一条多线：(选择前景多线)

选择第二条多线：(选择相交的多线)

选择第一条多线或 [放弃(U)]：✓

绘制结果如图 6-27 右图所示。

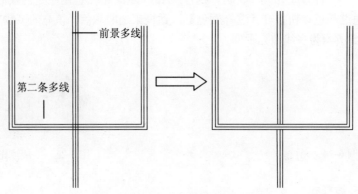

图 6-27　十字闭合

后面的操作提示与此相同，不再列出。

● 【十字打开】——在两条多线之间创建打开的十字交点。打断将插入第一条多线的所有元素和第二条多线的外部元素。绘制结果如图 6-28 右图所示。

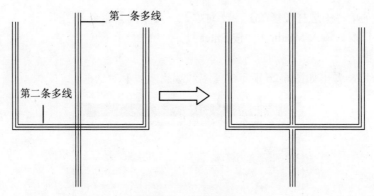

图 6-28　十字打开

● 【十字合并】——在两条多线之间创建合并的十字交点。选择多线的次序并不重要，绘制结果如图 6-29 右图所示。

（2）控制 T 形相交。

● 【T 形闭合】——在两条多线之间创建闭合的 T 形交点。将第一条多线修剪或延伸到与第二条多线的交点处。绘制结果如图 6-30 右图所示。

● 【T 形打开】——在两条多线之间创建打开的 T 形交点。将第一条多线修剪或延伸到与第二条多线的交点处。绘制结果如图 6-31 右图所示。

● 【T 形合并】——在两条多线之间创建合并的 T 形交点。将多线修剪或延伸到与另一条多线的交点处。绘制结果如图 6-32 右图所示。

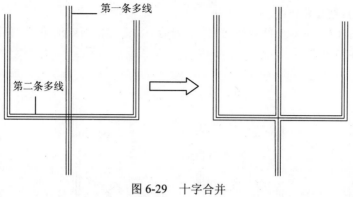

图 6-29　十字合并

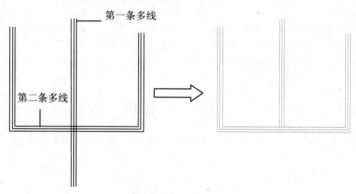

图 6-30　T 形闭合

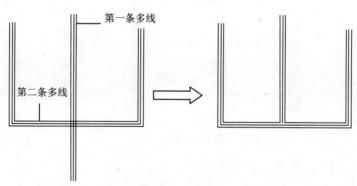

图 6-31　T 形打开

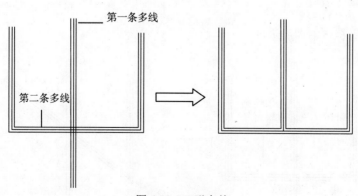

图 6-32　T 形合并

（3）控制角点结合和顶点。

● 【角点结合】——在多线之间创建角点结合。将多线修剪或延伸到它们的交点处。绘制结果如图 6-33 右图所示。

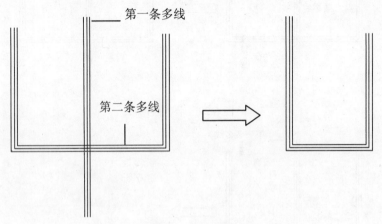

图 6-33　角点结合

● 【添加顶点】——向多线上添加一个顶点。绘制结果如图 6-34 右图所示。

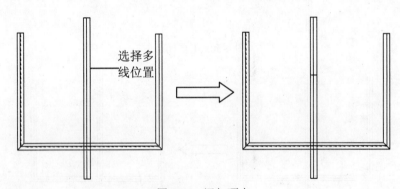

图 6-34　添加顶点

● 【删除顶点】——从多线上删除一个顶点。

命令行：Mledit
选择多线：(选择多线)
选择多线或 [放弃(U)]：
绘制结果如图 6-35 右图所示。

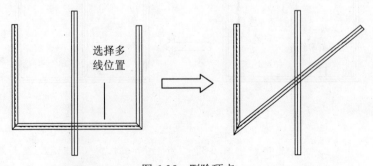

图 6-35　删除顶点

（4）控制多线中的打断。

● 【单个剪切】——在选定多线元素中创建可见打断。

命令行：Mledit

选择多线：(选择多线，多线上的选定点用作第一个剪切点)

选择第二个点：(在多线上指定第二个剪切点)

选择多线或 [放弃(U)]：

绘制结果如图 6-36 右图所示。

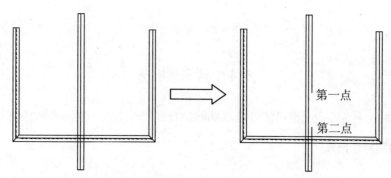

图 6-36　单个剪切

● 【全部剪切】——创建穿过整条多线的可见打断。

命令行：Mledit

选择多线：(选择多线，将多线上的选定点用作第一个剪切点)

选择第二个点：(在多线上指定第二个剪切点)

选择多线或 [放弃(U)]：

绘制结果如图 6-37 右图所示。

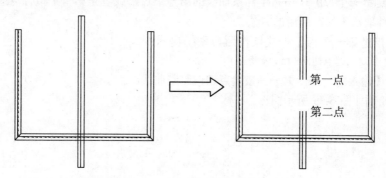

图 6-37　全部剪切

● 【全部接合】——将已被剪切的多线线段重新接合起来。

命令行：Mledit

选择多线：(选择多线，将多线上的选定点用作接合起点)

选择第二个点：(在多线上指定接合的终点)

选择多线或 [放弃(U)]：

绘制结果如图 6-38 右图所示。

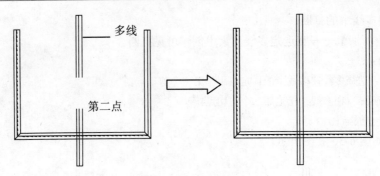

图 6-38　全部接合

6.4　样条曲线

样条曲线是由多条线段光滑过渡组成。AutoCAD 2012 可以进行样条曲线绘制与编辑。

6.4.1　绘制样条曲线

1. 启动

● 单击【常用】选项卡，在【绘图】功能面板中单击【样条曲线】按钮 ⁀。

● 在传统菜单栏中选择【绘图】→【样条曲线】命令。

● 在命令行窗口输入 Spline，并按 Enter 键。

2. 操作方法

激活该命令后，状态行提示如下：

指定第一个点或 [方式(M)/节点(K)/对象(O)]：

各选项含义如下：

● 【指定第一个点】——指定样条曲线的第一个点，或者是第一个拟合点或者是第一个控制点，具体取决于当前所用的方法。

当按照【指定第一个点】方式操作后，系统提示：

输入下一个点或 [起点切向(T)/公差(L)]：

◆ 【输入下一个点】——按起点切向绘制曲线。

例 6.3　绘制如图 6-39 所示图形。

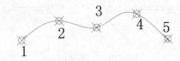

图 6-39　样条曲线

步骤如下：

命令：spl

SPLINE

当前设置：方式=拟合　节点=弦

指定第一个点或 [方式(M)/节点(K)/对象(O)] (拾取点 1)

输入下一个点或 [起点切向(T)/公差(L)]： (拾取点 2)

输入下一个点或 [端点相切(T)/公差(L)/放弃(U)]： (拾取点 3)

输入下一个点或 [端点相切(T)/公差(L)/放弃(U)/闭合(C)]： (拾取点 4)

输入下一个点或 [端点相切(T)/公差(L)/放弃(U)/闭合(C)]: (拾取点 5)
输入下一个点或 [端点相切(T)/公差(L)/放弃(U)/闭合(C)]: (空格)

- ◆ 【起点切向】和【端点相切】——分别通过指定起点和终点的相切条件来绘制样条曲线。

例6.4 绘制如图 6-40 左图所示图形。

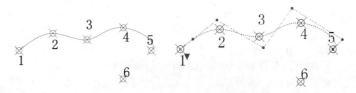

图 6-40 绘制端点相切的样条曲线

步骤如下：
命令: spl
SPLINE
当前设置：方式=拟合 节点=弦
指定第一个点或 [方式(M)/节点(K)/对象(O)]: (拾取点 1)
输入下一个点或 [起点切向(T)/公差(L)]: (拾取点 2)
输入下一个点或 [端点相切(T)/公差(L)/放弃(U)]: (拾取点 3)
输入下一个点或 [端点相切(T)/公差(L)/放弃(U)/闭合(C)]: (拾取点 4)
输入下一个点或 [端点相切(T)/公差(L)/放弃(U)/闭合(C)]: (拾取点 5)
输入下一个点或 [端点相切(T)/公差(L)/放弃(U)/闭合(C)]: t (选择端点相切方式)
指定端点切向：(拾取点 6)

从图 6-40 右图可以看出，其各段曲线的切线方向。

- ◆ 【闭合】——封闭样条曲线。

例6.5 绘制如图 6-41 所示图形。

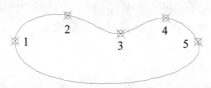

图 6-41 绘制封闭的样条曲线

步骤如下：
命令: spl
SPLINE
当前设置：方式=拟合 节点=弦
指定第一个点或 [方式(M)/节点(K)/对象(O)]: (拾取点 1)
输入下一个点或 [起点切向(T)/公差(L)]: (拾取点 2)
输入下一个点或 [端点相切(T)/公差(L)/放弃(U)]: (拾取点 3)
输入下一个点或 [端点相切(T)/公差(L)/放弃(U)/闭合(C)]: (拾取点 4)
输入下一个点或 [端点相切(T)/公差(L)/放弃(U)/闭合(C)]: (拾取点 5)
输入下一个点或 [端点相切(T)/公差(L)/放弃(U)/闭合(C)]: c

- ◆ 【公差】——指定样条曲线可以偏离指定拟合点的距离。公差值 0（零）要求生成的样条曲线直接通过拟合点。公差值适用于所有拟合点(拟合点的起点和终点除外)，始终具有为 0（零）的公差。

例6.6 调整公差，仍然绘制如图 6-42 所示图形。注意各点与原样条曲线的位置关系。

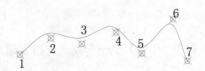

图 6-42 绘制带公差的样条曲线

步骤如下：

命令：spl

SPLINE

当前设置：方式=拟合　节点=弦

指定第一个点或 [方式(M)/节点(K)/对象(O)]：(拾取点 1)

输入下一个点或 [起点切向(T)/公差(L)]：l（选择输入公差）

指定拟合公差<0.0000>：50（输入公差值）

输入下一个点或 [起点切向(T)/公差(L)]：(拾取点 2)

输入下一个点或 [端点相切(T)/公差(L)/放弃(U)]：(拾取点 3)

输入下一个点或 [端点相切(T)/公差(L)/放弃(U)/闭合(C)]：(拾取点 4)

输入下一个点或 [端点相切(T)/公差(L)/放弃(U)/闭合(C)]：(拾取点 5)

输入下一个点或 [端点相切(T)/公差(L)/放弃(U)/闭合(C)]：(拾取点 6)

输入下一个点或 [端点相切(T)/公差(L)/放弃(U)/闭合(C)]：(拾取点 7)

输入下一个点或 [端点相切(T)/公差(L)/放弃(U)/闭合(C)]：(回车结束)

- 【方式】——控制是使用拟合点还是使用控制点来创建样条曲线。其中，拟合点方式是通过指定样条曲线必须经过的拟合点来创建 3 阶（三次）B 样条曲线。控制点方式是通过指定控制点来创建 1 阶（线性）、2 阶（二次）、3 阶（三次）直到最高为 10 阶的样条曲线。通过移动控制点调整样条曲线的形状通常可以提供比移动拟合点更好的效果。该方式适合于三维 NURBS 曲面的创建。
- 【节点】——指定节点参数化，它是一种计算方法，用来确定样条曲线中连续拟合点之间的零部件曲线如何过渡。包括弦长、平方根和统一三种方式。
- 【对象】——将二维或三维的二次或三次样条曲线拟合多段线转换成等效的样条曲线。根据 DELOBJ 系统变量的设置，保留或放弃原多段线。

6.4.2　样条曲线编辑

AutoCAD 2012 可以进行样条曲线的编辑，从而改变其相关参数与形状。

1. 启动

- 单击【常用】选项卡，在【修改】功能面板中单击【编辑样条曲线】按钮 ⑧ 。
- 在传统菜单栏中选择【修改】→【对象】→【样条曲线】命令。
- 在命令行窗口输入 Splinedit，并按 Enter 键。

2. 操作方法

单击样条曲线对象或样条曲线拟合多段线时，夹点将出现在控制点上，并同时弹出快捷菜单，如图 6-43 所示。

激活该命令后，状态行提示如下：

输入选项 [闭合(C)/合并(J)/拟合数据(F)/编辑顶点(E)/转换为多段线(P)/反转(R)/放弃(U)/退出(X)] <退出>：

提示：如果选定的样条曲线为闭合的，则【闭合】选项变为【打开】。如果选定的样条曲线无拟合数据，则不能使用【拟合数据】选项。拟合数据由所有的拟合点、拟合公差以及与由 Spline 命令创建的样条曲线相关联的切线组成。

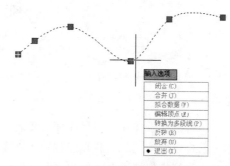

图 6-43 样条曲线编辑状态

这些选项与图 6-43 中的选项是一致的，下面分别进行介绍。

● 【拟合数据】——输入 F，系统提示如下：

输入拟合数据选项

[添加(A)/闭合(C)/删除(D)/扭折(K)/移动(M)/清理(P)/切线(T)/公差(L)/退出(X)] <退出>：
(输入选项或按 Enter 键)

◆ 【添加】——在样条曲线中增加拟合点。

例 6.7 在如图 6-44 所示图形中添加一个拟合点 3。

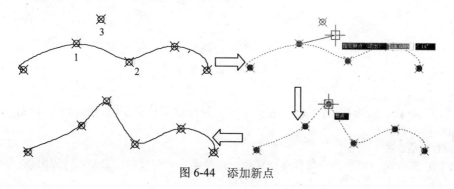

图 6-44 添加新点

步骤如下：

命令：_Splinedit

输入选项 [闭合(C)/合并(J)/拟合数据(F)/编辑顶点(E)/转换为多段线(P)/反转(R)/放弃(U)/
退出(X)] <退出>：F

输入拟合数据选项

[添加(A)/闭合(C)/删除(D)/扭折(K)/移动(M)/清理(P)/切线(T)/公差(L)/退出(X)] <退出>：A

指定控制点 <退出>：(拾取点 1，点 2 也高亮显示)

指定新点 <退出>：(拾取点 3)

指定要添加的新拟合点 <退出>：✓

在样条曲线上指定现有拟合点 <退出>：✓

输入拟合数据选项

[添加(A)/闭合(C)/删除(D)/扭折(K)/移动(M)/清理(P)/切线(T)/公差(L)/退出(X)] <退出>：X

输入选项 [闭合(C)/合并(J)/拟合数据(F)/编辑顶点(E)/转换为多段线(P)/反转(R)/放弃(U)/
退出(X)] ✓

◆ 【闭合】——闭合开放的样条曲线，使其在端点处切向连续（平滑）。如果样条曲线
的起点和端点相同，则此选项将使样条曲线在两点处都切向连续，如图 6-45 所示。如
果选定的样条曲线为闭合，则【闭合】选项将由【打开】选项替换。

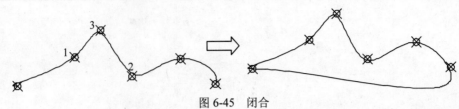

图 6-45　闭合

- 【打开】——打开闭合的样条曲线。如果在使用【闭合】选项使样条曲线在起点和端点处切向连续之前样条曲线的起点和端点相同，则【打开】选项将使样条曲线返回其原始状态，起点和端点保持不变，但失去其切向连续性（平滑）；如果在使用【闭合】选项使样条曲线在起点和端点相交处切向连续之前样条曲线是打开的（即起点和端点不相同），则【打开】选项将使样条曲线返回原始状态并删除切向连续性。该结果为图 6-45 相反结果。

- 【删除】——从样条曲线中删除拟合点并且用其余点重新拟合样条曲线。输入 D 系统提示如下：

指定控制点 <退出>：(指定控制点或按 Enter 键)

例 6.8　在如图 6-46 所示图形中删除点 3。

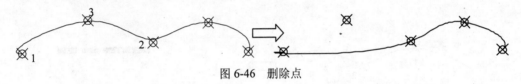

图 6-46　删除点

命令：_Splinedit
输入选项 [闭合(C)/合并(J)/拟合数据(F)/编辑顶点(E)/转换为多段线(P)/反转(R)/放弃(U)/退出(X)] <退出>：F
输入拟合数据选项
[添加(A)/闭合(C)/删除(D)/扭折(K)/移动(M)/清理(P)/切线(T)/公差(L)/退出(X)] <退出>：D
在样条曲线上指定现有拟合点 <退出>：(拾取点 3)
输入拟合数据选项
[添加(A)/闭合(C)/删除(D)/扭折(K)/移动(M)/清理(P)/切线(T)/公差(L)/退出(X)] <退出>：X
输入选项 [闭合(C)/合并(J)/拟合数据(F)/编辑顶点(E)/转换为多段线(P)/反转(R)/放弃(U)/退出(X)] <退出>：

- 【扭折】——在样条曲线上的指定位置添加节点和拟合点，这不会保持在该点的相切或曲率连续性。

- 【移动】——把拟合点移动到新位置。输入 M，系统提示如下：

指定新位置或 [下一个(N)/上一个(P)/选择点(S)/退出(X)] <下一个>：指定点、输入选项或按 Enter 键

其中，选择【指定新位置】是将选定的点移动到指定的新位置。重复前一个提示。

选择【下一个】是将选定点移动到下一点。

选择【上一个】是将选定点移回前一点。

选择【选择点】是从拟合点集中选择点。输入 S，系统提示如下：

指定拟合点 <退出>：(指定拟合点或按 Enter 键)

选择【退出】返回到提示【输入拟合数据选项】下。

例 6.9　如图 6-47 所示图形中，将起始点从点 1 移动到点 3。

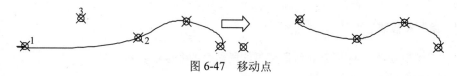

图 6-47 移动点

命令: _Splinedit
输入选项 [闭合(C)/合并(J)/拟合数据(F)/编辑顶点(E)/转换为多段线(P)/反转(R)/放弃(U)/退出(X)] <退出>: F
输入拟合数据选项
[添加(A)/闭合(C)/删除(D)/扭折(K)/移动(M)/清理(P)/切线(T)/公差(L)/退出(X)] <退出>: M (自动选择点 1)
指定新位置或 [下一个(N)/上一个(P)/选择点(S)/退出(X)] <下一个>: (拾取点 3)
指定新位置或 [下一个(N)/上一个(P)/选择点(S)/退出(X)] <下一个>: X
输入拟合数据选项
[添加(A)/闭合(C)/删除(D)/扭折(K)/移动(M)/清理(P)/切线(T)/公差(L)/退出(X)] <退出>: <退出>: X
输入选项 [闭合(C)/合并(J)/拟合数据(F)/编辑顶点(E)/转换为多段线(P)/反转(R)/放弃(U)/退出(X)] <退出>: X

- ◆ 【清理】——从图形数据库中删除样条曲线的拟合数据。清理样条曲线的拟合数据后，将显示不包括【拟合数据】选项的 Splinedit 主提示。
- ◆ 【切线】——编辑样条曲线的起点和端点切向。输入 T，系统提示如下：
  指定起点切向或 [系统默认值(S)]: (指定点、输入选项或按 Enter 键)
  指定端点切向或 [系统默认值(S)]: (指定点、输入选项或按 Enter 键)
  如果样条曲线闭合，提示变为【指定切向或[系统默认值(S)]】。【系统默认值】选项将在端点处计算默认切向。
  可以指定点或使用【切点】、【垂足】对象捕捉模式使样条曲线与现有的对象相切或垂直。
- ◆ 【公差】——使用新的公差值将样条曲线重新拟合至现有点。输入 L，系统提示如下：
  输入拟合公差 <当前>: (输入值或按 Enter 键)
- ● 【闭合/打开】——同上述【闭合/打开】。
- ● 【编辑顶点】——重新定位样条曲线的控制顶点。
- ● 【转换为多段线】——将样条曲线转换为多段线。精度值决定生成的多段线与样条曲线的接近程度。有效值为介于 0 到 99 之间的任意整数。
- ● 【反转】——反转样条曲线的方向。此选项主要适用于第三方应用程序。

6.5 多段线

用基本线条、弧、圆等绘制图形后，还要能区分各种实体。其中，使它们有不同线宽是区分实体的最好方法之一。多段线的一个显著特点就是可以控制线宽。多段线是由一系列线段和弧组成的，其中每段线段都是整体的一部分，在执行编辑命令时，只要选取其中的一段，整个多段线都将发生变化。除了能控制线宽外，还可以画锥形线、封闭多段线、用不同的方法画多段线弧，而且多段线可以方便地改变形状和进行曲线拟合。

启动方法如下：

- ● 单击【常用】选项卡，在【绘图】功能面板单击【多段线】按钮 。
- ● 在传统菜单栏中选择【绘图】→【多段线】命令。
- ● 在命令行窗口输入 Pl 或 Pline，并按 Enter 键。

6.5.1 绘制多段线

例 6.10 绘制如图 6-48 所示直线段和弧线段结合的多段线。

命令：Pline

指定起点:(拾取点 1)

当前线宽为 0.0000

指定下一个点或 [圆弧(A)/半宽(H)/长度(L)/放弃(U)/宽度
(W)]:(拾取点 2)

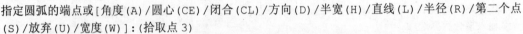

图 6-48　绘制多段线

指定下一点或 [圆弧(A)/闭合(C)/半宽(H)/长度(L)/放弃
(U)/宽度(W)]:A

指定圆弧的端点或[角度(A)/圆心(CE)/闭合(CL)/方向(D)/半宽(H)/直线(L)/半径(R)/第二个点
(S)/放弃(U)/宽度(W)]:(拾取点 3)

指定圆弧的端点或[角度(A)/圆心(CE)/闭合(CL)/方向(D)/半宽(H)/直线(L)/半径(R)/第二个点
(S)/放弃(U)/宽度(W)]:✓

在绘制多段直线时，也可以不用拾取多段线的端点，而直接输入直线的长度。AutoCAD 2012
提供了【长度】选项，可以绘制与上一条线段平行的线。要改变方向，必须输入一个负的长度值。
如果上一条线段为弧线，则此线与弧线相切。

6.5.2 控制多段线的宽度

多段线的一个显著特点就是可以控制线宽。当线宽为 0 时，多段线和一般的直线没有区别，
要改变多段线的线宽，就要在【多段线】命令中操作。

例 6.11 绘制一条宽为 8 的多段线。其中起点宽度和终点宽度相同，所以形成一条有宽度的
直线，如图 6-49（a）所示。

命令：_Pline

指定起点：(指定多段线的起始点 1)

当前宽度为 0.0000

指定下一个点或 [圆弧(A)/半宽(H)/长度(L)/放弃(U)/宽度(W)]:W✓

指定起点宽度〈0.0000〉: 8✓(输入起点宽度值)

指定端点宽度〈8.0000〉: ✓(输入端点宽度值)

指定下一个点或 [圆弧(A)/半宽(H)/长度(L)/放弃(U)/宽度(W)]:(确定多段线的终止点 2)

指定下一点或[圆弧(A)/闭合(C)/半宽(H)/长度(L)/放弃(U)/宽度(W)]: ✓

当起点和终点宽度不同时，就会形成一条锥形线，如图 6-49（b）所示。其操作方法如下：

命令：_Pline

指定起点：(指定多段线的起始点 3)

当前宽度为 0.0000

指定下一个点或 [圆弧(A)/半宽(H)/长度(L)/放弃(U)/宽度(W)]:W✓

指定起点宽度〈0.0000〉: 8✓

指定端点宽度〈8.0000〉: 2✓

指定下一个点或 [圆弧(A)/半宽(H)/长度(L)/放弃(U)/宽度(W)]:(确定多段线的终止点 4)

指定下一点或[圆弧(A)/闭合(C)/半宽(H)/长度(L)/放弃(U)/宽度(W)]: ✓

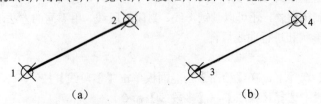

（a）　　　　　　　　　　　（b）

图 6-49　控制多段线的宽度

除了用【宽度】选项控制线宽外，还可以使用【半宽】选项，【半宽】选项是指从线中心到线边缘设置多段线的宽度。启用【半宽】和启用【宽度】一样，先激活【多段线】命令，拾取起始点，然后输入 H，就可以分别输入起始和最终的半宽值，再拾取终点，命令就完成了。

6.5.3　多段线弧

绘制多段线弧就像绘制弧一样有多种绘制方式，其中有起点-圆心式、终点-角度式、终点-圆心式、起点-半径式和三点作弧式等，而且可以通过【方向】命令改变圆弧起始方向。

1. 输入角度法

输入角度法就是利用 ANGLE 选项绘制多段线弧，该选项可以使用 3 种方法来作弧，起点-角度-终点、起点-角度-圆弧中心和起点-角度-半径，其中第 1 种方法是默认选项。还要注意的是系统默认角度是按逆时针方向转的，当输入一个负值时，则按顺时针方向转。

（1）起点-角度-终点。就是在输入圆心角后，直接选取弧线终点的方法。

例 6.12　如图 6-50（a）所示，绘制一个圆心角为 80° 的多段线弧。

命令：_Pline
指定起点：(指定多段线的起始点)
当前宽度为 0.0000
指定下一个点或 [圆弧(A)/半宽(H)/长度(L)/放弃(U)/宽度(W)]:A✓
指定圆弧的端点或
[角度(A)/圆心(CE)/方向(D)/半宽(H)/直线(L)/半径(R)/第二个点(S)/放弃(U)/宽度(W)]:A✓
指定包含角：80✓
指定圆弧的端点或[圆心(CE)/半径(R)]：(确定终点)
[角度(A)/圆心(CE)/闭合(CL)/方向(D)/半宽(H)/直线(L)/半径(R)/第二点(S)/放弃(U)/宽度(W)]：✓

（2）起点-角度-圆弧中心。就是在输入圆心角后，选取圆弧的中心点。

例 6.13　如图 6-50（b）所示，绘制一个圆心角为 80° 的多段线弧。

命令：_Pline✓
指定起点：(指定多段线的起始点)
当前宽度为 0.0000
指定下一个点或 [圆弧(A)/半宽(H)/长度(L)/放弃(U)/宽度(W)]:A✓
[角度(A)/圆心(CE)/闭合(CL)/方向(D)/半宽(H)/直线(L)/半径(R)/第二点(S)/放弃(U)/宽度(W)]：A✓
指定包含角：80✓
指定圆弧的端点或[圆心(CE)/半径(R)]：CE✓
指定圆弧的圆心：(确定圆弧的圆心)
[角度(A)/圆心(CE)/闭合(CL)/方向(D)/半宽(H)/直线(L)/半径(R)/第二点(S)/放弃(U)/宽度(W)]：✓(结束该命令)

（3）起点-角度-半径。就是在输入圆心角后，再输入圆弧半径而绘制多段线弧的方法。

例 6.14　如图 6-50（c）为例，绘制一个圆心角为 80° 的多段线弧。

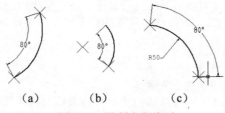

(a)　　　(b)　　　(c)

图 6-50　绘制多段线弧

步骤如下：

命令：_Pline

指定起点：(指定多段线的起始点)

当前宽度为 0.0000

指定下一个点或 [圆弧(A)/半宽(H)/长度(L)/放弃(U)/宽度(W)]：A↙

[角度(A)/圆心(CE)/闭合(CL)/方向(D)/半宽(H)/直线(L)/半径(R)/第二点(S)/放弃(U)/宽度(W)：A↙

指定包含角：80↙

指定圆弧的端点或[圆心(CE)/半径(R)]：R↙

指定圆弧的半径： 50↙(确定圆弧的半径)

确定圆弧的弦方向<133>：↙

[角度(A)/圆心(CE)/闭合(CL)/方向(D)/半宽(H)/直线(L)/半径(R)/第二点(S)/放弃(U)/宽度(W)：↙

2. 圆弧中心法

圆弧中心法是利用【圆心】选项绘制多段线弧的方法。有 3 种方法：起点－圆心－终点、起点－圆心－角度和起点－圆心－弦长。

（1）起点－圆心－终点。就是在拾取圆心后，直接选取终点来绘制多段线弧的方法。

例 6.15 如图 6-51（a）所示，绘制一个已确定起点、圆心和终点的多段线弧。

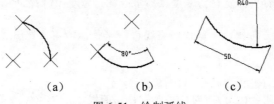

　（a）　　　　　　（b）　　　　　　（c）

图 6-51　绘制弧线

步骤如下：

命令： _Pline

指定起点：(指定多段线的起始点)

当前宽度为 0.0000

指定下一个点或 [圆弧(A)/半宽(H)/长度(L)/放弃(U)/宽度(W)]：A↙

[角度(A)/圆心(CE)/闭合(CL)/方向(D)/半宽(H)/直线(L)/半径(R)/第二点(S)/放弃(U)/宽度(W)：CE↙

指定圆弧的圆心：(确定圆弧的圆心)

指定圆弧的端点或[角度(A)/长度(L)]：(确定圆弧的终点)

[角度(A)/圆心(CE)/闭合(CL)/方向(D)/半宽(H)/直线(L)/半径(R)/第二点(S)/放弃(U)/宽度(W)：↙(结束该命令)

（2）起点－圆心－角度。就是在拾取圆心后，输入一个角度值绘制多段线弧的方法。

例 6.16 如图 6-51（b）所示，绘制一个已确定起点、圆心和角度的多段线弧。

命令：_Pline

指定起点：(指定多段线的起始点)

当前宽度为 0.0000

指定下一个点或 [圆弧(A)/半宽(H)/长度(L)/放弃(U)/宽度(W)]：A↙

[角度(A)/圆心(CE)/闭合(CL)/方向(D)/半宽(H)/直线(L)/半径(R)/第二点(S)/放弃(U)/宽度(W)：CE↙

指定圆弧的圆心：(确定圆弧的圆心)

指定圆弧的端点或[角度(A)/长度(L)]：A↙

指定包含角：80↙(确定所包含的圆心角)

　[角度(A)/圆心(CE)/闭合(CL)/方向(D)/半宽(H)/直线(L)/半径(R)/第二点(S)/放弃(U)/宽度(W)：↙(结束该命令)

（3）起点－圆心－弦长。就是在拾取圆心后，输入弦长绘制多段线弧的方法。

例 6.17　如图 6-51（c）为例，绘制一个已确定起点、圆心和弦长的多段线弧。

命令：_Pline
指定起点：(指定多段线的起始点)
当前宽度为 0.0000
指定下一个点或 [圆弧(A)/半宽(H)/长度(L)/放弃(U)/宽度(W)]:A↙
[角度(A)/圆心(CE)/闭合(CL)/方向(D)/半宽(H)/直线(L)/半径(R)/第二点(S)/放弃(U)/宽度(W)]：CE↙
指定圆弧的圆心：(确定圆弧的圆心)
指定圆弧的端点或[角度(A)/长度(L)]：L↙
指定弦长：50↙(确定弦的长度)
[角度(A)/圆心(CE)/闭合(CL)/方向(D)/半宽(H)/直线(L)/半径(R)/第二点(S)/放弃(U)/宽度(W)：↙(结束该命令)

实际上，多段线圆弧方法目前已经基本上不太使用，用户可以采用直线加圆弧的方法进行绘制，所以不再赘述。

6.5.4　多段线的分解

编辑多段线的优点是可以选取其中一段就能编辑整条多段线，但有些时候，需要编辑其中一段。系统提供了 Explode 命令，执行此命令可以把多段线分解成单个的对象。

1. 启动
- 单击【常用】选项卡，在【修改】功能面板中单击【分解】按钮。
- 在传统菜单栏中选择【修改】→【分解】命令。
- 在命令行窗口输入 X 或 Explode，并按 Enter 键。

2. 操作方法
使用【分解】命令的步骤如下：
（1）用以上的任一方法进入 Explode 命令。
（2）选取要编辑的多段线，则多段线转化为独立的线段或弧段。
（3）如果多段线具有指定的宽度，将出现提示，可以恢复原有状态。要根据具体情况而定，看这个宽度对多段线是否重要。

在命令提示行中输入 Undo，将恢复到分解以前的状态。

6.5.5　多段线编辑

除了用标准的编辑方法外，还可以使用 Pedit 命令来编辑多段线。Pedit 命令中的编辑选项包括【打开】、【闭合】、【合并】、【宽度】、【编辑顶点】、【拟合】、【样条曲线】、【非曲线化】、【线型生成】、【反转】和【放弃】，使用这些命令可以打开封闭的多段线，可以在封闭的多段线中添加线、弧等多段线，还可以改变多段线的形状。

1. 启动
- 单击【常用】选项卡，在【修改】功能面板中单击【编辑多段线】按钮。
- 在传统菜单栏中选择【修改】→【对象】→【多段线】命令。
- 在命令行窗口输入 Pe 或 Pedit，并按 Enter 键。

2. 操作方法
进入 Pedit 命令后，命令提示行中提示【选择多段线】，选取要编辑的多段线。它的编辑选项将根据所选多段线是否闭合而不同，当所选多段线闭合时，选项中第一项为【打开】，如下所示；

当所选多段线为非闭合时，【打开】被【闭合】代替。

命令：Pe✓

选择多段线或 [多条(M)]：(选取非封闭的多段线，如果输入 m，则可以选择多条多段线)

输入选项 [闭合(C)/合并(J)/宽度(W)/编辑顶点(E)/拟合(F)/样条曲线(S)/非曲线化(D)/线型生成(L)/反转(R)/放弃(U)]：

各选项含义如下：

- 【打开】——此选项主要用于打开封闭的多段线，删除多段线的封闭段。封闭段是指用 Close 命令画出的段，如果没有用 Close 命令而直接返回到起点，Open 选项将不会有效果。

- 【闭合】——此选项用于形成闭合的多段线，当选取的多段线本来就是闭合的，则此选项使该多段线被打开。

- 【合并】——此选项用于在指定的多段线中添加线、弧和其他的多段线。

- 【宽度】——此选项用于改变当前多段线的宽度。

- 【编辑顶点】——此选项用于改变多段线的顶点位置，以便于改变多段线的形状。进入此状态后，所选多段线的第一个顶点将出现一个 X，并出现如下提示：

[下一个(N)/上一个(P)/打断(B)/插入(I)/移动(M)/重生成(R)/拉直(S)/切向(T)/宽度(W)/退出(X)]〈N〉：

  - 【下一个】——此选项用于选择多段线的下一个顶点。当输入 N 时，多段线端点的 X 标记将移到下一个顶点，再一次执行，X 标记将继续移动，一直移到需要的顶点。

  - 【上一个】——此选项用于选择多段线的前一个顶点。输入 P 时可以使 X 标记向【下一个】的相反方向移动。P 和 N 是顶点编辑最基本的选项，有了它们其他选项才能进行。

  - 【打断】——此选项用于删除两顶点间的多段线段。执行此选项的步骤为：

[下一个(N)/上一个(P)/打断(B)/插入(I)/移动(M)/重生成(R)/拉直(S)/切向(T)/宽度(W)/退出(X)]〈N〉：B✓

输入选项[下一个(N)/上一个(P)/转至(G)/退出(X)]〈N〉：

其中输入 N 或 P 选项移动 X 标记到所需的位置，输入 G 用来执行删除命令，输入 X 用来退出【打断】命令。

注意：如果在一条闭合的多段线上使用【打断】选项，则将删除闭合段。

  - 【插入】——此选项用于插入一个新顶点，新顶点插入在当前标有 X 的顶点之后。

执行该选项的步骤如下：

[下一个(N)/上一个(P)/打断(B)/插入(I)/移动(M)/重生成(R)/拉直(S)/切向(T)/宽度(W)/退出(X)]〈N〉：I✓

指定新顶点的位置：(确定新的顶点)

此时多段线将出现一个新顶点，系统自动退出【插入】选项。

  - 【移动】——把多段线的当前顶点移到新的位置。

执行该选项的步骤如下：

[下一个(N)/上一个(P)/打断(B)/插入(I)/移动(M)/重生成(R)/拉直(S)/切向(T)/宽度(W)/退出(X)]〈N〉：M✓

指定新顶点的位置：(确定新的顶点)

此时多段线的当前顶点将移到新位置，系统自动退出该选项。

  - 【重生成】——此选项用于重新生成被编辑的多段线。

  - 【拉直】——此选项用于在两顶点间插入一条直线段，并删除原有的若干线段。

执行该选项的步骤如下：

[下一个(N)/上一个(P)/打断(B)/插入(I)/移动(M)/重生成(R)/拉直(S)/切向(T)/宽

度(W)/退出(X)]〈N〉: S✓
输入选项[下一个(N)/上一个(P)/转至(G)/退出(X)]〈N〉:
其各项含义请参见【打断】选项。

◆ 【切向】——此选项用于在当前点添加一个切线方向。

执行该选项的步骤如下:

[下一个(N)/上一个(P)/打断(B)/插入(I)/移动(M)/重生成(R)/拉直(S)/切向(T)/宽度(W)/退出(X)]〈N〉: T✓
指定顶点切向: (拾取一点或输入一个角度)
此时当前点上出现一个表示切线方向的箭头。系统自动退出该选项。

◆ 【宽度】——此选项用于改变当前顶点后的多段线段的起点和终点宽度。

执行该选项的步骤如下:

[下一个(N)/上一个(P)/打断(B)/插入(I)/移动(M)/重生成(R)/拉直(S)/切向(T)/宽度(W)/退出(X)]〈N〉: W✓
指定下一线段的起始宽度〈0.0000〉: (输入起始点宽度)
指定下一线段的端点宽度〈0.0000〉: (输入端点宽度)
以 X 标记为起点的多段线的宽度将改变。系统自动退出该选项。

● 【退出】——此选项用于退出【编辑顶点】模式。只要直接输入 X 就可以执行此命令。

● 【拟合】——此选项用于把一条直线段转化为曲线段,弧线的端点穿过直线段的端点,每个弧线弯曲的方向依赖于相邻圆弧的方向,因此产生了平滑曲线的效果。

● 【样条曲线】——此选项用于把一条直线段转化为一条样条曲线。样条曲线就是只通过起点和终点,中间点无限接近的曲线。样条曲线比用【拟合】选项生成的曲线更平滑,也更容易控制。

● 【非曲线化】——此选项用于删除【拟合】选项和【样条曲线】选项产生的顶点,并使多段线恢复原有的直线段。

● 【线型生成】——此选项用于调整线型式样的显示。当用户键入 l 时,系统将提示如下:

输入多段线线型生成选项[开(ON)/关(OFF)]〈OFF〉:

其中 OFF 为此选项的默认值,表明每种线型图案都以每个定点为基点开始绘制;当选择 ON 时,绘制线型图案将不考虑顶点问题。

注意:此选项对有锥度的多段线不产生影响。

● 【反转】——此选项用于反转多段线顶点的顺序,也包括文字线型的对象的方向,从曲线外观上无法看出其变化。

● 【放弃】——此选项用于撤消 Pedit 最近一个指令,并没有退出 Pedit 命令,还可以继续执行 Pedit 其他选项。而 Exit 用于退出 Pedit 命令,不会影响已执行 Pedit 的任何一次操作。Exit 是 Pedit 命令的默认选项,只要直接按回车键,就可以回到命令提示状态下。

6.6　修订云线与区域覆盖

在 AutoCAD 2012 中,用户可以随时对有问题的部分进行标记,或者干脆删除掉,以便绘图人员能够很快知道需要修改的地方。修订云线和区域覆盖就是这样的功能。

6.6.1　修订云线

在检查或用红线圈阅图形时,可以使用修订云线功能亮显标记以提高工作效率,如图 6-52 所示。Revcloud 命令用于创建由连续圆弧组成的多段线以构成云线形对象。

图 6-52　云线

用户可以从头开始创建修订云线，也可以将闭合对象（如圆、椭圆、闭合多段线或闭合样条曲线）转换为修订云线。将闭合对象转换为修订云线时，如果 Delobj 系统变量设置为 1（默认值），原始对象将被删除。

用户可以为修订云线的弧长设置默认的最小值和最大值。绘制修订云线时，可以使用拾取点选择较短的弧线段来更改圆弧的大小；也可以通过调整拾取点来编辑修订云线的单个弧长和弦长。

Revcloud 用于存储上一次使用的圆弧长度作为多个 Dimscale 系统变量的值，这样就可以统一使用不同比例因子的图形。

注意：Revcloud 不支持透明以及实时平移和缩放。

1. 启动

● 单击【常用】选项卡，在【绘图】功能面板中单击【修订云线】按钮 。

● 在传统菜单栏中选择【绘图】→【修订云线】命令。

● 在命令行窗口输入 Revcloud，并按 Enter 键。

2. 操作方法

系统提示如下：

最小弧长:0.5000 最大弧长：0.5000 样式:普通

指定起点或 [弧长(A)/对象(O)/样式(S)] <对象>: (拖动以绘制云线，输入选项，或按 Enter 键)

沿云线路径引导十字光标...

各选项含义如下：

● 【弧长】——指定云线中弧线的长度。输入 A，系统提示如下：

指定最小弧长 <0.5000>:(指定最小弧长的值)

指定最大弧长 <0.5000>:(指定最大弧长的值)

沿云线路径引导十字光标...

云线完成

最大弧长不能大于最小弧长的 3 倍。

● 【对象】——指定要转换为云线的闭合对象。输入 O，系统提示如下：

选择对象:(选择要转换为云线的闭合对象)

反转方向[是(Y)/否(N)]:(输入 Y 以反转云线中的弧线方向，或按 Enter 键保留弧线的原样)

云线完成

● 【样式】——指定修订云线的样式。输入 S，系统提示如下：

选择圆弧样式 [普通(N)/手绘(C)] <默认/上一个>: (选择修订云线的样式，继续进行绘制)

6.6.2　区域覆盖

【区域覆盖】命令可以在现有对象上生成一个空白区域，用于添加注释或详细的蔽屏信息。

此区域由擦除边框进行绑定，可以打开此区域进行编辑，也可以关闭此区域进行打印，如图 6-53
所示。

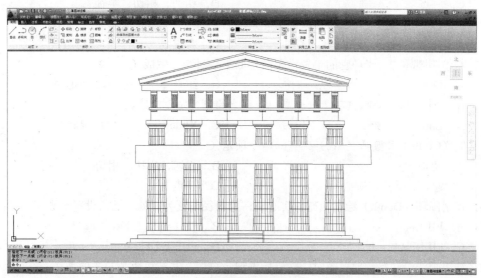

图 6-53 区域覆盖

1. 启动

● 单击【常用】选项卡，在【绘图】功能面板中单击【区域覆盖】按钮。

● 在传统菜单栏中选择【绘图】→【区域覆盖】命令。

● 在命令行窗口输入 Wipeout，并按 Enter 键。

2. 操作方法

系统提示如下：

指定第一点或 [边框(F)/多段线(P)] <多段线>:(指定点或输入选项)

各选项含义如下：

● 【指定第一点】——根据一系列点确定区域覆盖对象的封闭多边形边界。系统提示如下：

下一点:(指定下一点或按 Enter 键退出)

● 【边框】——确定是否显示所有区域覆盖对象的边。输入 F，系统提示如下：

开(ON)/关(OFF):(输入 ON 或 OFF)

输入 ON 将显示所有区域覆盖边框；输入 OFF 将禁止显示所有区域覆盖边框。

● 【多段线】——根据选定的多段线确定区域覆盖对象的多边形边界。输入 P，系统提示如下：

选择闭合多段线:(使用对象选择方式选择闭合的多段线)

是否要删除多段线？[是(Y)/否(N)] <否>:(输入 Y 或 N)

输入 Y 将删除用于创建区域覆盖对象的多段线；输入 N 将保留多段线。

如果使用多段线创建区域覆盖对象，则多段线必须闭合、只包括直线段且宽度为零。

一、选择题

1. 如果要通过依次指定与圆相切的 3 个对象来绘制圆形，应选择"绘制"功能面板"圆"菜单中的（　　）子命令。

    A．圆心、半径　　　　　　　　　　　B．相切、相切、相切

    C．三点　　　　　　　　　　　　　　　D．相切、相切、半径

2．既可以绘直线，又可以绘曲线的命令是（　　　）。

    A．样条曲线　　　　B．多线　　　　C．多段线　　　　D．构造线

3．在绘制圆环时，当环管的半径大于圆环的半径时，会生成（　　）。

    A．圆环　　　　　　B．球体　　　　C．纺垂体　　　　D．不能生成

4．在下列绘图工具中，（　　）工具可以用来绘制变宽度的线。

    A．Line　　　　　　B．Pline　　　　C．Xline　　　　D．Ray

5．圆（Circle）和圆弧（Arc）共有的命令项是（　　　）。

    A．两点　　　　　　　　　　　　　　B．相切、相切、相切

    C．起点、端点、圆心　　　　　　　　D．三点

6．使用圆环（Donut）绘制填充的实心圆，除内径设置为 0 外，还需设置参数（　　）。

    A．FILL=on　　　　　　　　　　　　B．FILL=off

    C．FILLERAD=0　　　　　　　　　　D．FILLERAD=1

7．徒手画线绘制行政地形图时，落笔后不记录草图，并结束命令的选项是（　　　）。

    A．按 Enter 键　　　B．退出　　　　C．结束　　　　D．删除

8．多段线是由多个直线段和圆弧相连而成的单一对象，为方便快捷地激活此命令，在命令行中应输入（　　　）。

    A．Mline　　　　　　B．Pline　　　　C．Xline　　　　D．Spline

9．画多段线时，输入 C 意味着（　　　）。

    A．绘制直线段切换到绘制弧线段并提示选项

    B．用直线段或圆弧封闭多段线

    C．删除刚绘制的一段多段线

    D．指定多段线宽度

10．在 AutoCAD 中，在执行某个命令期间插入执行另一命令，则后一命令称为透明命令，以下可作透明命令的是（　　　）。

    A．Polyline　　　B．Pan　　　C．Redraw　　　D．Zoom　　　E．Help

11．用 Rectangle 命令画成一个矩形，它包含（　　　）图元。

    A．一个　　　　　　B．两个　　　　C．不确定　　　　D．四个

12．使用多段线命令能创建（　　　）类型的对象。

    A．直线　　　　　　　　　　　　　　B．曲线

    C．有宽度的直线和曲线　　　　　　　D．以上皆是

二、填空题

1．矩形阵列的基本图形及起始对象放在左下角，以向_____、向_____为正方向。

2．画正多边形的命令是_____；延伸的命令是_____。

3．正多边形命令用来绘制边数在_____到_____之间的正多边形。

4．圆用点的等分操作时，输入 6，会出现_____个点；直线用点的等分操作时，输入 7，会出现_____个点。

三、操作题

1. 绘制如图 6-54 所示的轴承端盖平面图，设置两个图层，图层 1 颜色为红色，线型为 CENTER，线宽为 0.2mm；图层 2 颜色为蓝色，线型为 CONTINUOUS，线宽为 0.5mm。

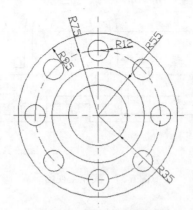

图 6-54 轴承端盖平面图

2. 绘制如图 6-55 所示的底板平面图，设置两个图层，图层 1 颜色为红色，线型为 CENTER，线宽为 0.2mm；图层 2 颜色为蓝色，线型为 CONTINUOUS。线宽为 0.5mm。

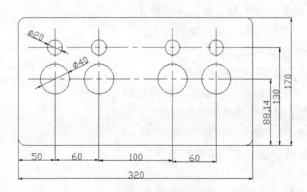

图 6-55 底板平面图

3. 设置端点、中点、圆点、切点、垂直点、交点捕捉模式，绘制如图 6-56 所示的轴承端盖平面图。

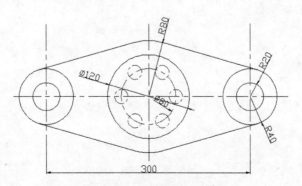

图 6-56 轴承端盖平面图

4．绘制如图 6-57 所示的底座主视图。

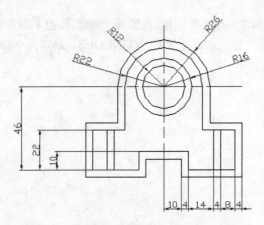

图 6-57　底座主视图

四、思考题

1．常用绘制圆与圆弧的方法有哪些？

2．绘制矩形与绘制正多边形的操作区别在哪里？

3．多线的对齐基础是什么？如何定义多线样式？

4．简述样条曲线的封闭绘制与夹点控制方式。

5．简述多段线的类型和分解方式。

6．AutoCAD 提供了哪些绘制椭圆的方法？

7．使用椭圆命令能否绘制圆？如果能，如何绘制？

8．AutoCAD 提供了哪些绘制椭圆弧的方法？

9．如何绘制具有厚度、宽度的矩形？

10．多边形的边数最少是多少，最多是多少？

11．多线有哪些对齐方式？

12．样条曲线的拟合点和控制点各有什么样的作用？

13．与直线相比，多段线有何特性？如何控制多段线的线宽？

第 7 章　对象修改

教学目标

　　一张图纸往往要经过反复的修改才能达到用户的要求，所以，掌握必要的图形编辑功能是必不可少的。

　　通过本章的学习，掌握镜像、偏移、阵列 3 种复制方式；掌握移动、旋转、对齐 3 种对象方位处理方法；掌握比例缩放、拉伸、拉长、延伸和修剪等对象变形处理方法；掌握打断和合并方法；掌握倒棱角和倒圆角方法；掌握图案填充方法。最后，学习通过功能面板来设置所需要的绘图工具环境。

本章要点

- 复制操作
- 对象方位处理
- 对象变形处理
- 对象打断与合并
- 对象倒角
- 剖视图与图案填充
- 面域造型
- 功能面板设置

　　除了前面已经讲解过的对象操作方法外，AutoCAD 2012 平面图形对象的基本编辑方法还包括复制、移动、旋转、剪切、延伸、缩放、拉伸、偏移、镜像、打断、阵列、对齐以及倒角、分解等。大部分编辑命令集中放置在【修改】下拉菜单中，另外也可以通过【修改】功能面板选择，分别如图 7-1 和图 7-2 所示。

7.1　复制操作

　　复制操作包括镜像、偏移和阵列等操作。

7.1.1　镜像复制

　　在绘图过程中常需要绘制对称图形，调用镜像命令可以帮助完成该操作。使用 Mirror 命令，可以围绕用两点定义的轴线镜像对象。在进行操作时，用户可以选择删除或保留原对象。镜像作用于与当前 UCS 的 XY 平面平行的任何平面。

　　1. 启动
- 单击【常用】选项卡，在【修改】功能面板中单击【镜像】按钮。

图 7-1 【修改】下拉菜单

图 7-2 【修改】功能面板

- 在传统菜单栏中选择【修改】→【镜像】命令。
- 在命令行窗口中输入 Mirror，并按 Enter 键。

2. 操作方法

例 7.1 绘制如图 7-3 所示的竖线，左图进行镜像操作，结果如右图所示。

命令：Mirror

选择对象：(选取欲镜像的对象)

选择对象：✓(也可继续选取)

指定镜像线的第一点：(选择垂直镜像线上的一点)

指定镜像线的第二点：(选择垂直镜像线上的另外一点)

要删除源对象吗？[是(Y)/否(N)] <N>:(若直接按 Enter 键，则镜像图形同时保留原对象；若输入 Y，则镜像的同时把原对象删除)

所指定的镜像线是图形对象被镜像的轴线，它可以是任意角度。

例 7.2 绘制如图 7-4 所示的竖线，对左图进行镜像操作，结果如右图所示。操作与例 7.1 完全相同。

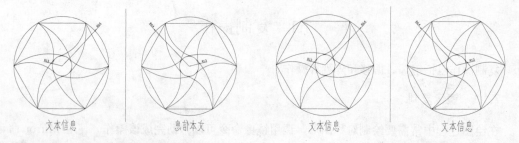

图 7-3 Mirrtext=1 时的镜像结果   图 7-4 Mirrtext=0 时的镜像结果

注意：图 7-3 和图 7-4 二者的区别，当系统变量 Mirrtext=1 时，文本完全镜像；当 Mirrtext=0 时，文本的书写格式仍然可读。

7.1.2 偏移复制

用 Offset 命令可以建立一个与原实体相似的另一个实体，同时偏移指定的距离。在 AutoCAD 2012 中，可以偏移的对象包括直线、圆弧、圆、二维多段线、椭圆、椭圆弧、参照线、射线和平面样条曲线。

1. 启动

● 单击【常用】选项卡，在【修改】功能面板中单击【偏移】按钮⚏。

● 在传统菜单栏中选择【修改】→【偏移】命令。

● 在命令行窗口输入 Offset，并按 Enter 键。

2. 操作方法

（1）以数值为偏移距离进行偏离。

命令行：Offset

指定偏移距离或 [通过(T)/删除(E)/图层(L)] <通过>:

选择要偏移的对象，或 [退出(E)/放弃(U)] <退出>:(选取要偏移的物体)

指定通过点或 [退出(E)/多个(M)/放弃(U)] <退出>:(相对于源对象，指定要偏移的方向)

选择要偏移的对象，或 [退出(E)/放弃(U)] <退出>:(也可继续选取)

如果输入 M，选择【多个】选项，则可以进行多次重复选择。

（2）若输入 T，则表示物体要通过一个定点进行偏移。

例 7.3 绘制如图 7-5 所示的图形，左图为原图。

命令:Offset

当前设置: 删除源=否　图层=源　Offsetgaptype=0

指定偏移距离或 [通过(T)/删除(E)/图层(L)] <26.0000>: T

选择要偏移的对象，或 [退出(E)/放弃(U)] <退出>:(选择直线段)

指定通过点或 [退出(E)/多个(M)/放弃(U)] <退出>:(选择点 2)

选择要偏移的对象，或 [退出(E)/放弃(U)] <退出>:↙

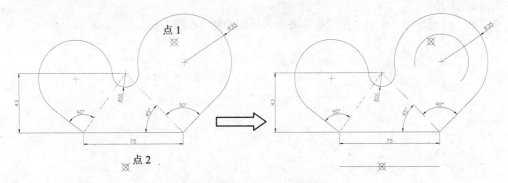

图 7-5　Offset 命令应用

（3）若输入 E，则表示偏移源对象后将其删除。

例 7.4 绘制如图 7-5 所示的图形，左图为原图。

命令:Offset

当前设置: 删除源=是　图层=源　Offsetgaptype=0

指定偏移距离或 [通过(T)/删除(E)/图层(L)] <26.0000>: E

要在偏移后删除源对象吗? [是(Y)/否(N)] <是>: N

指定偏移距离或 [通过(T)/删除(E)/图层(L)] <26.0000>:15

选择要偏移的对象，或 [退出(E)/放弃(U)] <退出>:(选择圆弧)

指定要偏移的那一侧上的点，或 [退出(E)/多个(M)/放弃(U)] <退出>:(选择圆弧内部点 1)

选择要偏移的对象，或 [退出(E)/放弃(U)] <退出>：↙

（4）若输入 L，则确定将偏移对象创建在当前图层上还是源对象所在的图层上。此时 AutoCAD 2012 会有如下提示：

输入偏移对象的图层选项 [当前(C)/源(S)] <当前>：（输入选项）

从中选择即可。

3．说明

（1）执行偏移命令，只能用拾取框选取实体。

（2）如果用给定距离的方式生成等距偏移对象，对于多段线其距离按中心线计算。

（3）对不同图形执行偏移命令，会有不同结果。

1）对圆弧执行偏移命令时，新圆弧的长度要发生变化，但新旧圆弧的中心角相同。

2）对直线、构造线、射线执行偏移命令时，实际是绘制它们的平行线。

3）对圆或椭圆执行偏移命令时，圆心不变，但圆半径或椭圆的长、短轴会发生变化。

4）对样条曲线执行偏移命令时，其长度和起始点要调整，从而使新样条曲线的各个端点在源样条曲线相应端点的法线处。

7.1.3　阵列复制

在一张图形中，当需要利用一个实体组成含有多个相同实体的矩形方阵或环形方阵时，Array 命令是非常有效的。对于环形阵列，用户可以控制复制对象的数目；对于矩形阵列，用户可以控制行和列的数目、它们之间的距离和是否旋转对象。

1．启动

● 单击【常用】选项卡，在【修改】功能面板中单击【阵列】按钮▦。

● 在传统菜单栏中选择【修改】→【阵列】命令。

● 在命令行窗口输入 Array，并按 Enter 键。

2．操作方法

例 7.5　绘制如图 7-6（a）所示矩形阵列，原图为图 7-5 的左图。

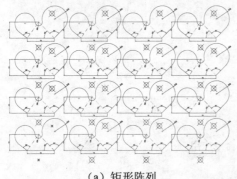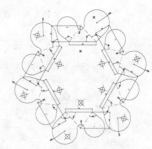

（a）矩形阵列　　　　　　　　　（b）环形阵列

图 7-6　阵列效果

操作步骤如下：

命令：ARRAY

选择对象：（选择要复制的对象）

选择对象：（回车，确认）

输入阵列类型 [矩形(R)/路径(PA)/极轴(PO)] <矩形>:r（选择矩形阵列方式）

类型 = 矩形　关联 = 是

为项目数指定对角点或 [基点(B)/角度(A)/计数(C)] <计数>：b

指定基点或 [关键点(K)] <质心>：(选择图形参照的基点)

为项目数指定对角点或 [基点(B)/角度(A)/计数(C)] <计数>：c（选择输入具体行列数方式）

输入行数或 [表达式(E)] <4>：(回车，确定为 4 行)

输入列数或 [表达式(E)] <4>：(回车，确定为 4 列)

指定对角点以间隔项目或 [间距(S)] <间距>：(输入对角点)

指定行之间的距离或 [表达式(E)] <207.7992>：(回车或输入新行距值)

指定列之间的距离或 [表达式(E)] <1184.2615>：(回车或输入新列距值)

按 Enter 键接受或 [关联(AS)/基点(B)/行(R)/列(C)/层(L)/退出(X)] <退出>：(回车结束)

若行间距为正，则由原图向上复制生成阵列，反之向下复制生成阵列。若列间距为正，则由原图向右复制生成阵列，反之向左复制生成阵列。

在"为项目数指定对角点或 [基点(B)/角度(A)/计数(C)] <计数>:"中如果选择"角度"方式，则可以输入阵列对象的旋转角度，通常角度为 0，如图 7-6（a）所示。图形旋转 30°的效果如图 7-7 所示。

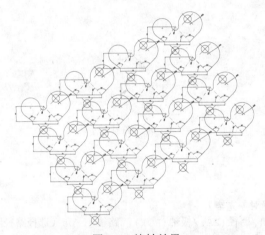

图 7-7 旋转效果

例 7.6 绘制如图 7-6（b）所示环形阵列，原图为图 7-5 的左上图。

选中【常用】选项卡【修改】功能面板中的 环形阵列 按钮，命令提示如下：

命令：_arraypolar

选择对象：(选择阵列对象)

选择对象：(回车确认)

类型 = 极轴 关联 = 是

指定阵列的中心点或 [基点(B)/旋转轴(A)]：(选择阵列中心点)

输入项目数或 [项目间角度(A)/表达式(E)] <4>：6（输入给定范围内均分的阵列对象个数）

指定填充角度(+=逆时针、-=顺时针)或 [表达式(EX)] <360>：(输入具体需要均分的角度，即给定范围)

按 Enter 键接受或 [关联(AS)/基点(B)/项目(I)/项目间角度(A)/填充角度(F)/行(ROW)/层(L)/旋转项目(ROT)/退出(X)]<退出>：(回车，确定)

● 【填充角度】——在文本框中通过定义阵列中第一个和最后一个元素的基点之间的包含角来设置阵列大小。逆时针旋转为正，顺时针旋转为负。默认值为 360，不允许为 0。

● 【项目间角度】——在文本框中设置阵列对象的基点之间的包含角和阵列的中心。只能是正值，默认方向值为 90。

按照方法类型输入不同参数即可。

● 【旋转项目】——输入 ROT，出现询问是否旋转阵列项目时输入 N，则对象将相对中心点不旋转。例如，将图 7-8 中的矩形及其内部对象进行环形阵列，观察其旋转结果和不旋转结果。用户可以直接在预览区观察到，如图 7-8 所示。

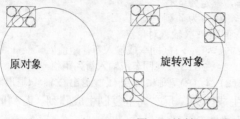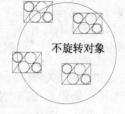

图 7-8 旋转环形阵列

例 7.7 绘制如图 7-9 所示的路径阵列。

图 7-9 路径阵列

操作步骤如下：

命令：ARRAY
选择对象：（选择矩形）
选择对象：（回车，选择对象完毕）
输入阵列类型 [矩形(R)/路径(PA)/极轴(PO)] <路径>：pa（选择路径阵列方式）
类型 = 路径 关联 = 是
选择路径曲线：（选择样条曲线）
输入沿路径的项数或 [方向(O)/表达式(E)] <方向>：30（确定阵列个数）
指定沿路径的项目之间的距离或 [定数等分(D)/总距离(T)/表达式(E)] <沿路径平均定数等分(D)>：（回车，采用路径均分方式）
按 Enter 键接受或 [关联(AS)/基点(B)/项目(I)/行(R)/层(L)/对齐项目(A)/Z 方向(Z)/退出(X)] <退出>：（回车接受）

也可以按照输入起点和端点之间的总距离方式来确定阵列长度。另外，可以通过表达式方式来决定阵列对象的排列规律。

7.2 对象方位处理

7.2.1 移动对象

为了调整图纸上各实体的相对位置和绝对位置，常常需要移动图形或文本实体的位置。使用 Move 命令，可以不改变对象的方向和大小就将其由原位置移动到新位置。

1. 启动

● 单击【常用】选项卡，在【修改】功能面板单击【移动】按钮 ✛。
● 在传统菜单栏中选择【修改】→【移动】命令。

● 在命令行窗口输入 Move，并按 Enter 键。

2．操作方法

启动该命令，AutoCAD 2012 将有如下提示：

选择对象：(选取要移动的实体)

选择对象：(可以继续选取要移动的实体或回车)

指定基点或 [位移(D)/多个(M)] <位移>：

各选项含义如下：

● 【指定基点】——选取一点为基点，即位移的基点。此时 AutoCAD 将继续提示如下：

指定第二个点或 <使用第一个点作为位移>：(选取另外一点)

则 AutoCAD 将所选对象沿当前位置按照给定两点确定的位移矢量移动。

● 【位移】——直接输入目标参照点相对于当前参照点的位移，此时 AutoCAD 将提示如下：

指定位移 <1.0000, 1.0000, 1.0000>：(输入三个坐标的位移值)

指定第二个点或 [退出(E)/放弃(U)] <退出>：

则 AutoCAD 将所选的对象从当前位置按所输入位移矢量移动。图 7-10 为将矩形对象水平移动的前后比较。

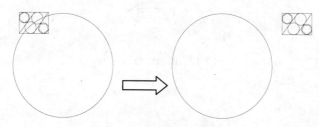

图 7-10　所选实体移到新点

● 【多个】——可以连续进行多个相对目标参照点的移动，此时 AutoCAD 将提示如下：

指定第二个点或 <使用第一个点作为位移>：(选取另外一点)

指定第二个点或 [退出(E)/放弃(U)] <退出>：

7.2.2　旋转对象

使用 Rotate 命令，用户可将图形对象绕某一基准点旋转，改变图形对象的方向。。

1．启动

● 单击【常用】选项卡，在【修改】功能面板单击【旋转】按钮 。

● 在传统菜单栏中选择【修改】→【旋转】命令。

● 在命令行窗口输入 Rotate，并按 Enter 键。

2．操作方法

（1）将所选实体绕旋转基点，按指定的角度值进行旋转。

例 7.7　如图 7-11 所示，对矩形进行旋转 60° 操作，基点为大圆圆心。

命令: _Rotate

UCS 当前的正角方向: Angdir=逆时针　Angbase=0

选择对象: (选择矩形及内部对象)

选择对象：✓

指定基点：(拾取大圆圆心)

指定旋转角度，或 [复制(C)/参照(R)] <0>: 60

（2）将所选对象以参照方式进行旋转。

例 7.8　如图 7-12 所示，对矩形进行旋转参照操作，基点为圆心点，设置第一角度为点 1 和点 2（矩形中心点）连线，为 0°，第二角度为点 1 和点 3 连线。

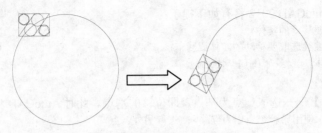

图 7-11 按指定角度旋转

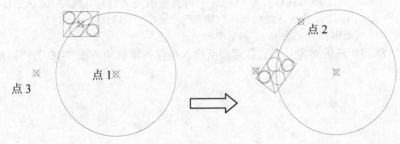

图 7-12 Rotate 命令应用

命令：_Rotate
选择对象：(选择多边形)
选择对象：↙
指定基点：(拾取大圆圆心)
指定旋转角度，或 [复制(C)/参照(R)] <0>： R
指定参照角 <165>：(拾取点 1) (输入参考方向的角度值)
指定第二点：(拾取点 2)
指定新角度或 [点(P)] <0>：(拾取点 3)

执行该操作可避免进行较为烦琐的计算，实际旋转角度=新角度-参考角度。

（3）将所选对象以复制方式进行旋转，即源对象不动，只旋转复制的副本。

例 7.9 如图 7-13 所示，对矩形进行旋转复制操作，基点为圆形中心点，仍然旋转 60°。

命令：Rotate
选择对象：(选择多边形)
选择对象：↙
指定基点：(拾取大圆圆心)
指定旋转角度，或 [复制(C)/参照(R)] <0>： C
指定旋转角度，或 [复制(C)/参照(R)] <0>： 60

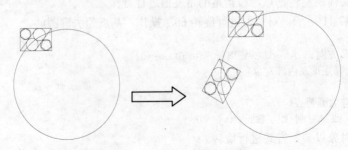

图 7-13 按指定角度旋转复制

7.2.3　对齐对象

Align 命令是 Move 命令与 Rotate 命令的组合。使用它，用户可以通过将对象移动、旋转和按比例缩放，使其与其他对象对齐。

1. 启动

● 单击【常用】选项卡，在【修改】功能面板中单击【对齐】按钮 ■。

● 在命令行窗口输入 Align，并按 Enter 键。

2. 操作方法

例 7.10　绘制如图 7-14 所示图形。

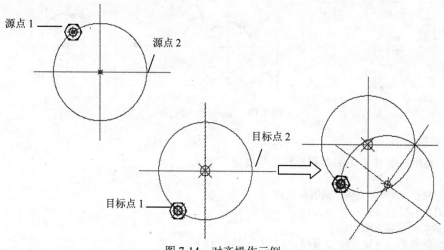

图 7-14　对齐操作示例

命令：Align
选择对象：(选择左上方整个图形)
选择对象：✓
指定第一个源点：(拾取源点 1)
指定第一个目标点：(拾取目标点 1)
指定第二个源点：(拾取源点 2)
指定第二个目标点：(拾取目标点 2)
指定第三个源点或 <继续>：✓
是否基于对齐点缩放对象？[是(Y)/否(N)] <否>：N✓

7.3　对象变形处理

7.3.1　比例缩放

Scale 命令是一个非常有用的节省时间命令，它可按照用户需要将图形任意放大或缩小，而不需重画，但不能改变它的宽高比。

1. 启动

● 单击【常用】选项卡，在【修改】功能面板单击【缩放】按钮 ■。

● 在传统菜单栏中选择【修改】→【缩放】命令。

● 在命令行窗口输入 Scale，并按 Enter 键。

2. 操作方式

例 7.11 对图 7-15 所示图形的上图进行缩放。

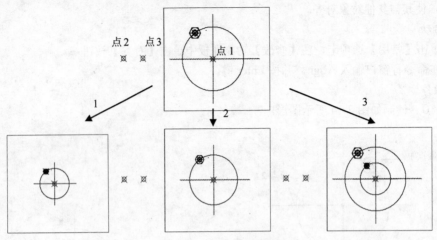

图 7-15 Scale 命令应用

操作步骤如下：

（1）将所选实体按比例系数相对于基点进行缩放。

命令：Scale
选择对象：(选择矩形内部所有图元)
选择对象：✓
指定基点：(拾取大圆心)
指定比例因子或 [复制(C)/参照(R)] <1.0000>: 0.5

比例因子在 0 与 1 之间，则物体缩小；比例因子大于 1，则物体放大。

（2）将所选实体按参照方式缩放。

命令：Scale
选择对象：(选择矩形内部所有图元)
选择对象：✓
指定基点：(拾取大圆心)
指定比例因子或 [复制(C)/参照(R)] <1.0000>: R
指定参照长度 <1.0000>:(拾取点 1)
指定第二点：(拾取点 2，点 1 和点 2 距离为参照长度)
指定新的长度或 [点(P)] <1.0000>:(拾取点 3)

（3）将所选对象以复制方式进行缩放，即源对象不动，只缩放复制的副本。

命令：Scale
选择对象：(选择矩形内部所有图元)
选择对象：✓
指定基点：(拾取大圆心)
指定比例因子或 [复制(C)/参照(R)] <1.0000>: C
缩放一组选定对象。
指定比例因子或 [复制(C)/参照(R)] <1.0000>: 0.5

7.3.2 拉伸对象

使用 Stretch 命令可以在一个方向上按用户指定的尺寸拉伸图形。但是，首先要为拉伸操作指定一个基点，然后指定两个位移点。

1．启动

● 单击【常用】选项卡，在【修改】功能面板单击【拉伸】按钮 🔲。

● 在传统菜单栏中选择【修改】→【拉伸】命令。

● 在命令行窗口输入 Stretch，并按 Enter 键。

2．操作方法

（1）使用基点到第二点拉伸矢量距离移动所选择对象。

例 7.12　绘制如图 7-16 所示图形。

命令：_Stretch
以交叉窗口或交叉多边形选择要拉伸的对象...
选择对象：(交叉选择右上角两条边)
选择对象：✓
指定基点或 [位移(D)] <位移>：(拾取一点)
指定第二个点或 <使用第一个点作为位移>：(向右上角拾取一点)

如果在此提示下按 Enter 键，则系统将把第一点当作 X、Y 位移值。

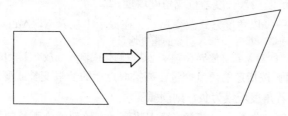

图 7-16　Stretch 命令应用

（2）按输入位移方式移动对象。

命令：_Stretch
以交叉窗口或交叉多边形选择要拉伸的对象...
选择对象：(交叉选择右上角两条边)
选择对象：✓
指定基点或 [位移(D)] <位移>：D
指定位移 <0.0000, 0.0000, 0.0000>：(输入 X、Y、Z 轴位移值)

系统将按照所输入的值拉伸。

3．说明

在选取对象时，对于由 Line、Arc、Trace、Solid、Pline 等命令绘制的直线段或圆弧段，若其整个对象均在窗口内，则执行结果是对其移动。若一端在选取窗口内，另一端在外，则有以下拉伸规则：

（1）直线、区域填充。窗口外端点不动，窗口内端点移动。

（2）圆弧。窗口外端点不动，窗口内端点移动，并且在圆弧的改变过程中，圆弧的弦高保持不变，由此来调整圆心位置。

（3）轨迹线、区域填充。窗口外端点不动，窗口内端点移动。

（4）多段线。与直线或圆弧相似，但多段线的两端宽度、切线方向以及曲线拟合信息都不变。

（5）对于圆、形、块、文本和属性定义，如果其定义点位于选取窗口内，对象则移动；否则不动。圆的定义点为圆心，形和块的定义点为插入点，文本和属性定义的定义点为字符串的基线左端点。

7.3.3　拉长对象

使用拉长命令 Lengthen 可延伸或缩短非闭合的直线、圆弧、非闭合多段线、椭圆弧和非闭合样条曲线的长度，也可以改变圆弧的角度。

1. 启动

- 单击【常用】选项卡，在【修改】功能面板单击【拉长】按钮。
- 在传统菜单栏中选择【修改】→【拉长】命令。
- 在命令行窗口输入 Lengthen，并按 Enter 键。

2. 操作方法

启动该命令，AutoCAD 2012 将有如下提示：

选择对象或 [增量(DE)/百分数(P)/全部(T)/动态(DY)]：

各选项含义如下：

- 【对象】——默认项，在此提示下选择要查看的对象。每选择一个对象，AutoCAD 2012 便会提示所选择对象的长度，若是圆弧还会显示中心角。观察完后按 Enter 键结束操作。

- 【增量】——在提示下输入 DE，进入增量操作模式。AutoCAD 2012 提示如下：

输入长度增量或 [角度(A)] <当前值>：

在此提示下，用户可以输入长度增量或角度增量。

  - 【角度】——以角度方式改变弧长。在提示中输入 A，AutoCAD 将有如下提示：

    输入角度增量 <0>：(输入圆弧的角度增量)
    选择要修改的对象或 [放弃(U)]：(选取圆弧或输入 U 放弃上次操作)

    此时，圆弧按指定的角度增量在离拾取点近的一端变长或变短。若角度增量为正，则圆弧变长；若角度增量为负，则圆弧变短。

  - 【输入长度增量】——若直接输入数值，则该数值为弧长的增量。同时，AutoCAD 2012 会有如下提示：

    输入长度增量或 [角度(A)] <0.0000>：(选取圆弧或输入 U 放弃上次操作)

    此时，所选圆弧按指定弧长增量在离拾取点近的一端变长或变短。如果长度增量为正，则圆弧变长；如果长度增量为负，则圆弧变短。该选项只对圆弧适用。

- 【百分数】——以总长百分比的形式改变圆弧角度或直线长度。输入 P，AutoCAD 2012 将有如下提示：

  输入长度百分数 <100.0000>：(输入百分比值)
  选择要修改的对象或 [放弃(U)]：(选取对象或输入 U 放弃上次操作)

  此时，所选圆弧或直线在离拾取点近的一端按指定比例值变长或变短。

- 【全部】——输入直线或圆弧的新绝对长度。输入 T，AutoCAD 将有如下提示：

指定总长度或 [角度(A)] <1.0000>：

  - 【角度】——确定圆弧的新角度，该选项只适用于圆弧。输入 A，AutoCAD 2012 将有如下提示：

    指定总角度 <57>：(输入角度)
    选择要修改的对象或 [放弃(U)]：(选取弧或输入 U 放弃上次操作)

    此时，所选圆弧在离拾取点近的一端按指定角度变长或变短。

  - 【指定总长度】——默认项，若直接输入数值，则该值为直线或圆弧的新长度。同时 AutoCAD 将有如下提示：

    选择要修改的对象或 [放弃(U)]：(选取对象或输入 U 放弃上次操作)

    此时，所选圆弧或直线在离拾取点近的一端按指定的长度变长或变短。

- 【动态】——通过动态拖动模式改变对象的长度。在提示下输入 DY，进入动态拖动操作模式。AutoCAD 2012 提示如下：

选择要修改的对象或 [放弃(U)]：(选取对象)

指定新端点:

在此提示下,AutoCAD 根据被拖动的端点的位置改变选定对象的长度。AutoCAD 2012 将端点移动到所需要的长度或角度,而另一端保持固定。

3. 说明

(1)多段线只能被缩短,不能被加长。

(2)直线由长度控制加长或缩短,圆弧由圆心角控制。

7.3.4 延伸对象

使用 Extend 命令可以拉长或延伸直线或弧,使它与其他对象相接,也可以使它精确地延伸至由其他对象定义的边界。

1. 启动

● 单击【常用】选项卡,在【修改】功能面板单击【延伸】按钮 。

● 在传统菜单栏中选择【修改】→【延伸】命令。

● 在命令行窗口输入 Extend,并按 Enter 键。

2. 操作方法

例 7.13 对如图 7-17 左图所示下方的对象进行延伸。

命令: Extend

当前设置:投影=UCS,边=无

选择边界的边...

选择对象或 <全部选择>: (选择水平线)

选择对象:✓

选择要延伸的对象,或按住 Shift 键选择要修剪的对象,或[栏选(F)/窗交(C)/投影(P)/边(E)/放弃(U)]:(选择下方对象)

选择要延伸的对象,或按住 Shift 键选择要修剪的对象,或[栏选(F)/窗交(C)/投影(P)/边(E)/放弃(U)]: ✓

注意:在图 7-17 中的圆弧没有延伸,是因为无法与边界相交。

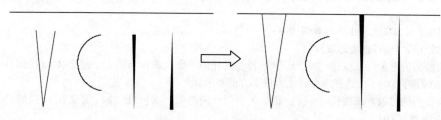

图 7-17 Extend 命令应用

选项中的前 3 项为选择对象方式,前面已经讲解过,在此不再赘述。

● 【投影】——确定延伸的空间。输入 P,执行该选项,AutoCAD 将有如下提示:

输入投影选项 [无(N)/UCS(U)/视图(V)] <UCS>:

◆ 【无】——按三维方式延伸,必须有能够相交的对象。

◆ 【UCS】——默认项,在当前 UCS 的 XY 面上延伸。此时可在 XY 平面上按投影关系延伸在三维空间中不能相交的对象。

◆ 【视图】——在当前视图上延伸。

◆ 【边】——确定延伸的方式。输入 E,执行该选项时,AutoCAD 将有如下提示:

输入隐含边延伸模式 [延伸(E)/不延伸(N)] <不延伸>:

◆ 【延伸】——如果延伸边延伸后不能与边相交，AutoCAD 2012 会假想将延伸边界延长，使延伸边伸长到与其相交的位置。

◆ 【不延伸】——默认项。按延伸边界与延伸边的实际位置进行延伸。

3. 说明

（1）在延伸命令的使用中，可被延伸的对象包括圆弧、椭圆圆弧、直线、开放的二维多段线和三维多段线以及射线，有效的边界对象包括二维多段线、三维多段线、圆弧、圆、椭圆、浮动视口、直线、射线、面域、样条曲线、文字和构造线。如果选择二维多段线作为边界对象，AutoCAD将忽略其宽度并将对象延伸到多段线的中心线处。

（2）选取延伸目标时，只能用点选方式，离最近拾取点一端被延伸。

（3）多段线中有宽度的直线段与圆弧，会按原倾斜度延伸，如延伸后其末端出现负值，该端宽度为零。不封闭的多段线才能延长，封闭的多段线则不能。宽多段线作边界时，其中心线为实际的边界线。

7.3.5 修剪对象

用户操作图形对象时，若要在由一个或多个对象定义的边上精确地剪切对象，逐个剪切很显然需要很多时间，而修剪命令 Trim 可以很容易地剪去对象上超过交点的部分。Trim 命令可看作Extend 命令的反命令。

1. 启动

● 单击【常用】选项卡，在【修改】功能面板单击【修剪】按钮。

● 在传统菜单栏中选择【修改】→【修剪】命令。

● 在命令行窗口输入 Trim，并按 Enter 键。

2. 操作方法

例 7.14 如图 7-18 所示，在其中分别选择在剪切边一侧的被剪切对象，观察前后效果。

启动修剪命令，AutoCAD 2012 将有如下提示：

当前设置：投影=UCS 边=无

选择剪切边 ...

选择对象：(选取水平线作为剪切边界)

选择对象：✓(也可继续选取)

选择要修剪的对象，或按住 Shift 键选择要延伸的对象，或[栏选(F)/窗交(C)/投影(P)/边(E)/删除(R)/放弃(U)]:(选择水平线上方或下方的对象)

选择要修剪的对象，或按住 Shift 键选择要延伸的对象，或[栏选(F)/窗交(C)/投影(P)/边(E)/删除(R)/放弃(U)]: ✓

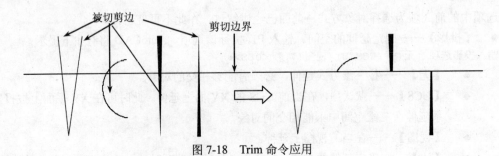

图 7-18 Trim 命令应用

其操作选项与延伸对象的操作选项含义一样，只不过换成了修剪操作而已。

3．说明

（1）指定被剪切对象的拾取点，决定对象被剪切部分。剪切边自身也可以作为被剪切边。

（2）使用修剪命令可以剪切尺寸标注线。

（3）带有宽度的多段线作被剪切边时，剪切交点按中心线计算，并保留宽度信息，剪切边界与多段线的中心线垂直。

7.4　对象打断与合并

对于建立的连续对象，可以将其打断成多段；对于不同的对象，则可以合并为一体。打断方式有两种，直接将拾取点之间的部分去掉，或者在拾取点处断开。

7.4.1　打断

使用 Break 命令可以把实体中某一部分在拾取点处打断，进而删除。可以打断的对象包括直线、圆、圆弧、多段线、椭圆、样条曲线、参照线和射线。

1．启动

- 单击【常用】选项卡，在【修改】功能面板单击【打断】按钮。
- 在传统菜单栏中选择【修改】→【打断】命令。
- 在命令行窗口输入 Break，并按 Enter 键。

2．操作方法

启动命令，则 AutoCAD 2012 会有如下提示：

选择对象：(选取对象)

指定第二个打断点 或 [第一点(F)]：

此时，可有以下 3 种方式输入：

（1）若直接点取对象上的一点，或在对象外面的一端方向处拾取一点，则将对象上所拾取的两点之间的部分删除。

对于圆或椭圆来说，将从第一点开始沿逆时针打断对象。

（2）若输入@，则将对象在选取点一分为二。

（3）若输入 F，AutoCAD 将有如下提示：

指定第一个打断点：(选取一点作为第一点)

指定第二个打断点：(选取第二个点)

7.4.2　打断于点

【打断于点】功能是【打断】功能的特殊情况，只需要选择一点，它将对象在选择点处直接打断。在【修改】功能面板中单击【打断于点】按钮即可启动。

7.4.3　合并

对于圆弧、椭圆弧、直线、多线段、样条曲线和螺旋对象，可以将其合并为一体，但是要合并的对象必须位于相同的平面上。

1．启动

- 单击【常用】选项卡，在【修改】功能面板单击【合并】按钮。
- 在传统菜单栏中选择【修改】→【合并】命令。
- 在命令行窗口输入 Join，并按 Enter 键。

2. 操作方法

启动合并命令后，系统提示如下：

命令：join
选择源对象或要一次合并的多个对象：（选择源对象）
选择要合并的对象：（可以多选，也可以回车后确认）
选择要合并到源的对象：（选择要合并到源对象上的对象）
选择要合并到源的对象：（继续选择或者确定后结束）

3. 说明

（1）直线对象必须共线（位于同一无限长的直线上），但是它们之间可以有间隙。

（2）源对象为多段线时，合并对象可以是直线、多段线或圆弧。对象之间不能有间隙，并且必须位于与 UCS 的 XY 平面平行的同一平面上。

（3）圆弧、椭圆弧对象必须位于同一假想的圆上，但是它们之间可以有间隙。

注意：合并两条或多条圆弧时，将从源对象开始按逆时针方向合并圆弧。

（4）样条曲线必须相接（端点对端点），结果对象是单个样条曲线。

7.5 对象倒角

对象倒角操作包括倒圆角和倒棱角（倒角）操作。多段线的倒角操作比较特殊，所以在此单独列出。

7.5.1 倒棱角

在绘制工程图纸时，使用 Chamfer 命令定义一个倾斜面可以避免出现尖锐的角。在 AutoCAD 2012 中，可以进行倒角操作的对象包括直线、多段线、参照线和射线。有关三维操作将在第 12 章中讲解。

1. 启动

● 单击【常用】选项卡，在【修改】功能面板单击【倒角】按钮 。

● 在传统菜单栏中选择【修改】→【倒角】命令。

● 在命令行窗口输入 Chamfer，并按 Enter 键。

2. 操作方法

启动命令，则 AutoCAD 将有如下提示：

（"修剪"模式）当前倒角距离 1 = 0.0000，距离 2 = 0.0000
选择第一条直线或 [放弃(U)/多段线(P)/距离(D)/角度(A)/修剪(T)/方式(E)/多个(M)]：

各选项含义如下：

● 【选择第一条直线】——默认项。若拾取一条直线，则直接执行该选项，同时 AutoCAD 会有如下提示：

选择第二条直线，或按住<Shift>键选择要应用角点的直线：

在此提示下，选取相邻的另一条线，AutoCAD 就会对这两条线进行倒角。并以第一条线的距离为第一个倒角距离，以第二条线的距离为第二个倒角距离。所谓倒角距离是每个对象与倒角线相接或与其他对象相交而进行修剪或延伸的长度。

● 【多段线】——表示对整条多段线倒角。输入 P，AutoCAD 2012 会有如下提示：

选择二维多段线：(选取多段线)

相交多段线线段在每个多段线顶点被倒角。倒角成为多段线的新线段。如果多段线包含的线段过短以至于无法容纳倒角距离，则不对这些线段倒角。

- 【距离】——确定倒角时的倒角距离。输入 D，AutoCAD 2012 将有如下提示：

指定第一个倒角距离 <10.0000>：(输入第一条边的倒角距离值)
指定第二个倒角距离 <3.0000>： (输入第二条边的倒角距离值)

此时，退出该命令的执行。若要继续进行倒角操作，需再次执行倒角命令。

- 【角度】——根据一个倒角距离和一个角度进行倒角。输入 A，AutoCAD 2012 会有如下提示：

指定第一条直线的倒角长度 <20.0000>：(确定第一条边的倒角距离)
指定第一条直线的倒角角度 <0>：(输入一个角度)

此时，结束该命令的执行，需要倒角时再次执行【倒角】命令。

- 【修剪】——确定倒角时是否对相应的倒角进行修剪。输入 T，AutoCAD 2012 会有如下提示：

输入修剪模式选项 [修剪(T)/不修剪(N)] <修剪>：

  ◆ 【修剪】——倒角后对倒角边进行修剪。
  ◆ 【不修剪】——倒角后对倒角边不进行修剪。

- 【方式】——确定倒角方式。输入 E，执行该选项，AutoCAD 2012 会有如下提示：

输入修剪方法 [距离(D)/角度(A)] <角度>：

  ◆ 【距离】——按已确定的两条边的倒角距离进行倒角。
  ◆ 【角度】——按已确定的一条边的距离以及相应角度的方式进行倒角。

注意：如果将倒棱角的距离设置成零，则所选两直线段相交。

- 【多个】——给多个对象集加倒角。AutoCAD 将重复显示主提示和【选择第二个对象】提示，直到按 Enter 键结束命令。当放弃该操作时，所有用【多个】选项创建的倒角将被删除。

如果倒棱角的两个对象具有相同的图层、线型和颜色，则棱角对象也与其相同；否则棱角对象采用当前图层、线型和颜色。

Chamfer 命令的应用情况如图 7-19 所示。

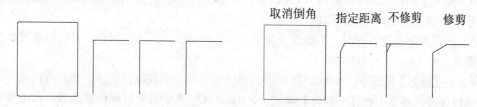

图 7-19 Chamfer 命令应用

7.5.2 倒圆角

使用 AutoCAD 提供的 Fillet 命令，即可用光滑的弧把两个实体连接起来。该功能的对象主要包括直线、圆弧、椭圆弧、多段线、射线、构造线或样条曲线。另外，相比以前版本，现在可以进行多次连续倒圆角。

1. 启动

- 单击【常用】选项卡，在【修改】功能面板单击【圆角】按钮◻。
- 在传统菜单栏中选择【修改】→【圆角】命令。
- 在命令行窗口输入 Fillet，并按 Enter 键。

2．操作方法

启动该命令，则 AutoCAD 将有如下提示：

当前设置：模式 = 修剪，半径 = 0.0000

选择第一个对象或 [放弃(U)/多段线(P)/半径(R)/修剪(T)/多个(M)]：

各选项的含义如下：

● 【多段线】——对二维多段线倒圆角。输入 P，AutoCAD 2012 会有如下提示：

选择二维多段线：(选取多段线)

则按指定的圆角半径在该多段线各个顶点处倒圆角。对于封闭多段线，若是用 C 闭合选项封闭的，则各个转折处均倒圆角；若是用目标捕捉封闭的，则最后一个转折处将不倒圆角。

● 【半径】——确定要倒圆角的圆角半径。输入 R，AutoCAD 2012 将有如下提示：

指定圆角半径 <10.0000>：(输入倒圆角的圆角半径值)

此时，结束该命令的执行。若要进行倒圆角的操作，则需再次执行 Fillet 命令。

● 【修剪】——确定倒圆角的方法。输入 T，AutoCAD 2012 会有如下提示：

输入修剪模式选项 [修剪(T)/不修剪(N)] <修剪>：

◆ 【修剪】——表示在倒圆角的同时对相应的两条边进行修剪。

◆ 【不修剪】——表示在倒圆角的同时对相应的两条边不进行修剪。

● 【选择第一个对象】——默认项。直接拾取线，则 AutoCAD 2012 会有如下提示：

选择第二个对象：

在此提示下选取相邻的另外一条线，就会按指定的圆角半径对其倒圆角。

● 【多个】——给多个对象集加圆角。AutoCAD 将重复显示主提示和"选择第二个对象"提示，直到按 Enter 键结束命令。当放弃时，所有用该选项创建的圆角都将被删除。

3．说明

（1）如果倒圆角的半径太大，则不能进行倒圆角。

（2）对两条平行线倒圆角时，AutoCAD 自动将倒圆角半径定为两条平行线间距的一半。

（3）如果指定半径为零，则不产生圆角，只是将两个对象延长相交。

（4）如果倒圆角的两个对象具有相同的图层、线型和颜色，则圆角对象也与其相同；否则，圆角对象采用当前图层、线型和颜色。

（5）图形界限检查打开时，不能给在图形界限之外相交的线段加圆角，只能给多段线的直线线段加圆角。

（6）在【修剪】模式下，AutoCAD 在倒圆角时会将多余的线段修剪掉，并且两对象不相交时将其延伸以便使其相交；在【不修剪】模式下，AutoCAD 在倒圆角时保留原线段，即不修剪也不延伸。

Fillet 命令的操作情况如图 7-20 所示。

图 7-20　Fillet 命令应用

7.5.3　多段线倒角

多段线是有宽度的直线和圆弧的结合体，因此它也有基本几何图形的特性，编辑多段线可以使用图形编辑中的许多命令，如镜像、复制、移动、偏移、阵列等。在编辑过程中，只需要选取其中一段，而不用像编辑基本几何图形组成的实体一样选取其中的每一段，因此更加方便。其他方面两者没有太大区别，最有特点的就是【圆角】和【倒角】操作。

1．绘制多段线的圆角

和绘制直线圆角一样，绘制多段线圆角也使用 Fillet 命令。由于多段线有宽度，相邻的两条多段线可能完全不同，当然不可能像直线圆角一样，作两条不同的多段线的圆角。在一条多段线组成的闭合多边形中，可以有两种方法绘制圆角。一种是作闭合多边形的一个圆角，另一种是对闭合多边形的所有边作圆角。

例 7.15　绘制如图 7-21（a）所示闭合多边形的一个圆角。

命令：Fillet
当前设置：模式 = 修剪，半径 = 0.0000
选择第一个对象或 [放弃(U)/多段线(P)/半径(R)/修剪(T)/多个(M)]:(选取对象 1，封闭多段线全部亮显)
选择第二个对象：(选取对象 2)
结果得到如图 7-21（b）所示的结果。

例 7.16　对如图 7-21（a）所示多边形作倒圆。

命令：Fillet
当前设置：模式 = 修剪，半径 = 0.0000
选择第一个对象或 [放弃(U)/多段线(P)/半径(R)/修剪(T)/多个(M)]:P✓
选择二维多段线:(选取图 7-21(a)所示封闭多边形。)
5 条直线已被圆角
结果得到如图 7-21（c）所示结果。

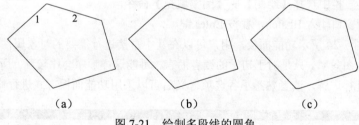

（a）　　　　　　　　　　（b）　　　　　　　　　　（c）

图 7-21　绘制多段线的圆角

2．绘制多段线的倒角

在用 Chamfer 绘制多段线倒角时，也存在与使用 Fillet 同样的问题，相邻两条多段线可能完全不同，因此也有两种方法，即作闭合多边形的一个倒角和对闭合多边形的所有边倒角。

7.6　剖视图与图案填充

当机件的内部结构比较复杂时，视图上会出现较多虚线，这样既不便于看图，也不便于标注尺寸。为了解决这个问题，常采用剖视图来表示机件的内部结构。绘制剖视图的方法往往采用图案填充工具。

7.6.1　剖视图的形成与画法

假想用剖切平面剖开机件，将处在观察者和剖切平面之间的部分移去，将其余部分向投影面投影，所得到的投影图称为剖视图，如图 7-22 所示。采用剖视后，机件上原来一些看不见的内部形状和结构变为可见，并用粗实线表示，这样便于看图和标注尺寸。

剖视图是假想将机件剖切后画出的图形，如图 7-23 所示就是图 7-22 剖分后的剖视图。

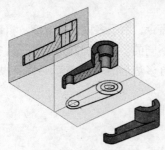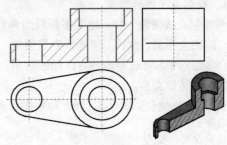

图 7-22　剖视图原理　　　　　　　　　　图 7-23　剖视图画法

7.6.2　图案填充

图案填充是指把选定的某种图案填充在指定的范围内。在手工绘图中，填充图案是一项繁重而单调的工作，同一个图案往往要不断重复操作，占用许多时间。AutoCAD 2012 为设计者提供了极大的方便，不但拥有许多种填充图案供选择，而且允许用户根据自己的需要定义填充图案，满足各种要求。

1．边界图案填充

启动方法有如下几种：

● 单击【常用】选项卡，在【绘图】功能面板单击【图案填充】按钮 。

● 在传统菜单栏中选择【绘图】→【图案填充】命令。

● 在命令行窗口输入 Bhatch，并按 Enter 键。

系统显示如图 7-24 所示功能面板，用户可以在其中直接进行需要的对象属性设置，这样可以大大提高用户的绘图效率。只是对于初学的读者而言，可能这样顺序会比较乱。所以，还是主要以对话框操作方式进行讲解，读者熟悉了各选项含义后可以采用功能面板方式进行修改。

图 7-24　【图案填充创建】功能面板

系统提示如下：

拾取内部点或 [选择对象(S)/设置(T)]：（在要填充的对象内部单击）

拾取内部点或 [选择对象(S)/设置(T)]：

输入 T，AutoCAD 2012 弹出【图案填充和渐变色】对话框。如图 7-25 所示是该对话框中的【图案填充】选项卡。在功能面板中单击【选项】功能面板的右下箭头 ，也可以打开该对话框。

（1）图案填充。【图案填充】选项卡中的参数含义如下：

● 【类型】——在下拉列表框中选择图案类型。有 3 个选项可供选择：

◆ 【预定义】——用 AutoCAD 的标准填充图案文件（ACAD.PAT）中的图案进行填充。

◆ 【用户定义】——使用自定义图案进行填充。

◆ 【自定义】——选用 ACAD.PAT 图案文件或其他图案中的图案文件进行填充。

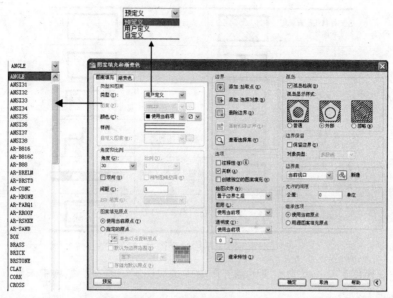

图 7-25 　【图案填充】选项卡

● 　【颜色】——在下拉列表框中选择填充图案的颜色。

● 　【图案】——在下拉列表框中选择填充图案的样式。

单击【图案】右边的▭▭▭按钮，弹出如图 7-26 所示的【填充图案选项板】对话框，显示 AutoCAD 2012 中已有的填充样式。其中 4 个选项卡含义分别如下：

◆ 　【ANSI】——AutoCAD 带的全部 ANSI 填充图案。

◆ 　【ISO】——AutoCAD 带的全部 ISO 填充图案。

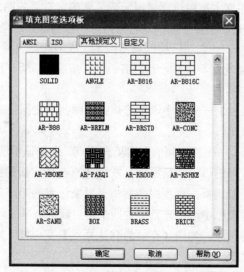

图 7-26 　【填充图案选项板】对话框

◆ 　【其他预定义】——除了 ANSI 和 ISO 外，AutoCAD 带的所有填充图案。

◆ 　【自定义】——在已经添加到 AutoCAD 搜索路径中的自定义文件（.pat）中定义的 所有填充图案。

在实际绘图中，必须按照国标来绘制各种剖切图案，如图 7-27 所示。

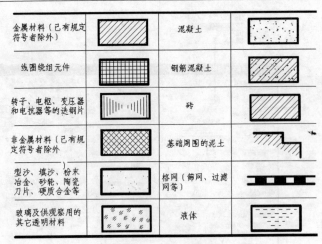

图 7-27　常用填充图案

- 【自定义图案】——从自定义的填充图案中选取图案。若在类型项中未选取自定义选项，则此选项无效。

- 【比例】——在下拉列表框中选择填充图案的比例值。每种图案的比例值都从 1 开始，用户可以根据需要放大或缩小。用户也可以直接输入所确定的比例值。

- 【角度】——在下拉列表框中选择确定图案填充时的旋转角度。每种图案的旋转角度都从 0 开始，用户可以根据需要在此直接输入任意值。

- 【相对图纸空间】——如果勾选该复选框，则所确定的图形比例是相对于图纸空间而言的。

- 【间距】——在文本框中设置指定线之间的距离。当在【类型】下拉列表框中选择【自定义】选项时，该选项才以高亮度显示，即可以在该文本框中输入相应的值。

- 【ISO 笔宽】——在文本框中设置根据所选笔宽确定有关的图案比例。用户只有在已选取了已定义的 ISO 填充图案后才能确定它的内容；否则，该选项以灰色显示。

- 【图案填充原点】——该选项区控制填充图案生成的起始位置。某些图案填充（例如砖块图案）需要与图案填充边界上的一点对齐。默认情况下，所有图案填充原点都对应于当前的 UCS 原点。

  - 【使用当前原点】——选中该单选按钮，图案填充原点为当前原点。默认情况下，原点设置为(0,0)。

  - 【指定的原点】——指定新的图案填充原点。选中该单选按钮，激活其下 3 个选项。其中，单击【单击以设置新原点】按钮 直接指定新的图案填充原点。勾选【默认为边界范围】复选框，则根据图案填充对象边界的矩形范围计算新原点。可以在其下面的下拉列表框中选择该范围的四个角点或中心共 5 个选项，并可在预览框中显示原点的当前位置。勾选【存储为默认原点】复选框，则将新图案填充原点的值存储在 HPORIGIN 系统变量中。

- 【边界】——在该选项区包含以下 5 个按钮。

  - 【添加：拾取点】——以拾取点的形式自动确定填充区域的边界。单击该按钮 时，AutoCAD 2012 自动切换到绘图窗口，同时提示"选择内部点："。在希望填充的区域内任意拾取一点，如图 7-28（a）所示，AutoCAD 2012 自动确定包围该点的填充边界，且以高亮度显示，如图 7-28（b）所示。结果如图 7-28（c）所示。

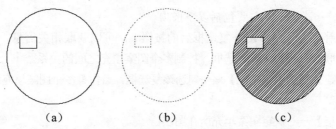

图 7-28　利用拾取点选项进行填充

◆　【添加：选择对象】——以选取对象的方式确定填充区域的边界。单击该按钮 时，
　　AutoCAD 会自动切换到绘图窗口，并有如下提示：
　　选择对象：
　　用户可根据需要选取构成区域边界的对象。如图 7-29 所示，图（b）是在选择后高
亮显示的图案填充边界，图（c）是执行图案填充的结果。

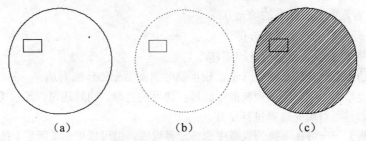

图 7-29　利用选取对象的方式进行填充

◆　【删除边界】——假如在一个边界包围的区域内又定义了另一个边界，则若不选取
　　该项，则可以实现对两个边界之间的填充，即形成所谓的非填充"孤岛"。若单击
　　该按钮 ，AutoCAD 2012 会自动切换到绘图窗口，同时给出如下提示：
　　拾取内部点或 [选择对象(S)/删除边界(B)]:B
　　选择对象或 [添加边界(A)]：（选取废除"孤岛"对象）
　　选择对象或 [添加边界(A)/放弃(U)]：
　　执行完以上操作后，AutoCAD 2012 会根据用户的设置绘制图形。如图 7-30 所示，
在图（a）中选取填充边界，在图（b）中选取删除的"孤岛"，图（c）是删除孤岛后的
图案填充结果。

◆　【重新创建边界】——单击该按钮 ，在进行了删除边界等操作后，可以重新创建
　　新的边界。

◆　【查看选择集】——查看当前填充区域的边界。单击该按钮 时，AutoCAD 2012
　　自动切换到绘图窗口，将所选择的填充边界和对象高亮度显示。若没有先选取填充
　　边界，则该选项灰色显示。

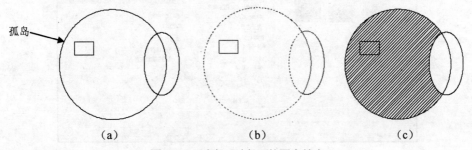

图 7-30　删除"孤岛"的图案填充

- 【选项】——该选项区主要包括以下选项。
  - ◆ 【注释性】——单击该复选框后的按钮①，可以获取相关信息。
  - ◆ 【关联】——勾选该复选框，控制多个图案填充之间的关系。
  - ◆ 【创建独立的图案填充】——勾选该复选框，当含有多个图案填充边界时，创建独立的填充。
  - ◆ 【图层】——决定图案填充所在图层。
  - ◆ 【透明度】——决定图案填充透明程度，可以通过拖动下面的滑块实现。
  - ◆ 【绘图次序】——决定图案填充与已有绘图对象之间的关系，共有 5 个选项可供选择。
- 【继承特性】——选用图中已有的图案作为当前的填充图案。单击 按钮时，AutoCAD 返回绘图区，同时提示选取一个已有的填充图案。选取后，AutoCAD 2012 返回如图 7-25 所示的对话框，同时该对话框内会显示出刚选取的填充图案的名称和特性参数。
- 【孤岛显示样式】——描述【孤岛】类型，有 3 个单选按钮可供选择。
  - ◆ 【普通】——标准的填充方式。
  - ◆ 【外部】——只填充外部。
  - ◆ 【忽略】——忽略所选的实体。
- 【保留边界】——勾选该复选框，根据临时图案填充创建临时边界，并添加到图形中。
- 【对象类型】——在下拉列表框中选择新边界的类型。同时还可以通过【保留边界】开关按钮确定是否对填充边界进行计算。
- 【边界集】——可在下拉列表框中选择边界设置，也可以单击【新建】按钮 ，选取新的边界。单击该按钮时，AutoCAD 2012 将返回到绘图区。
- 【预览】——预览图案填充。单击该按钮时，AutoCAD 2012 会自动切换到绘图区域，显示图案填充情况，但并没有真的把该图案填充到图形中。如果想返回，按 Enter 键即可。另外还可以控制边界图案填充的公差等。

（2）渐变填充。在 AutoCAD 2012 中，对图案填充方面的内容还提供了【渐变色】选项卡，可以对封闭区域进行适当的渐变填充，形成比较好的修饰效果，如图 7-31 所示。

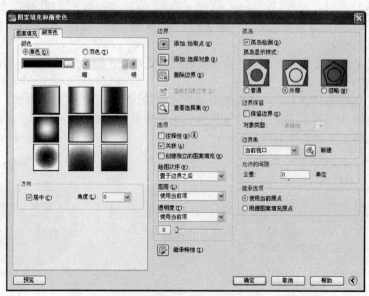

图 7-31　【渐变色】选项卡

【渐变色】选项卡中各参数含义如下：

- 【单色】——选中该单选按钮，指定使用从较深着色到较浅色调平滑过渡的单色填充。AutoCAD 显示【浏览】按钮 ⌧ 和【色调】滑块 ◂　　　▸。

  ◆ 【浏览】——单击该按钮，弹出【选择颜色】对话框，从中可以选择【索引颜色】、【真彩色】和【配色系统】3 个选项卡。显示的默认颜色为图形的当前颜色，如图 7-32 所示。

  ◆ 【配色系统】选项卡如图 7-33 所示。可以使用第三方配色系统（例如 Pantone）或用户自定义的配色系统指定颜色。选定配色系统后，【配色系统】选项卡将显示选定的配色系统名称。

  ◆ 用户可以在【配色系统】下拉列表框中选择配色系统。选择配色系统时，将显示颜色并在【颜色】文本框显示指定的颜色名。AutoCAD 支持每页最多包含 10 种颜色的配色系统。如果配色系统没有编页，AutoCAD 会将颜色编页，每页包含 7 种颜色。

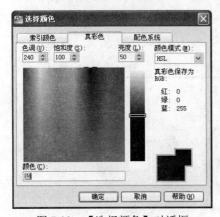

图 7-32 　【选择颜色】对话框

图 7-33 　【配色系统】选项卡

要浏览配色系统页，请在颜色滑动条上选择区域或用上下箭头浏览配色系统。浏览配色系统时，相应的颜色和颜色名将按页显示。

【RGB 等效值】将指示当前配色系统中每个 RGB 颜色分量的值。右下角的颜色对比则显示对象以前选定的颜色和当前选定的颜色。

  ◆ 【色调】滑块——滑动滑块，指定一种颜色的色调（选定颜色与白色的混合）或着色（选定颜色与黑色的混合）。

- 【双色】——选中该单选按钮，指定在两种颜色之间平滑过渡的双色渐变填充。此时，【渐变色】选项卡如图 7-34 所示。

- 【居中】——勾选该复选框，指定对称的渐变配置。如果不勾选，渐变填充将朝左上方变化，创建光源在对象左边的图案。

- 【角度】——在该下拉列表框中选择相对当前 UCS 渐变填充的角度。该角度与指定给图案填充的角度互不影响。

- 【渐变图案】——在此显示用于渐变填充的 9 种固定图案以供选择，包括线性扫掠状、球状和抛物面状图案。渐变填充的操作过程和以前版本的图案填充一样，其最终的效果如图 7-35 所示。

在预览图案填充或渐变填充期间，AutoCAD 2012 可以右击后按 Enter 键接受预览，不必再返回【图案填充和渐变色】对话框并单击【确定】按钮；如果不想接受预览，可以单击或按 Esc 键返回【图案填充和渐变色】对话框并修改设置。

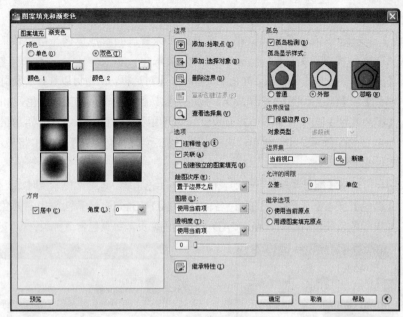

图 7-34   【双色】状态

图案填充   单色渐变   双色渐变

图 7-35   图案填充和渐变填充效果

【渐变色】方式对 AutoCAD 的帮助非常大。以前用户需要将 AutoCAD 文件导入到 Photoshop 等专业软件中进行渲染，以演示给客户。但是，当源文件发生变化的时候，就需要完全重复这个过程，所以效率非常低下。通过【渐变色】方式，可以在 AutoCAD 中进行一些渲染处理，得到最终结果。其渲染效果相当不错，如图 7-36 所示就是 AutoCAD 提供的一个例子。

图 7-36   渐变填充效果

2．图案填充编辑

（1）编辑填充图案。用户可以通过 AutoCAD 2012 提供的【图案填充编辑器】功能面板重新设置填充的图案。启动方式如下：

单击选中已填充图案，系统弹出【图案填充编辑器】功能面板，该功能面板与【图案填充创建】功能面板的内容是一样的。该功能面板中各选项含义与前面讲解的对话框同名选项含义相同，用户可以利用该面板对已有图案进行修改。

（2）填充图案可见性控制。AutoCAD 2012 控制填充图案可见性的方法有两种，一种利用 Fill 命令或系统变量 Fillmode 实现，另一种利用图层实现。

1）利用 Fill 命令或系统变量 Fillmode。将命令 Fill 设为 OFF，或将系统变量 Fillmode 设为 1，则图形重新生成时所填充的图案将会消失，如图 7-37 所示为不同 Fill 状态的图形。

图 7-37　设置不同 Fill 状态的图形

2）利用图层。若填充图案放在单独一层，在不需要显示该图案时，则将图案所在层关闭或冻结即可。利用图层控制填充图案的可见性时，不同的控制方法使得填充图案与其边界的关联关系发生变化。当填充图案所在的图层关闭后，图案与其边界仍保持着关联关系。

边界修改后，填充图案会自动根据新边界进行调整。但若填充图案所在层被冻结后，图案与其边界脱离关联关系，则当边界修改后，填充图案不会根据新的边界自动调整。

7.6.3　面域造型

剖面线必须放置在封闭区域中，而封闭区域有时候是不规则的，这就涉及到面域的操作。面域的创建位于二维草图与注释空间，它的相关操作位于三维建模空间中。

面域是封闭区所形成的 2D 实体对象，可将它看成一个平面实心区域。AutoCAD 2012 可将由一些对象围成的封闭区域建立成面域，这些围成封闭区域的对象称为封闭界线，封闭界线可以是圆线、弧线、椭圆线、椭圆弧线、二维多段线、样条曲线等。在此提醒读者注意一点，尽管 AutoCAD 2012 中有许多命令可生成封闭形状（如圆、多边形等），但面域和它们有本质的不同。

1．建立面域

下面具体介绍面域的建立及对面域进行的布尔运算。

（1）命令操作方式。

启动面域命令有下列方式：

● 单击【常用】选项卡，在【绘图】功能面板单击【面域】按钮 。

● 在传统菜单栏中选择【绘图】→【面域】命令。

● 在命令行窗口输入 Region，并按 Enter 键。

激活该命令后，命令行提示如下：

选择对象：（选择欲建立面域的边界）
选择对象：（可继续选择对象）
选择对象：↙
已提取 X 个环。（其中 X 是回路的个数）
已创建 X 个面域。（其中 X 是回路的个数）

（2）使用边界命令建立面域。

启动边界命令有下列方式：

● 单击【常用】选项卡，在【绘图】功能面板单击【边界】按钮 。

- 在传统菜单栏中选择【绘图】→【边界】命令。
- 在命令行窗口输入 Boundary，并按 Enter 键。

执行上面操作，弹出【边界创建】对话框，如图 7-38 所示。从【对象类型】下拉列表框中选择【面域】选项。单击【拾取点】按钮，转换到绘图区，按照命令提示进行如下操作：

图 7-38 【边界创建】对话框

```
选取内部点：(点取封闭区域中任意一点)
正在选择所有可见对象...
正在分析所选数据...
正在分析内部孤岛...
选择内部点：↙
Boundary 已创建 X 个面域。
```

2. 面域间的布尔运算

通过命令建立的面域，可以参加布尔运算；而通过对话框建立的面域是不可以的，但其建立的面域可以作为填充边界。布尔运算就是在各面域间进行并、差、交运算，从而构造出一定的图形。

下面详细介绍面域的并、差、交运算及运算结果。

（1）并运算。并运算就是将两个或多个面域进行合并成为一个面域。可以通过下列方法激活【并集】命令：

- 在功能面板中选择【常用】→【实体编辑】→【并集】按钮。
- 在传统菜单栏中选择【修改】→【实体编辑】→【并集】命令。
- 在命令行窗口输入 Union，并按 Enter 键。

例 7.17 如图 7-39 所示，将矩形和圆建立成面域，并进行并集运算。

```
命令：Region
选择对象：(选择矩形对象)
选择对象：(选择圆形对象)
选择对象：↙
命令：Union
选择对象：(选择矩形对象)
选择对象：(选择圆形对象)
选择对象：↙
```

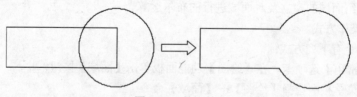

图 7-39 并运算

（2）差运算。所谓差运算就是从一些面域中去掉一些面域而得到一个新面域，通过下列方法可以激活【差集】命令：

- 在功能面板中选择【常用】→【实体编辑】→【差集】按钮。
- 在传统菜单栏中选择【修改】→【实体编辑】→【差集】命令。
- 在命令行窗口输入 Subtract，并按 Enter 键。

例 7.18 如图 7-40 所示，将矩形与圆形建立成面域，并进行差集运算。

```
命令：_Subtract
选择要从中减去的实体或面域...
```

选择对象：(选择圆形)(选取减法运算中被减数位置上的面域)

选择对象：✓

选择要减去的实体或面域 ..

选择对象：(选择矩形)(选取减法运算中减数位置上的面域)

选择对象：✓

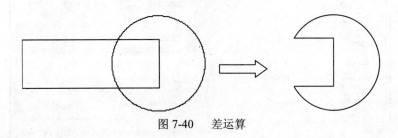

图 7-40　差运算

　　（3）相交运算。相交运算，用数学上的话说，就是求两个或多个面域的交集，即它们的公共部分。通过下列方法可以激活【交集】命令：

● 在功能面板中选择【常用】→【实体编辑】→【交集】按钮。

● 在菜单栏中选择【修改】→【实体编辑】→【交集】命令。

● 在命令行窗口输入 Intersect，并按 Enter 键。

例 7.19 如图 7-41 所示，将其中的六边形和椭圆建立成面域，并进行相交运算。

激活该命令后，命令行提示如下：

命令：Intersect

选择对象：(选取欲求交的面域对象，即圆)

选择对象：(继续选取欲求交的面域对象，即矩形)

选择对象：✓

结果得到一个新面域，该面域由参与运算的所有面域的公共部分组成。

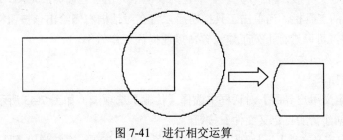

图 7-41　进行相交运算

7.7　工具栏设置

　　用户在前面几节的学习中可能会感觉到，有些工具按钮在常规的几个功能面板中没有，这需要自定义方可看到。AutoCAD 2012 提供了一套标准工具栏，用户可以根据需要显示或隐藏它们。为更加方便、有效地使用最常用的 AutoCAD 命令，用户可自定义这些工具栏或创建自己的功能面板。

　　使用 AutoCAD 提供的 Toolbar 命令可以定制工具栏。启动方式如下：

● 在功能面板中选择【视图】→【窗口】→【工具栏】命令。

● 在传统菜单栏中选择【视图】→【工具栏】命令。

● 在命令行窗口输入 Toolbar，并按 Enter 键。

Toolbar 命令执行后，AutoCAD 2012 弹出如图 7-42 所示的【自定义用户界面】对话框。

图 7-42 【自定义用户界面】对话框

该对话框的【自定义】选项卡用来管理自定义用户界面元素，例如工作空间、功能面板、菜单、快捷菜单和键盘快捷键。其中，【所有文件中的自定义设置】下拉列表框中列出了当前可加载的全部菜单组及自定义界面，【命令列表】下拉列表框中列出了当前 AutoCAD 2012 所提供的全部工具栏以及自定义的工具栏。当单击工具按钮后，将在对话框右侧给出该按钮特性提示以及图像。

在该对话框中，可以进行下列工作设置，以便提高工作效率。

1. 创建自定义界面文件

具体操作过程如下：

（1）在【自定义用户界面】对话框中选择【传输】选项卡，如图 7-43 所示。

（2）单击【创建新的自定义文件】按钮 。

（3）在【主自定义文件】下拉列表框中选择【另存为】选项，系统弹出【另存为】对话框。

（4）指定保存新自定义文件的位置，并在【文件名】文本框中输入名称。

（5）单击【保存】按钮，在指定的位置创建自定义文件。

2. 创建功能面板

具体操作步骤如下：

（1）选择【自定义用户界面】对话框中【自定义】选项卡的【自定义设置位置】窗格，在【工具栏】上右击，如图 7-44 所示。

（2）选择【新建工具栏】命令，【工具栏】树的底部将会出现一个新工具栏（名为"工具栏 1"），如图 7-45 所示。

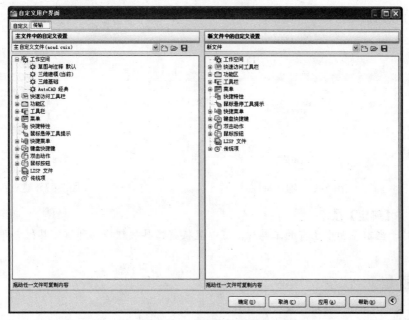

图 7-43　【传输】选项卡

图 7-44　快捷菜单

图 7-45　显示新工具

（3）执行以下操作之一：

1）输入新名称，覆盖"工具栏 1"文字。

2）在"工具栏 1"上右击，在弹出的快捷菜单中选择【重命名】命令，输入新的工具栏名称。

3）单击"工具栏 1"，然后再次单击该工具栏名称，可在位编辑其名称。

（4）在树状图中选择该新工具栏，然后更新【特性】窗格，如图 7-46 所示。

1）在【说明】文本框中为该工具栏输入说明。

2）在【默认显示】文本框中，选择【隐藏】或【显示】。如果选择【显示】，此工具栏将会显示在所有工作空间中。

3）在【方向】文本框中，选择【浮动】、【俯视】、【仰视】、【左视】或【右视】。

4）在【默认 X 位置】文本框中输入一个数字。

5）在【默认 Y 位置】文本框中输入一个数字。

6）在【行】文本框中输入浮动工具栏的行数。

7）在【别名】文本框中输入工具栏的别名。

（5）在【命令列表】窗格中，将要添加的命令按钮拖到自定义窗格中该工具栏名称下方的位置，如图 7-47 所示。

图 7-46　输入特性　　　　　　　　　　　图 7-47　建立新工具

（6）单击【确定】按钮。

提示：对于当前界面中已有的工具栏，可以直接将工具按钮拖动到该工具栏中即可。

习题七

一、选择题

1. 对于同一个平面上的两条不平行且无交点的线段，可以仅通过（　　）命令来延长原线段使两条线段相交于一点。

　　A．Extend　　　　　　　B．Fillet　　　　　　　C．Stretch　　　　　　D．Lengthen

2. 一组同心圆可由一个画好的圆用（　　）命令来实现。

　　A．Stretch　　　　　　　B．Move　　　　　　　C．Extend　　　　　　D．Offset

3. 下面（　　）命令可绘制出圆角矩形。

　　A．倒角　　　　　　　　B．宽度　　　　　　　C．标高　　　　　　　D．圆角

4. 在 AutoCAD 中，对象的阵列方式有（　　）。

　　A．环形　　　　　　　　B．圆形　　　　　　　C．线形　　　　　　　D．矩形

5. 在下列命令中，含有倒角项的命令是（　　）。

　　A．多边形　　　　　　　B．矩形　　　　　　　C．椭圆　　　　　　　D．样条曲线

6. 在修改编辑时，只能采用交叉或交叉多边形窗口选取的编辑命令是（　　）。

　　A．拉长　　　　　　　　B．延伸　　　　　　　C．比例　　　　　　　D．拉伸

7. 下列编辑工具中，不能实现改变位置功能的是（　　）。

　　A．移动　　　　　　　　B．比例　　　　　　　C．旋转　　　　　　　D．阵列

8. 在修改编辑时，只能采用交叉多边形窗口选取的编辑命令是（　　）。

　　A．拉长　　　　　　　　B．延伸　　　　　　　C．比例　　　　　　　D．拉伸

9. 下面的（　　）操作可以完成移动、复制、旋转和缩放所选对象的多种编辑功能。

　　A．Move　　　　　　　　B．Rotate　　　　　　C．Copy　　　　　　　D．Mocoro

10. 下列（　　）命令不能快速生成完全相同的对象。

　　A．偏移　　　　　　　　B．阵列　　　　　　　C．复制　　　　　　　D．镜像

11. （　　）对象不能利用偏移 Offset 命令偏移。

　　A．多段线　　　　　　　B．圆弧　　　　　　　C．文本　　　　　　　D．样条曲线

12. 应用倒角命令 Chamfer 进行倒角操作时，（　　）。

  A. 不能对多段线对象进行倒角   B. 可以对样条曲线对象进行倒角

  C. 不能对文字对象进行倒角   D. 不能对三维实体对象进行倒角

13. 不是环形阵列定义阵列对象数目和分布方法的是（ ）。

  A. 项目总数和填充角度   B. 项目总数和项目间的角度

  C. 项目总数和基点位置   D. 填充角度和项目间的角度

14. 用旋转命令 Rotate 旋转对象时，（ ）。

  A. 必须指定旋转角度   B. 必须指定旋转基点

  C. 必须使用参考方式   D. 可以在三维空间缩放对象

15. 拉伸命令 Stretch 拉伸对象时，不能（ ）。

  A. 把圆拉伸为椭圆   B. 把正方形拉伸成长方形

  C. 移动对象特殊点   D. 整体移动对象

16. 拉长命令 Lengthen 修改开放曲线的长度时有很多选项，除了（ ）。

  A. 增量   B. 封闭   C. 百分数   D. 动态

17. 不能应用修剪命令 Trim 进行修剪的对象是（ ）。

  A. 圆弧   B. 圆   C. 直线   D. 文字

18. 应用圆角命令对多条线段进行圆角操作时，（ ）。

  A. 可以一次指定不同圆角半径

  B. 如果一条弧线段隔开两条相交的直线段，将删除该段而替代指定半径的圆角

  C. 必须分别指定每个相交处

  D. 圆角半径可以任意指定

19. 用偏移命令 Offset 偏移对象时，（ ）。

  A. 必须指定偏移距离   B. 可以指定偏移通过特殊点

  C. 可以偏移开口曲线和封闭线框   D. 原对象的某些特征可能在偏移后消失

20. 用镜像命令 Mirror 镜像对象时，（ ）。

  A. 必须创建镜像线   B. 可以镜像文字，但镜像后文字不可读

  C. 镜像后可选择是否删除源对象   D. 用系统变量 mirrtext 控制文字是否可读

21. 应用倒角命令 Chamfer 进行倒角操作时，（ ）。

  A. 不能对多段线对象进行倒角   B. 可以对样条曲线对象进行倒角

  C. 不能对文字对象进行倒角   D. 不能对三维实体对象进行倒角

22. 下列命令中没有复制功能的是（ ）。

  A. 移动命令   B. 阵列命令   C. 偏移命令   D. 镜像命令

23. 用于修改非连续线形外观的命令是（ ）。

  A. Scale   B. Ltscale   C. Pedit   D. Erase

24. 在下列命令中具有修剪功能的是（ ）。

  A. 修剪命令   B. 倒角命令   C. 圆角命令   D. 三个答案全对

25. 在下列命令中，可以改变对象大小或长度的命令是（ ）。

  A. 比例缩放命令 B. 拉伸命令   C. 拉长命令   D. 三个答案全对

26. 以下有关 Bhatch 命令的叙述，不正确的是（ ）。

  A. 要进行图案填充的区域必须是封闭区域

  B. 其设置窗口内的"拾取点"按钮，就是用来自动查找封闭区域的

  C. 若要执行其设置窗口内的"选择对象"按钮，则表示已经有一条封闭区域的线，单击

该线条即可

D．将填充图案设置为"非关联"，可以节省图形文件空间

27．要将不规则的封闭区域一次填充全色的实体填充，可（　　）。

A．使用 Lweight 命令填充　　　　　　B．使用 Solid 命令填充

C．使用 Bhatch 命令中的 Solid 图案填充　D．以上皆可

二、填空题

1．在对编辑对象进行修剪时，应首先选择_____，以回车结束此项选择后，再选择_____。

2．矩形阵列的基本图形及起始对象放在左下角，以向_____、向_____为正方向。

3．在编辑工具中，阵列工具分为_____和_____。

4．镜像命令的功能是_____。

5．在使用 Stretch 拉伸命令时，与选取窗口相交的对象会_____，完全在选取窗口外的对象会_____，而完全在选取窗口内的对象会_____。

三、判断题

1．Pedit 编辑的对象只能是多段线。　　　　　　　　　　　　　　（　　）

2．倒角命令只对直线、多段线和多边形进行倒角，不能对弧、椭圆弧倒角。（　　）

3．在矩形阵列过程中，行间距为正值时，所选对象向下阵列。　　　（　　）

4．当对文本进行镜像时，MIRRTEXT=0 时文本做完全镜像。　　　（　　）

5．单独的一条线也可以通过修剪来删除。　　　　　　　　　　　　（　　）

6．多线可以直接倒角或圆角。　　　　　　　　　　　　　　　　　（　　）

7．填充区域内的封闭区域称作孤岛。　　　　　　　　　　　　　　（　　）

8．没有封闭的图形也可以直接填充。　　　　　　　　　　　　　　（　　）

9．图样填充的命令为 Bhatch。　　　　　　　　　　　　　　　　　（　　）

四、操作题

1．绘制如图 7-48 所示的链轮平面图。

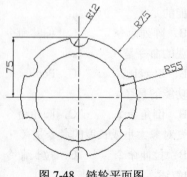

图 7-48　链轮平面图

2．绘制如图 7-49 所示的轴承图。

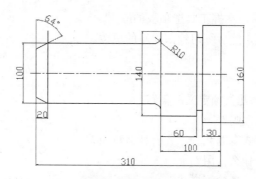

图 7-49　轴承图

3．绘制如图 7-50 所示的模板平面图。

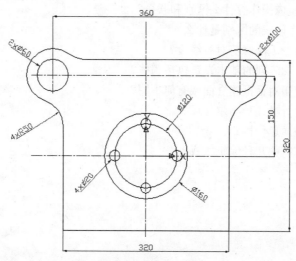

图 7-50　模板平面图

4．绘制如图 7-51 所示的密封圈图。

5．绘制如图 7-52 所示的弹簧图（剖面部分可不进行填充）。

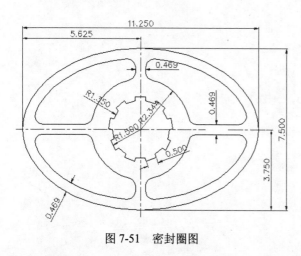

图 7-51　密封圈图

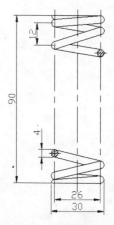

图 7-52　弹簧图

6．绘制圆、矩形、多边形等多种常规图形，然后通过图案填充命令进行多种图案的填充，然后进行渐变色等方案的练习，掌握工具选项板的应用。

7. 绘制 3 种以上图形，然后练习绘图次序的更改。

五、思考题

1. AutoCAD 提供了哪几类预定义图案？

2. 预定义图案可以修改吗？

3. 选择填充区域的方式有哪几种，各有什么特点？

4. 图案填充的关联有什么作用？

5. 图案填充有哪几种孤岛检测样式？

6. 工具选项板的主要功能是什么？

7. 如何改变工具选项板的外观？

8. 对象的偏移和镜像操作有什么区别和联系？

9. 圆角、倒角和多段线的区别是什么？

10. 为什么修剪命令无法修剪对齐线段？

11. 环形阵列与矩形阵列的基本设置包括哪些？

12. 使用命令与使用对话框建立面域有何不同？

13. 面域间可以进行哪几种布尔运算？

14. 如何获取面域质量特性？

15. 关于布尔运算有哪几种编辑方式？

第8章 尺寸标注

教学目标

尺寸标注是工程图的重要组成部分。它描述了图纸上的一些重要几何信息，是工程制造和施工中的重要依据。可以说，一个没有尺寸标注的工程图是没有任何实际意义的。为此，AutoCAD提供了功能强大的半自动尺寸标注。

通过本章的学习，掌握尺寸标注的组成、类型，了解标注尺寸步骤与工具；掌握线性尺寸标注、连续尺寸标注与基线尺寸标注、径向尺寸标注、角度标注、引线标注，了解其他尺寸标注；熟练掌握设置文字样式、尺寸标注样式和多重引线样式的方法；掌握编辑尺寸标注和放置文本的方法；掌握几何公差标注。

本章要点

- 尺寸标注基础知识
- 尺寸标注类型与方法
- 设置尺寸标注
- 编辑尺寸标注和放置文本
- 公差标注

8.1 尺寸标注基础

对于零件图和装配图而言，二者有所不同。零件图基本上只涉及到基本尺寸、形位公差等，而装配图则侧重装配关系、整体尺寸和配合公差等，基本概念请参见第11章。在此只就AutoCAD 2012中的尺寸标注功能进行讲解。

8.1.1 尺寸标注组成

一个典型的尺寸标注通常由标注线、尺寸界线、箭头、尺寸文字等要素组成。有些尺寸标注还有引线、圆心标记和公差等要素，各要素如图8-1所示。

为了更好地使用AutoCAD 2012的标注尺寸功能，在介绍尺寸标注命令之前，先介绍以下关键术语：

（1）尺寸。尺寸表明被绘制目标的距离、角度、半径或其他信息。

（2）标注尺寸。标注尺寸通过测量被绘制的目标，对被测量图形标注距离、角度、半径以及其他信息等。

（3）尺寸线。尺寸线表明被描述对象的长度，通常用细实线表示。因尺寸线的作用不同，精确的位置也有所不同。但是在每一种标注方法中，尺寸线都应留有进行注释的地方，并且足够靠近被描述的特征，不能影响这些特征的清晰度。

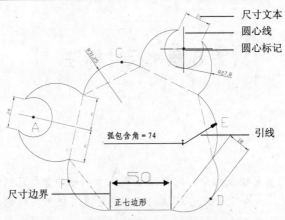

图 8-1　尺寸标注要素

（4）尺寸界线，也称为尺寸延伸线。尺寸界线是从选择标注尺寸的点到尺寸线的延长线，通常离开实体一段距离，并且超过尺寸线一段距离，这些小的距离可以根据需要来设置。

（5）尺寸文本。尺寸文本用来指明被标注对象的距离、角度、半径等，它可以放在尺寸线的上方、下方或中间。在小区域进行尺寸标注时，常常遇到没有足够空间放置文本的情况，这时可以把尺寸文本放置在尺寸界线的外面。

（6）尺寸标注命令。只能在 Dim 提示符下输入尺寸标注命令。

（7）尺寸变量。尺寸变量控制 AutoCAD 2012 尺寸的大部分特性，包括尺寸文本高度、尺寸文本位置、点标记和箭头大小等。这些通过设置对话框和 Dim 命令来控制。

（8）箭头。箭头添加于尺寸线的两端，用于指明尺寸线的起点和终点。用户可以选择箭头或斜线等多种形式，也可以使用自定义的形式。对于我国用户，绘制机械图纸多使用箭头形式，绘制建筑图纸多使用斜线形式。

8.1.2　尺寸标注类型

AutoCAD 2012 为用户提供了 4 种基本类型的尺寸标注，即线性尺寸标注、径向尺寸标注、角度尺寸标注和其他尺寸标注，主要标注如图 8-2 所示。

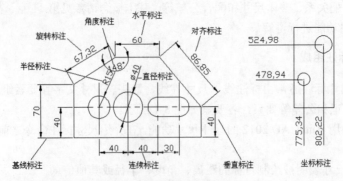

图 8-2　不同的尺寸标注类型

8.1.3　标注尺寸步骤与工具

一般来说，图形标注应遵循下面的步骤：

（1）为尺寸标注创建一个独立的图层，使之与图形的其他信息分隔开。

（2）为尺寸标注文本建立专门的文本类型。按照我国对机械制图中尺寸标注数字的要求，应将字体设置为斜体。如果在整个图形对象的标注中不改变尺寸文本的高度，就将高度设置为定值；如果在图形对象的标注中需要修改尺寸文本的高度，就需要将高度设置为 0。我国规定字体的宽度与高度比为 2/3，所以将【宽度比例】设置为 0.67。

（3）在【标注样式】对话框中，设置尺寸线、尺寸界线、比例因子、尺寸格式、尺寸文本、尺寸单位、尺寸精度以及公差等，并保存所作的设置使其生效。

（4）利用目标捕捉方式快速拾取定义点。

AutoCAD 2012 提供了一套完整的尺寸标注命令，可以很方便地放置、改变或调整尺寸，方便地标注画面上的各种尺寸和公差，可以把绘制尺寸的界线放置为各种样式。尺寸标注命令全部放在【标注】下拉菜单和【注释】选项卡下【标注】功能面板中，分别如图 8-3 和图 8-4 所示。

图 8-3　【标注】下拉菜单　　　　　　　图 8-4　【标注】功能面板

8.2　尺寸标注方法

AutoCAD 2012 提供了多种尺寸标注命令，包括直线型尺寸标注、角度型尺寸标注、径向尺寸标注、引线型尺寸标注等，分别对应不同的对象。

8.2.1　线性尺寸标注

1. 标注水平、垂直、指定角度的尺寸

线性尺寸标注用来标注直线和两点间的距离。启动方法如下：

- 单击【注释】选项卡，然后在【标注】功能面板中单击【线性】下拉列表，单击【线性】按钮 。
- 在传统菜单栏中选择【标注】→【线性】命令。
- 在命令行窗口输入 Dimlinear，并按 Enter 键。

激活该命令后，状态行提示如下：

命令: _dimlinear
指定第一个尺寸界线原点或 <选择对象>:(拾取点)

指定第二条尺寸界线原点：(拾取点)

指定尺寸线位置或[多行文字(M)/文字(T)/角度(A)/水平(H)/垂直(V)/旋转(R)]：

下面分别介绍各选项的含义。

● 【指定尺寸线位置】——确定标注线的位置。当直接确定标注线的位置时，系统将自动测量长度值并将其标出。

● 【多行文字】——输入 M 并按 Enter 键，将进入【文字编辑器】功能区，并在窗口显示文字输入区域，如图 8-5 所示。可利用此功能输入文字并设置文字格式，有关操作将在第 9 章中讲解。

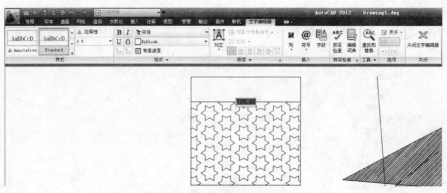

图 8-5 【文字编辑器】功能区

● 【文字】——输入 T 并按 Enter 键，执行该选项，命令行提示如下：

输入标注文字 <17>：(输入尺寸文字)

指定尺寸线位置或[多行文字(M)/文字(T)/角度(A)/水平(H)/垂直(V)/旋转(R)]：A

指定标注文字的角度：(输入文字的旋转角度)

输入的文字按输入值旋转一定角度，若输入值为正，则输入的文字按逆时针方向旋转；若输入值为负，则输入的文字按顺时针方向旋转。

如图 8-6（a）所示是角度值为 30°的效果，如图 8-6（b）所示是角度值为-30°的效果。

（a）   （b）

图 8-6 旋转标注

● 【水平】——输入 H，命令行提示如下：

指定尺寸线位置或 [多行文字(M)/文字(T)/角度(A)]：

在此提示下，若直接确定标注线的位置，系统自动测量并标注。其他选项的含义和上面介绍的相同。

● 【垂直】——此选项的功能与【水平】选项的功能相似。

● 【旋转】——输入 R，执行该选项，命令行提示如下：

指定尺寸线的角度 <0>：(在此提示下输入标注线的角度值，结果系统自动测量出两条标注线之间的距离进行标注。若输入角度值为正，则标注线按逆时针方向旋转；反之则按顺时针方向旋转)

例 8.1 按照图 8-7 的图形进行尺寸标注。

命令：_Dimlinear

指定第一个尺寸界线原点或 <选择对象>：✓
选择标注对象：(在点 1 处选择水平线段)
指定尺寸线位置或[多行文字(M)/文字(T)/角度(A)/水平(H)/垂直(V)/旋转(R)]：H
指定尺寸线位置或 [多行文字(M)/文字(T)/角度(A)]：T
输入标注文字 <100>：<>P0.01
指定尺寸线位置或 [多行文字(M)/文字(T)/角度(A)]：(在点 2 处单击)
标注文字 =81.6
命令:Dimlinear
指定第一个尺寸界线原点或 <选择对象>：(拾取点 3)
指定第二条尺寸界线原点： (拾取点 4)
指定尺寸线位置或[多行文字(M)/文字(T)/角度(A)/水平(H)/垂直(V)/旋转(R)]： (在点 5 处单击)
标注文字 = 30
命令:Dimlinear
指定第一个尺寸界线原点或 <选择对象>：✓
选择标注对象： (在点 6 处选择线段)
指定尺寸线位置或[多行文字(M)/文字(T)/角度(A)/水平(H)/垂直(V)/旋转(R)]： R
指定尺寸线的角度 <0>： 60
指定尺寸线位置或[多行文字(M)/文字(T)/角度(A)/水平(H)/垂直(V)/旋转(R)]： (在点 7 处单击)
标注文字 = 43.92

2．对齐标注

该命令可以标注一条与两个尺寸界线的起点对齐的尺寸线。启动方法如下：

- 单击【注释】选项卡，然后在【标注】功能面板中
  单击【线性】下拉列表，单击【对齐】按钮 。
- 在传统菜单栏中选择【标注】→【对齐】命令。
- 在命令行窗口输入 Dimaligned，并按 Enter 键。

例 8.2 利用对齐命令标注图 8-7 中的尺寸 30。

命令行：Dimaligned
指定第一个尺寸界线原点或 <选择对象>：(拾取点 3)
指定第二条尺寸界线原点： (拾取点 4)
指定尺寸线位置或[多行文字(M)/文字(T)/角度(A)]： (拾取点 5)

各选项的含义与线性标注一致，在此不再赘述。

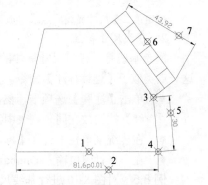

图 8-7 线性标注实例

3．坐标标注

坐标点标注沿一条简单的引线显示指定点的 X 或 Y 坐标，也称为坐标标注。AutoCAD 2012 使用当前 UCS 决定测量的 X 或 Y 坐标，并且在与当前 UCS 轴正交的方向绘制引线。按照流行的坐标标注标准，采用绝对坐标值。

启动方式如下：

- 单击【注释】选项卡，然后在【标注】功能面板中单击
  【线性】下拉列表，单击【坐标标注】按钮 。
- 在传统菜单栏中选择【标注】→【坐标】命令。
- 在命令行窗口输入 Dimordinate，并按 Enter 键。

例 8.3 利用坐标标注图 8-8 中点的坐标。

命令： Dimordinate
指定点坐标:(拾取点 1)
指定引线端点或 [X 基准(X)/Y 基准(Y)/多行文字(M)/文字
(T)/角度(A)]：(水平拖动并单击)

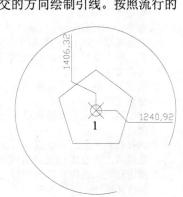

图 8-8 坐标标注

标注文字 = 1240.92
命令:Dimordinate
指定点坐标：(拾取点 1)
指定引线端点或 [X 基准(X)/Y 基准(Y)/多行文字(M)/文字(T)/角度(A)]:(垂直拖动并单击)
标注文字 = 1406.32
其中 X/Y 基准选项分别测量 X/Y 坐标，并确定引线和标注文字的方向。

8.2.2 连续尺寸标注与基线尺寸标注

1. 连续尺寸标注

该尺寸标注可以方便、迅速地标注同一列或行上的尺寸，生成连续的尺寸线。在生成连续尺寸线前，首先应对第一条线段建立尺寸标注。启动方式如下：

* 单击【注释】选项卡，然后在【标注】功能面板中单击【连续】按钮 ⊢⊣。
* 在传统菜单栏中选择【标注】→【连续】命令。
* 在命令行窗口输入 Dimcontinue，并按 Enter 键。

例 8.4   对图 8-9 进行连续尺寸标注。

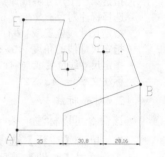

命令: _Dimcontinue
选择连续标注:(选择最左端标注 35，该尺寸必须预先标注完成)
指定第二条尺寸界线原点或 [放弃(U)/选择(S)] <选择>:(拾取点 C)
标注文字 = 30.8
指定第二条尺寸界线原点或 [放弃(U)/选择(S)] <选择>:(拾取点 B)
标注文字 = 28.16
指定第二条尺寸界线原点或 [放弃(U)/选择(S)] <选择>:✓

图 8-9   连续尺寸标注

2. 基线尺寸标注

所谓基线是指任何尺寸标注的尺寸界线。在基线尺寸标注之前，应先标注出一个相应尺寸，这一点类似于【连续标注】命令。启动方式如下：

* 单击【注释】选项卡，然后在【标注】功能面板中单击【基线】按钮 ⊢⊣（该按钮和【连续】按钮放在同一列表中）。
* 在传统菜单栏中选择【标注】→【基线】命令。
* 在命令行窗口输入 Dimbaseline，并按 Enter 键。

例 8.5   对图 8-10 进行基线尺寸标注。有关角度标注见 8.2.4 小节。

命令: _Dimlinear
指定第一个尺寸界线原点或 <选择对象>:✓
指定第二条尺寸界线原点: (拾取底部水平线)
指定尺寸线位置或[多行文字(M)/文字(T)/角度(A)/水平(H)/垂直(V)/旋转(R)]: ✓
标注文字 = 35
命令: Dimbaseline
选择基准标注:(选择上面的水平标注)
指定第二条尺寸界线原点或 [放弃(U)/选择(S)] <选择>: (拾取点 C)
标注文字 = 65.8
指定第二条尺寸界线原点或 [放弃(U)/选择(S)] <选择>: (拾取点 B)
标注文字 = 94.64
指定第二条尺寸界线原点或 [放弃(U)/选择(S)] <选择>:✓
命令: _Dimangular
选择圆弧、圆、直线或 <指定顶点>:(选择直线 1)
选择第二条直线:(选择直线 2)
指定标注弧线位置或 [多行文字(M)/文字(T)/角度(A)/象限点(Q)]:(在适当位置单击)
标注文字 = 16
命令: _Dimbaseline

指定第二条尺寸界线原点或 [放弃(U)/选择(S)] <选择>: (选择直线 3)
标注文字 = 38
指定第二条尺寸界线原点或 [放弃(U)/选择(S)] <选择>:✓

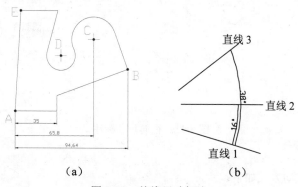

（a）   （b）

图 8-10 基线尺寸标注

同连续标注一样，基线标注也必须有一个基本尺寸。对于标注线之间的间距，可以通过系统变量 Dimdli 进行设置。

8.2.3 径向尺寸标注

1. 标注半径

用来标注圆弧和圆的半径。启动方式如下：

- 单击【注释】选项卡，然后在【标注】功能面板中单击【线性】下拉列表，单击【半径】按钮◐。
- 在传统菜单栏中选择【标注】→【半径】命令。
- 在命令行窗口输入 Dimradius，并按 Enter 键。

例 8.6 标注图 8-11 中半径为 10 的圆弧。

命令：_Dimradius
选择圆弧或圆：(拾取圆弧 1)
标注文字 = 10
指定尺寸线位置或 [多行文字(M)/文字(T)/角度(A)]:(在适当位置单击)

此提示的括号里有 3 种选项，分别用来控制标注的尺寸值和尺寸值的倾斜角度。其含义前面已经介绍过，这里不再叙述。

2. 标注直径

用来标注圆或圆弧的直径。启动方式如下：

- 单击【注释】选项卡，然后在【标注】功能面板中单击【线性】下拉列表，单击【直径】按钮◐。
- 在传统菜单栏中选择【标注】→【直径】命令。
- 在命令行窗口输入 Dimdiameter，并按 Enter 键。

例 8.7 标注图 8-11 中的圆弧 2。

命令：_Dimdiameter
选择圆弧或圆：(拾取圆弧 2)
标注文字 = 55.87
指定尺寸线位置或 [多行文字(M)/文字(T)/角度(A)]: (在适当位置单击)

此提示的括号里有 3 种选项，分别用来控制标注的尺寸值和尺寸值的倾斜角度。其含义前面已经介绍过，这里不再叙述。

图 8-11　径向尺寸标注

3. 弧长标注

标注圆弧长度。启动方式如下：

● 单击【注释】选项卡，然后在【标注】功能面板中单击【线性】下拉列表，单击【弧长】
按钮。

● 在传统菜单栏中选择【标注】→【弧长】命令。

● 在命令行窗口输入 Dimarc，并按 Enter 键。

例 8.8　标注图 8-11 中的圆弧 3。

命令：_Dimarc
选择弧线段或多段线弧线段：(拾取圆弧 3)
指定弧长标注位置或 [多行文字(M)/文字(T)/角度(A)/部分(P)/引线(L)]:(在下面适当位置单击)
标注文字 =143.55

此提示的括号里有 5 种选项，前 3 项不再叙述，其他选项的含义如下：

● 【部分】——只标注部分圆弧的长度。

例 8.9　标注图 8-11 中圆弧 3 的部分弧长。

命令：_Dimarc
选择弧线段或多段线弧线段：(拾取圆弧 3)
指定弧长标注位置或 [多行文字(M)/文字(T)/角度(A)/部分(P)/引线(L)]: P
指定圆弧长度标注的第一个点:(拾取点 1)(指定圆弧上弧长标注的起点)
指定圆弧长度标注的第二个点:(拾取点 2)(指定圆弧上弧长标注的终点)
指定弧长标注位置或 [多行文字(M)/文字(T)/角度(A)/部分(P)/]: (在上面适当位置单击)

● 【引线】——添加引线对象。仅当圆弧（或弧线段）大于 90° 时才会显示此选项。引线
是按径向绘制的，指向所标注圆弧的圆心。输入 L 后，命令行提示如下：

指定弧长标注位置或 [多行文字(M)/文字(T)/角度(A)/部分(P)/无引线(N)]:(指定点或输入选项)

【无引线】选项可在创建引线之前取消【引线】选项。要删除引线，必须删除弧长标注，然
后重新创建不带引线选项的弧长标注。

4. 折弯标注

折弯半径标注也称为缩放半径标注。测量选定对象的半径，并显示前面带有一个半径符号的
标注文字。可以在任意合适的位置指定尺寸线的原点。启动方式如下：

● 在传统菜单栏中选择【标注】→【折弯】命令。

● 在命令行窗口输入 Dimjogged，并按 Enter 键。

例 8.10　对图 8-11 的圆弧 2 进行折弯尺寸标注。

命令：_Dimjogged
选择圆弧或圆：(拾取圆弧 2)
指定图示中心位置：(在圆弧上方适当位置单击)(接受折弯半径标注的新中心点，以用于替代圆弧或圆

的实际中心点)
标注文字 = 27.94
指定尺寸线位置或 [多行文字(M)/文字(T)/角度(A)]:(在适当位置单击)
指定折弯位置:(在适当位置单击)(指定折弯的中点)

8.2.4　角度标注

该命令用来标注圆弧的圆心角、圆上某段弧对应的圆心角、两条相交直线的夹角,也可以根据三点标注夹角。

1．启动

● 单击【注释】选项卡,然后在【标注】功能面板中单击【线性】下拉列表,单击【角度】按钮△。

● 在传统菜单栏中选择【标注】→【角度】命令。

● 在命令行窗口输入 Dimangular,并按 Enter 键。

2．操作方法

(1)标出两相交直线的夹角。至于标注锐角还是钝角,通过鼠标拖动调整。若要修改角度值或角度值的倾斜角度,可通过括号内的选项完成。

例 8.11　对图 8-12 中点 1、2 所在直线进行角度尺寸标注。

命令: _Dimangular
选择圆弧、圆、直线或 <指定顶点>:(选择点 1 所在线段)
选择第二条直线:(选择点 2 所在线段)
指定标注弧线位置或 [多行文字(M)/文字(T)/角度(A)/象限点(Q)]:(在点 3 处单击)
标注文字 = 36

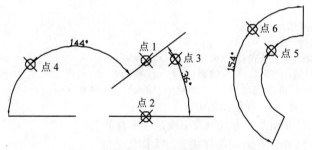

图 8-12　角度标注

(2)指定标注应锁定到的象限。打开象限行为后,将标注文字放置在角度标注外时,尺寸线会延伸超过尺寸界线。

例 8.12　对图 8-12 点 1、2 所在直线进行象限角度尺寸标注。

命令: _Dimangular
选择圆弧、圆、直线或 <指定顶点>:(选择点 1 所在线段)
选择第二条直线: (选择点 2 所在线段)
指定标注弧线位置或 [多行文字(M)/文字(T)/角度(A)/象限点(Q)]: Q
指定象限点: (在点 4 处单击)
指定标注弧线位置或 [多行文字(M)/文字(T)/角度(A)/象限点(Q)]: (在点 4 处单击)
标注文字 = 144

(3)圆弧角度标注。

例 8.13　对图 8-12 点 5 所在圆弧进行象限角度尺寸标注。

命令: _Dimangular
选择圆弧、圆、直线或 <指定顶点>:(选择点 5 所在圆弧)

指定标注弧线位置或 [多行文字(M)/文字(T)/角度(A)/象限点(Q)]: (在点6处单击)
标注文字 = 154

（4）圆角度标注。当选取圆上一点后，将标注圆上某段弧的圆心角，命令行提示如下：

指定角的第二个端点: (选取同一圆上另外一点)
指定标注弧线位置或 [多行文字(M)/文字(T)/角度(A)]:

标出角度值，它的尺寸界线通过所选的两点延长线交于圆心。若要修改角度值或角度值的倾斜角度，可通过括号内的选项来完成。

（5）指定顶点。当直接按 Enter 键后，执行默认选项，命令行提示如下：

指定角的顶点: (输入作为角的顶点)
指定角的第一个端点: (输入角的第一个端点)
指定角的第二个端点: (输入角的第二个端点)
指定标注弧线位置或 [多行文字(M)/文字(T)/角度(A)]:

根据三点标注一个角度，若要修改角度值或角度值的倾斜角度，可通过括号内的选项完成。

8.2.5 引线标注

1. 引线标注

引线标注利用引线指示一个特征，然后给出它的信息。与尺寸标注命令不同，引线标注不测量距离，引线由一个箭头（起始位置）、一条直线段或一条样条曲线及一条水平线组成。启动方式如下：

● 在命令行窗口输入 leader，并按 Enter 键。

（1）注释。注释可以是单行或多行文字、包含形位公差的特征控制框或块等，它将插入到引线的末端。

例 8.14　在如图 8-13 所示图形中输入注释文字。

命令: _Leader
指定引线起点: (在六边形上选取一点)
指定下一点: (选择一个中间点)
指定下一点或 [注释(A)/格式(F)/放弃(U)] <注释>: ↙
指定下一点或 [注释(A)/格式(F)/放弃(U)] <注释>: A
输入注释文字的第一行或 <选项>: 六角螺栓头 (输入第一行注释文字)
输入注释文字的下一行: ↙ (可继续输入)

（2）格式。控制绘制引线的方式以及引线是否带有箭头。

例 8.15　如图 8-14 所示，将引线样式更改为样条曲线。

命令: _Leader
指定引线起点: (在六边形上选取一点)
指定下一点: (选择一个中间点)
指定下一点或 [注释(A)/格式(F)/放弃(U)] <注释>: F
输入引线格式选项 [样条曲线(S)/直线(ST)/箭头(A)/无(N)] <退出>: S
指定下一点或 [注释(A)/格式(F)/放弃(U)] <注释>: (选择一个中间点)
指定下一点或 [注释(A)/格式(F)/放弃(U)] <注释>: ↙
指定下一点或 [注释(A)/格式(F)/放弃(U)] <注释>: A
输入注释文字的第一行或 <选项>: 六角螺栓头 (输入第一行注释文字)
输入注释文字的下一行: ↙ (可继续输入)

（3）放弃。放弃引线上的最后一个顶点，将显示前一个提示。

2. 快速引线标注

使用 Qleader 命令可以快速创建引线和引线注释。它使用【引线设置】对话框进行自定义，以便提示用户适合绘图需要的引线点数和注释类型。启动方法如下：在命令行窗口输入 Qleader，并按 Enter 键。

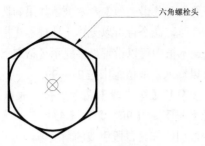

图 8-13 注释结果

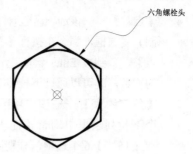

图 8-14 样式更改结果

激活该命令后，命令行提示如下：

指定第一个引线点或 [设置(S)]<设置>：

在此提示下直接按 Enter 键，弹出【引线设置】对话框，如图 8-15 所示。

在此对话框中包含【注释】、【引线和箭头】和【附着】3 个选项卡，可在其中确定引线的注释类型、多行文字选项、引线端点形状及引线的其他设置。现分别介绍如下：

- 【注释】选项卡——用来标注某特征的有关信息，从中可以选择 5 种【注释类型】及其对应的操作选项。

- 【引线和箭头】选项卡——如图 8-16 所示，用来设置引线及其箭头的有关信息，包括【引线】、【箭头】、【点数】和【角度约束】4 个选项区，下面分别对其作简单介绍。

图 8-15 【引线设置】对话框

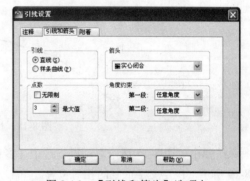

图 8-16 【引线和箭头】选项卡

- 【引线】——该选项区包含【直线】和【样条曲线】两个单选钮。选中【直线】单选按钮表示将指引线变成直线的形式，选中【样条曲线】单选按钮表示旁注指引线为样条曲线。

- 【箭头】——系统设置了 19 种箭头，用户可以根据自己的需要在该选项区的下拉列表框中进行选择。除此之外还有【无】和【用户箭头】两个选项。【无】选项表示在旁注指引线的起始位置没有箭头；【用户箭头】选项可以建立自己的箭头，选择该选项，弹出如图 8-17 所示的【选择自定义箭头块】对话框，通过此对话框建立箭头。

图 8-17 【选择自定义箭头块】对话框

◆ 【点数】——该选项区包含【无限制】复选框和【最大值】文本框。如果勾选【无限制】复选框,那么在执行【引线标注】命令时,命令行可以无休止地提示【指定下一点】,直到按 Enter 键为止。【最大值】文本框中可以设置最多提示【指定下一点】的次数,既可以通过下拉箭头选取,也可以输入,取值范围是 2～999。

◆ 【角度约束】——该选项区包含【第一段】和【第二段】两个下拉列表框,在每个下拉列表框中均有【任意角度】、【水平】、【90°】、【45°】、【30°】和【15°】6 个选项,分别用来确定第一段引线和第二段引线的角度值。

执行【引线标注】命令,命令行提示如下:

指定第一个引线点或 [设置(S)]<设置>:(确定引线起始点位置)

指定下一点: (在此提示下输入第一段旁注指引线的另一点,确定第一段指引线的位置,此指引线倾斜角度值是 45°的倍数,即可以是 45°、90°、135°等)

指定下一点: (在此提示下输入第二段旁注指引线的另一点,确定第二段指引线的位置,此指引线倾斜角度值是 15°的倍数,即可以是 30°、45°、60°等)

指定文字宽度 <0>: 20

输入注释文字的第一行 <多行文字(M)>: 0.04

输入注释文字的下一行:0.05

输入注释文字的下一行: ✓

例 8.16 按图 8-18 的图形和参数进行尺寸标注。

命令: Qleader

指定第一个引线点或 [设置(S)] <设置>:✓

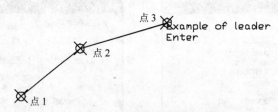

图 8-18 快速引线标注

系统弹出如图 8-15 所示对话框。选中【多行文字】单选按钮,然后选择【附着】选项卡,如图 8-19 所示,决定文字放置的相对位置。单击【确定】按钮,系统继续提示如下:

指定第一个引线点或 [设置(S)] <设置>:(拾取点 1)

指定下一点:(拾取点 2)

指定下一点:(拾取点 3)

指定文字宽度 <0>: 15

输入注释文字的第一行 <多行文字(M)>: Example of leader Enter

输入注释文字的下一行: ✓

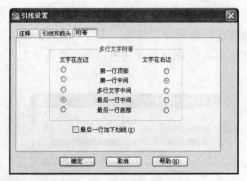

图 8-19 【附着】选项卡

8.2.6　其他尺寸标注

除了上面比较常用的尺寸标注外，AutoCAD 2012 还提供了圆心标记、折弯特性标注和间距标注。

1. 圆心标记

使圆或圆弧的中间对齐，并以一定的记号进行标记，而不是文字。启动方式如下：

- 单击【注释】选项卡，在【标注】功能面板单击【圆心标记】按钮⊕。
- 在传统菜单栏中选择【标注】→【圆心标记】命令。
- 在命令行窗口输入 Dimcenter，并按 Enter 键。

激活此命令后，命令行提示如下：

选择圆弧或圆：(选取欲标记圆心的圆或圆弧)

2. 折弯特性标注

AutoCAD 2012 可以将折弯线添加到线性标注。折弯线用于表示不显示实际测量值的标注值。通常，标注的实际测量值小于显示的值。

折弯由两条平行线和一条与平行线成 40°的交叉线组成。折弯的高度由标注样式的线性折弯大小值决定，如图 8-20 所示。

将折弯添加到线性标注后，可以使用夹点定位折弯。要重新定位折弯，请选择标注然后选择夹点，沿着尺寸线将夹点移至另一点。用户也可以在【特性】选项板的【直线和箭头】项下调整线性标注的折弯符号的高度。

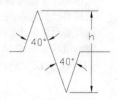

图 8-20　折弯特性标注

可通过以下方式启动该命令：

- 单击【注释】选项卡，然后在【标注】功能面板中单击【线性】下拉列表，单击【折弯线】按钮ₘ。
- 在传统菜单栏中选择【标注】→【折弯线性】命令。
- 在命令行窗口输入 Dimjogline，并按 Enter 键。

例 8.17　按图 8-21 的图形和参数进行尺寸标注。

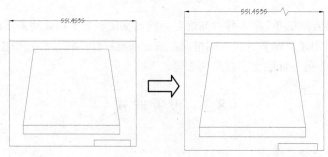

图 8-21　折弯标注

命令：_Dimlinear
指定第一个尺寸界线原点或 <选择对象>:(选择线段左侧端点)
指定第二条尺寸界线原点：(选择线段右侧端点)
指定尺寸线位置或[多行文字(M)/文字(T)/角度(A)/水平(H)/垂直(V)/旋转(R)]:(在适当位置单击)
标注文字 = 551.4535
命令：_Dimjogline
选择要添加折弯的标注或 [删除(R)]:(选择上面的标注)
指定折弯位置(或按<Enter>键)：(在线段上选择一点，指定该点作为折弯位置，或按 Enter 键以将

折弯放在标注文字和第一条尺寸界线之间的中点处，或基于标注文字位置的尺寸线的中点处)

如果输入 R，则可以从已有标注中删除折弯。

3. 间距标注

读者从前面的操作中可能已经注意到，当进行多个标注时，它们之间的距离往往不能均匀，影响了绘图美观性。虽然对于基线标注有系统默认变量进行控制，可对于其他标注而言就无法满足要求了，所以，AutoCAD 2012 提供了一个新的间距标注工具，它可以对平行线性标注和角度标注之间的间距进行调整。启动方式如下：

- 单击【注释】选项卡，在【标注】功能面板单击【调整间距】按钮 。
- 在传统菜单栏中选择【标注】→【标注间距】命令。
- 在命令行窗口输入 Dimspace，并按 Enter 键。

例 8.18　按图 8-22 的图形和参数进行尺寸标注。

命令：_Dimspace
选择基准标注：(选择最下面的水平标注)
选择要产生间距的标注：(选择中间标注)
选择要产生间距的标注：(选择最上面标注)
选择要产生间距的标注：✓
输入值或 [自动(A)] <自动>：10

所有选定标注将以 10 的距离隔开。

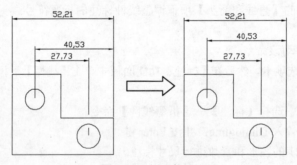

图 8-22　间距标注

注意：可以使用间距值 0（零）将对齐选定的线性标注和角度标注的末端对齐。

如果输入 A，采用【自动】方式，则根据在选定基准标注的标注样式中指定的文字高度自动计算间距，所得的间距值是标注文字高度的 2 倍。

8.3　设置样式

8.3.1　设置文字样式

在传统菜单栏中选择【格式】→【文字样式】命令，或者在命令行窗口中输入 style 命令，弹出【文字样式】对话框，如图 8-23 所示。

在该对话框中设置字体字形。一般把用于尺寸标注的文本【高度】设为 0，以便用【注释】对话框中的文本高度来设置尺寸标注的文本高度；如果不将该值设置为 0，它将取代【注释】对话框里的设置，使 DIMTXT 变量无法控制文本的高度。

在该对话框中，还可以根据需要新建文本样式，或更改样式的名称。设置好之后，单击【应用】按钮和【关闭】按钮，使全部设置生效。

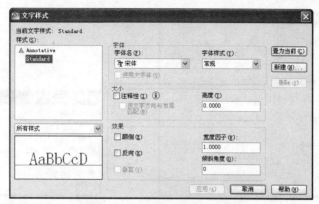

图 8-23 【文字样式】对话框

8.3.2 设置尺寸标注样式

AutoCAD 2012 中可以利用对话框设置尺寸标注样式，它比以前版本利用 Dim、Dim1 等标注命令设置要简单快捷。

1. 启动

- 单击【注释】选项卡，在【标注】功能面板单击 ⎘ 按钮。
- 在传统菜单栏中选择【标注】→【标注样式】命令。
- 在命令行窗口输入 Dimstyle 或 Ddim，并按 Enter 键。

2. 操作方法

激活该命令后，弹出如图 8-24 所示的【标注样式管理器】对话框。

该对话框中各选项的含义如下：

- 【样式】——列表图形中的标注样式。当前样式被亮显。
- 【列出】——控制【样式】列表中的显示样式。选择【所有样式】选项，查看图形中所有的标注样式；选择【正在使用的样式】选项，只查看图形中当前使用的标注样式。
- 【不列出外部参照中的样式】——勾选该复选框，在【样式】列表框中将不显示外部参照图形的标注样式。
- 【预览】——显示【样式】列表中选中样式的图示。
- 【置为当前】——该按钮用来设置当前尺寸样式。在【样式】列表中选取要作为当前设置的尺寸样式，然后单击【置为当前】按钮，就把所选设置作为当前的尺寸样式。
- 【新建】——该按钮用来创建新的尺寸样式。单击【新建】按钮，弹出【创建新标注样式】对话框，如图 8-25 所示。
  - ◆ 【新样式名】——在该文本框中输入创建的尺寸样式的名字。例如，在其中输入 ISO-29作为新的尺寸样式的名字。
  - ◆ 【基础样式】——包含所有的尺寸样式，作为新尺寸样式的设置基础。在此下拉列表框中选取基准样式选项，然后单击【继续】按钮，弹出如图 8-26 所示的【新建标注样式】对话框。
  - ◆ 【用于】——在该文本框中包含【所有标注】、【线性标注】、【角度标注】、【半径标注】、【直径标注】、【坐标标注】和【引线和公差标注】7 个选项，分别标注所有尺寸、线性尺寸、角度尺寸、半径尺寸、直径尺寸、坐标标注、引线和公差标注。若只选取【半径标注】选项，则仅对半径形尺寸进行标注。

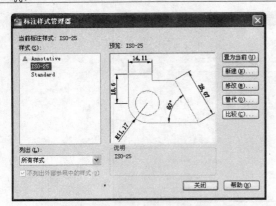

图 8-24　【标注样式管理器】对话框　　　　图 8-25　【创建新标注样式】对话框

- 【修改】——单击此按钮，弹出【修改标注样式】对话框，如图 8-27 所示。

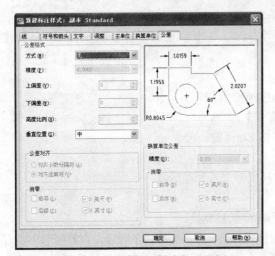

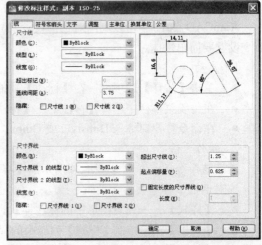

图 8-26　【新建标注样式】对话框　　　　图 8-27　【修改标注样式】对话框之【线】选项卡

此对话框中有 7 个用来设置标注样式的选项卡，分别是【线】、【符号和箭头】、【文字】、【调整】、【主单位】、【换算单位】和【公差】。下面简单介绍它们的含义。

- ◆ 【线】——利用该选项卡可以设定【尺寸线】、【尺寸界线】和【圆心标记】等，如图 8-27 所示。
- ◆ 【符号和箭头】——利用该选项卡可以设定【箭头】、【圆心标记】和【弧长符号】等，如图 8-28 所示。
- ◆ 【文字】——利用该选项卡可以设定【文字外观】、【文字位置】和【文字对齐】等，如图 8-29 所示。
- ◆ 【调整】——该选项卡有【调整选项】、【文字位置】、【标注特征比例】和【优化】等选项区，如图 8-30 所示。
- ◆ 【主单位】——该选项卡有【线性标注】、【测量单位比例】、【消零】和【角度标注】等选项区，如图 8-31 所示。
- ◆ 【换算单位】——该选项卡用来对替换对象进行设置。勾选【显示换算单位】复选框，可以对其中的【换算单位】、【消零】和【位置】选项区进行设置，否则不能对其进行设置，如图 8-32 所示。

图 8-28　【符号和箭头】选项卡

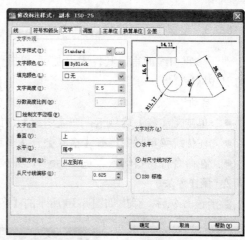

图 8-29　【文字】选项卡

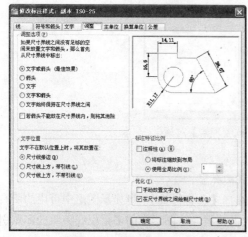

图 8-30　【调整】选项卡

图 8-31　【主单位】选项卡

◆　【公差】——该选项卡用来确定公差标注的方式，有【公差格式】、【公差对齐】、
【消零】和【换算单位公差】等选项区，如图 8-33 所示。

图 8-32　【换算单位】选项卡

图 8-33　【公差】选项卡

8.3.3　设置多重引线样式

对于多重引线而言，其样式也是可以进行设置的，这样更加能够标注出符合自己单位设计情况的引线标注。

1. 启动

- 单击【注释】选项卡，在【引线】功能面板中单击右下角的 » 按钮。
- 在传统菜单栏中选择【格式】→【多重引线样式】命令。
- 在命令行窗口输入 Mleaderstyle，并按 Enter 键。

2. 操作方法

激活该命令后，弹出如图 8-34 所示的【多重引线样式管理器】对话框。

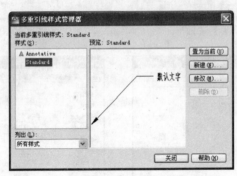

图 8-34　【多重引线样式管理器】对话框

该对话框中各选项的含义如下：

- 【样式】——显示多重引线列表。当前样式被亮显。
- 【列出】——控制【样式】列表的内容。选择【所有样式】，可显示图形中可用的所有多重引线样式；选择【正在使用的样式】，仅显示被当前图形中的多重引线参照的多重引线样式。
- 【预览】——显示【样式】列表中选定样式的预览图像。
- 【置为当前】——将【样式】列表中选定的多重引线样式设置为当前样式。所有新的多重引线都将使用此多重引线样式进行创建。
- 【新建】——显示【创建新多重引线样式】对话框，如图 8-35 所示，从中可以定义新多重引线样式。
- 【删除】——删除【样式】列表中选定的多重引线样式，但不能删除图形中正在使用的样式。

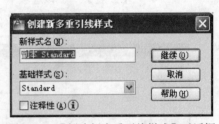

图 8-35　【创建新多重引线样式】对话框

- 【修改】——显示【修改多重引线样式】对话框，如图 8-36 所示，从中可以修改多重引线样式。

该对话框包含【引线格式】、【引线结构】和【内容】3 个选项卡，分别如图 8-36、图 8-37 和图 8-38 所示。各选项卡的含义如下：

- ◆ 【常规】——该选项区位于【引线格式】选项卡，控制多重引线的基本外观，包括【类型】、【颜色】、【线型】和【线宽】等选项。
- ◆ 【箭头】——该选项区位于【引线格式】选项卡，控制多重引线箭头的外观，包括【符号】和【大小】等选项。

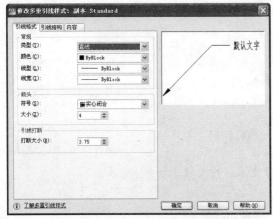

图 8-36 【修改多重引线样式】对话框

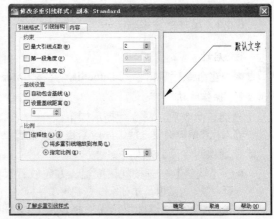

图 8-37 【引线结构】选项卡

◆ 【引线打断】——该选项区位于【引线格式】选项卡，控制将折断标注添加到多重引线时使用的设置。

◆ 【约束】——该选项区位于【引线结构】选项卡，控制多重引线的约束。

◆ 【基线设置】——该选项区位于【引线结构】选项卡，控制多重引线的基线设置。

◆ 【比例】——该选项区位于【引线结构】选项卡，控制多重引线的缩放。

◆ 【多重引线类型】——位于【内容】选项卡，确定多重引线是包含文字还是包含块。

◆ 【文字选项】——该选项区位于【内容】选项卡，控制多重引线文字的外观，包括【文字样式】、【文字角度】、【文字颜色】和【文字高度】等。

◆ 【引线连接】——该选项区位于【内容】选项卡，控制多重引线的引线连接设置。

◆ 【块选项】——如果多重引线包含块，则【内容】选项卡如图 8-39 所示，【块选项】选项区可用，控制多重引线对象中块内容的特性，包括【源块】、【附着】、【颜色】和【比例】选项。

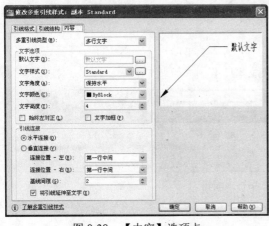

图 8-38 【内容】选项卡

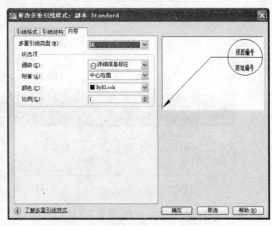

图 8-39 【内容】选项卡（块）

8.4 编辑尺寸标注和放置文本

所建立的尺寸标注可以随时修改其内容、放置位置和决定尺寸的具体关联性。

8.4.1 尺寸标注编辑

1. 启动

- 在命令行窗口输入 Dimedit，并按 Enter 键。

2. 操作方法

激活该命令后，命令行提示如下：

输入标注编辑类型 [默认(H)/新建(N)/旋转(R)/倾斜(O)] <默认>：

各选项的含义分别如下：

- 【默认】——按默认位置、方向放置尺寸文本。输入 H，命令行提示如下：

选择对象：(选取尺寸对象)

AutoCAD 2012 继续提示【选择对象】以不断选取尺寸对象。

- 【新建】——新建标注文字。

例 8.19 在图 8-40（a）中修改正方形的长度与宽度尺寸值。

命令： _Dimedit

输入标注编辑类型 [默认(H)/新建(N)/旋转(R)/倾斜(O)] <默认>：N↙

弹出【文字编辑器】功能区，如图 8-41 所示，在绘图区输入新的尺寸文本 50，在绘图区任意位置单击确定。命令行提示如下：

选择对象：(选取长度尺寸)

选择对象：(选取宽度尺寸)

选择对象：↙

结果如图 8-40（b）所示，尺寸发生变化。

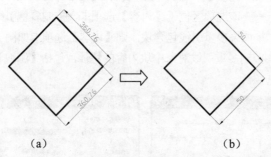

        （a）   （b）

图 8-40   改变文本尺寸

图 8-41   多行文字格式编辑

- 【旋转】——此项用来标注文字旋转。

命令行提示如下：

输入标注文字的角度：(输入一个角度)

选择对象：↙

- 【倾斜】——此项用来对长度型标注的尺寸进行编辑，使尺寸界线以一定的角度倾斜。输入 O，命令行提示如下：

选择对象：(选取尺寸对象)

选择对象：↙

输入倾斜角度（按<Enter>键表示无）：

8.4.2　放置尺寸文本位置

本节主要讲述尺寸文本位置的改变，可以把文本放置在尺寸线的中间、左对齐、右对齐，或把尺寸文本旋转一定的角度。

1. 启动

- 在传统菜单栏中选择【标注】→【对齐文字】子菜单中的相应命令。
- 在命令行窗口输入 Dimtedit，并按 Enter 键。

2. 操作方法

激活该命令后，命令行提示如下：

选择标注：（选择尺寸标注）

为标注文字指定新位置或 ［左对齐(L)/右对齐(R)/居中(C)/默认(H)/角度(A)］：

各选项的含义分别如下：

- 【为标注文字指定新位置】——此项为默认选项，拖动光标可以把尺寸文本拖放到任意位置。
- 【角度】——此选项用来使尺寸文本旋转一定的角度。输入 A，执行该选项，命令行提示如下：

指定标注文字的角度：

在此提示下输入尺寸文本的旋转角度值，如果输入正角度值，尺寸文本以逆时针方向旋转；反之按照顺时针方向旋转。

- 【默认】——此选项的功能是把用角度选项修改的文本恢复到原来的状况。
- 【左对齐(L)/右对齐(R)/居中(C)】——这 3 个选项的功能是使尺寸文本靠近尺寸左边界/右边界/中心。执行该选项，尺寸文本自动放置到左边界/右边界/中心。

8.4.3　尺寸关联

在 AutoCAD 2012 中，尺寸标注可以同标注对象相关联，这样当对象形状发生变化时，尺寸也随之变化。具体操作过程如下：

（1）在传统菜单栏中选择【工具】→【选项】命令，弹出【选项】对话框，选择【用户系统配置】选项卡，如图 8-42 所示。

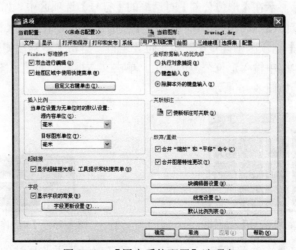

图 8-42　【用户系统配置】选项卡

（2）在【关联标注】选项区中勾选【使新标注可关联】复选框，单击【确定】按钮。它将对以后的尺寸标注产生影响。

（3）选择【标注】→【快速标注】命令，标注后通过拖动等方式更改被标注对象，观察其尺寸标注效果。

8.5 公差标注

在机械制图中，有些零件仅给出尺寸公差是不能满足要求的。如果零件在加工过程中产生过大的形状误差和位置误差的话，同样会影响零件的质量，因此需要对一些图纸进行形位公差的标注。AutoCAD 提供了形位公差标注功能，其组成要素如图 8-43 所示。

1. 启动方法

● 单击【注释】选项卡，在【标注】功能面板单击【公差】按钮田。

● 在传统菜单栏中选择【标注】→【公差】命令。

● 在命令行窗口输入 Tolerance，并按 Enter 键。

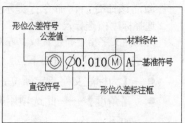

图 8-43 形位公差组成要素

2. 操作方法

具体的操作步骤如下：

（1）执行命令后，AutoCAD 弹出【形位公差】对话框，如图 8-44 所示。

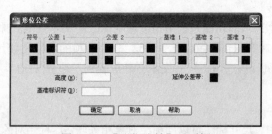

图 8-44 【形位公差】对话框

（2）单击【符号】选项区中的黑色图标，弹出【特征符号】对话框，如图 8-45 所示。

AutoCAD 在该对话框中列出了 14 种形位公差符号。单击需要的图标，【特征符号】对话框将关闭并将所选择的图标显示在【形位公差】对话框的【符号】选项区中。如果在【特征符号】对话框中选择了右下角的空白图标，AutoCAD 将清空【形位公差】对话框的【符号】选项区。

（3）在【公差 1】选项区中确定第一组形位公差值。单击文本框左侧的黑色图标可以添加或删除直径符号。在文本框中输入形位公差的数值。单击文本框右侧的黑色图标，AutoCAD 将弹出【附加符号】对话框，如图 8-46 所示。

图 8-45 【特征符号】对话框

图 8-46 【附加符号】对话框

根据需要在该对话框中选择图标，AutoCAD 关闭该对话框并将所选的符号插入到相应位置。

（4）重复（2）、（3）步，生成【公差 2】、【基准 1】、【基准 2】和【基准 3】。

（5）在【高度】文本框中输入投影公差带的数值。

（6）如果要在投影公差带数值后插入投影公差带的符号，单击【延伸公差带】后的黑色图标可显示或隐藏该符号。

（7）在【基准标识符】文本框中输入基准标识符。

根据需要设置完该对话框后，单击【确定】按钮，AutoCAD 提示用户如下：

输入公差位置：

在指定了公差标注的位置后，AutoCAD 会将用户设置的公差放在指定位置。

一、选择题

1. 在 AutoCAD 中，用于设置尺寸延伸线超出尺寸线距离的变量是（　　）。

　　A．DIMCLRE　　　　　B．DIMLWE　　　C．DIMEXE　　　D．DIMEXO

2. 标注关联是由（　　）系统变量控制的。

　　A．ASSOCDIM　　　　B．ASSOCONOFF C．DIMASO　　　D．ASSOCUPDATE

3. 能真实反映倾斜对象实际尺寸的标注命令是（　　）。

　　A．对齐标注　　　　　B．线性标注　　　C．引线标注　　　D．连续标注

4. 在机械工程图中，标注圆弧的弧度为 45° 时，特殊字符 "°" 的输入应使用（　　）。

　　A．%%O　　　　　　　B．%%D　　　　　C．%%P　　　　　D．%%C

5. 使用下列（　　）标注，必须先标注出一尺寸。

　　A．线性　　　　　　　B．对齐　　　　　C．基线　　　　　D．引线

6. 下列表示 ∅120 的字符代码是（　　）。

　　A．%%u120　　　　　B．%%o120　　　　C．%%c120　　　　D．%%d120

二、填空题

1. 一个完整的尺寸包括_____、_____、_____和_____4 部分。

2. 在进行尺寸标注时，AutoCAD 提供的样式包括_____、_____、_____、_____、_____和_____等。

3. 线性尺寸标注形式有_____、_____、对齐和旋转等。

4. 尺寸变量 DIMTXT 的功能是_____。

三、判断题

1. 快速引线标注的最大端点数为 3。（　　　）

2. 所有尺寸标注都应该在视图中给出。（　　　）

3. 不能为尺寸文字添加后缀。（　　　）

4. 在没有任何标注的情况下，也可以用基线标注和连续标注。（　　　）

四、操作题

1. 对底板图进行标注，如图 8-47 所示。

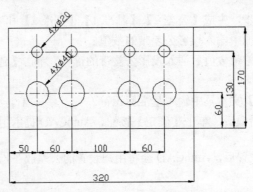

图 8-47　标注底板图

2．按照图 8-48 所示绘制高速轴图并进行标注。

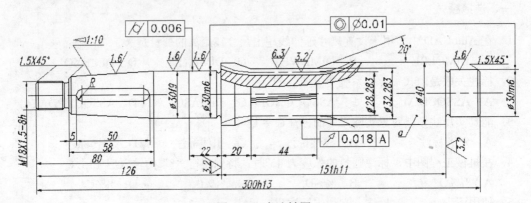

图 8-48　高速轴图

五、思考题

1．尺寸标注由哪些部分组成？

2．AutoCAD 提供了多少种尺寸标注类型？

3．自动标注和半自动标注有何不同？

4．如何改变尺寸标注的样式？

5．什么是尺寸标注的关联性？

6．如何进行公差标注？

第9章 技术要求与表格处理

在一张完整的工程机械图中，文字是图纸的重要组成部分，它表达了图纸上的重要信息。AutoCAD 2012 提供了完善的文字生成和文本编辑功能。不仅可以直接用键盘输入，而且可以使用不同的字形、定义不同的字高、使用不同的对齐方式，使不同行业的用户都能很好地运用。

通过本章的学习，掌握文本基本概念，并且能够输入简单文字；掌握文字样式的处理，选择字体，确定文字大小和效果；利用 Mtext 标注多行文字；掌握编辑文字的方法以及注释性之间的处理；掌握工程图表格基础知识及其处理方法。

- 技术要求与文字标注
- 构造文字样式
- 标注多行文字
- 编辑文字
- 表格及其处理

9.1 技术要求与文字标注

在实际绘图时，为了使图形易于阅读，需要为图形进行文字标注和说明，无论是机械的零件图、装配图，还是建筑的平面图、立面图，都需要标注技术要求。

9.1.1 文本基本概念

在文本放置中，最基本的单位就是文本和字体。文本就是图形设计中的技术说明和图形注释等文字。在手工绘图中，为了整个画面的美观，设计者要精心书写，甚至由于设计单位、设计项目的不同，要求的字体也不同，AutoCAD 2012 解决了这些问题，不但可以快速添加文字，而且还提供了丰富的字库。

在图形上添加文字前，考虑的问题是文本所使用的字体、文本所确定的信息、文字的比例，以及文本的类型和位置。涉及的概念如下：

（1）字体。字体指文字的不同书写形式，包括所有的大、小写文本，数字以及宋体、仿宋体等文字。

（2）文本所确定的信息。即文本的内容，这是文本放置前的主要要求。确定了它，才能确定文本的具体位置、使用类型和字体类型等。

（3）文本的位置。在一般的图形绘制中，文本应该和所描述的实体平行，放置在图形的外部，并尽量不与图形的其他部分相交。可以用一条细线引出文本，把文本和图形联系起来；也可以放置在图纸的一角。为了清晰、美观，文本要尽量对齐。

一般应该把文本放在主组代码为 ANNO 的层上。

（4）文本的类型。文本一般包括通用注释和局部注释两种。通用注释就是整个项目的一个特定说明；局部注释是项目中的某一部分的说明，或具体到哪一张图的文字说明。

（5）文本的比例。在一张图中，其中的文字部分不协调，将影响到整个图的布局。在输入一段文字时，系统将提示用户输入文字高度。但为了方便并且能得到理想的文本高度，可以定义一个比例系数。文本的比例系数可以和图形比例系数互用，当图形比例系数变化时，文本比例系数也随着改变。它们之间的具体关系，则随用户的不同而有所改变。

AutoCAD 2012 为文字行定义了 4 条定位线，即顶线、中线、基线和底线，如图 9-1 所示。

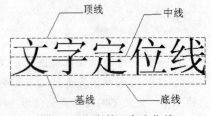

图 9-1　文字的 4 条定位线

9.1.2　输入简单文字

在 AutoCAD 2012 中，可以用不同的方式放置文本。对于一些简单、不需要复杂字体的部分，可以用 Text 命令来放置动态文本。

1. 启动

- 单击【常用】选项卡，在【注释】功能面板中单击【单行文字】按钮A。
- 单击【注释】选项卡，在【文字】功能面板中单击【单行文字】按钮A。
- 在传统菜单栏中选择【绘图】→【文字】→【单行文字】命令。
- 在命令行窗口输入 Text 或 Dtext，并按 Enter 键。

2. 操作方法

激活该命令后，命令行提示如下：

命令：Dtext 或 Text
当前文字样式："Standard" 文字高度：2.5000 注释性：否
指定文字的起点或 [对正(J)/样式(S)]：

各选项含义如下：

- 【指定文字的起点】——系统的默认选项。执行该选项，命令行提示如下：

指定文字的起点或 [对正(J)/样式(S)]：(确定文字的起始位置)
指定高度 <2.5000>：(确定文字的高度)
指定文字的旋转角度 <0>：(确定文字行的旋转角度)

此时图形窗口中出现文本框供读者输入文字，如图 9-2 所示。确定文字的内容并输入，按 Enter 键后可以继续输入文字的内容，如要结束输入，再按一次 Enter 键即可。

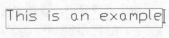

图 9-2　输入单行文字

- 【对正】——AutoCAD 2012 提供了多样的文字定位方式，这些定位方式便于灵活组织图纸上的文本。输入 J，执行该选项，命令行提示如下：

输入选项[对齐(A)/布满(F)/居中(C)/中间(M)/右对齐(R)/左上(TL)/中上(TC)/右上(TR)/左中(ML)/正中(MC)/右中(MR)/左下(BL)/中下(BC)/右下(BR)]：

- 　◆ 【对齐】——通过指定文字基线的两个端点来指定文字宽度和文字方向。输入 A，执行该选项，命令行提示如下：

　　　　指定文字基线的第一个端点：(拾取点)
　　　　指定文字基线的第二个端点：(拾取点，输入文字即可)

　　　用户依次确定文字基线的两个端点并输入文字后，系统自动将输入的文字写在两点之间，如图 9-3 所示。文字行的斜角由两点的连线确定，根据两点的距离、字符数自动调节文字的宽度。字符串越长，字符就越小。

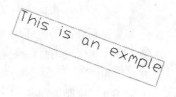

◆ 　【布满】——通过指定两点和文字高度来确定显示文字的区域和方向。输入 F，执行该选项，命令行提示如下：

图 9-3　输入对齐文字

指定文字基线的第一个端点： (拾取点)
指定文字基线的第二个端点： (拾取点)
指定高度 <25.0000>：(指定高度后，输入文字即可)

其中文字的高度是指以绘图单位表示的大写字母从基线垂直延伸的距离。在【调整】方式下，文字的高度是一定的，此时字符串越长，字符就越窄。

◆ 　【居中】——通过指定文字基线的中点来定位文字。输入 C，执行该选项，命令行提示如下：

指定文字的中心点： (拾取点)
指定高度 <2.5000>：(指定高度)
指定文字的旋转角度 <0>：(指定角度后，输入文字即可)

文字的旋转角度指文字基线相对于 X 轴绕中点的旋转方向。用户可以通过指定一点来指定该角，系统将文字从起点延伸到指定点。如果指定点在中点的左边，系统将绘制倒置的文字。

◆ 　【中间】——通过指定文字外框的中心来定位文字，文本行的高度和宽度都以此点为中心。输入 M，执行该选项，命令行提示如下：

指定文字的中间点： (拾取点)
指定高度 <2.5000>：(指定高度)
指定文字的旋转角度 <20>：(指定角度后，输入文字即可)

◆ 　【右对齐】——通过指定文字基线的右侧端点来定位文字。输入 R，执行该选项，命令行提示如下：

指定文字基线的右端点： (拾取点)
指定高度 <50.0000>：(指定高度)
指定文字的旋转角度： (指定角度后，输入文字即可)

对于其余的 9 种定位方式，系统分别以文字的顶线、中线、底线的左、中、右三点定位文字，如图 9-4 所示。

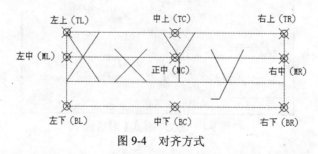

图 9-4　对齐方式

● 　【样式】——输入 S，执行该选项，命令行提示如下：

输入样式名或 [?] <Standard>：

可以按 Enter 键接受当前样式，或者输入一个文字样式名将其设置为当前样式。当输入"？"后，AutoCAD 2012 将打开文本窗口，列出当前图形某个文字样式或全部文字样式，以及一些设置信息。

3. 说明

如果最后使用的是 Text 命令，当再次使用 Text 命令时，按 Enter 键响应提示，则系统不再要求输入高度和角度，而直接提示输入文字。该文字将放置在前一行文字的下方，且高度、角度和对齐方式均相同。

例 9.1 绘制如图 9-5 所示文字，其命令参数均在图中。如果用户的画面出现"？"，则说明文字样式不对，需要进行修改，详见 9.2 节。

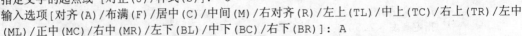

图 9-5 Text 命令应用

命令：text
指定文字的起点或 [对正(J)/样式(S)]：(拾取点 1)
指定高度 <2.5000>：(拾取点 2)
指定文字的旋转角度 <0>：✓(随后输入"AutoCAD"，按 Enter 键，继续输入"文本命令样例"，连续按 Enter 键两次)
命令：Text
指定文字的起点或 [对正(J)/样式(S)]： J
输入选项[对齐(A)/布满(F)/居中(C)/中间(M)/右对齐(R)/左上(TL)/中上(TC)/右上(TR)/左中(ML)/正中(MC)/右中(MR)/左下(BL)/中下(BC)/右下(BR)]：A
指定文字基线的第一个端点：(拾取点 3)
指定文字基线的第二个端点：(拾取点 4，输入"文本命令对齐方式"，连续按 Enter 键两次)

9.2 构造文字样式

文本放置内容包括文本的字体、高度、宽度和角度等。当所做的图越来越大时，每次设置这些特性很麻烦，用户可以使用 Style 命令组织文字。Style 存储了最常用的文字格式，如高度、字体信息等。用户可以自己创建文字样式，或调用图形模板中的文字样式，使用 Style 命令把文字添加到图形中。

在创建新样式时，有 3 个因素很重要，即指定样式名、选择字体和定义样式属性。样式是利用如图 9-6 所示的【文字样式】对话框进行设置的。

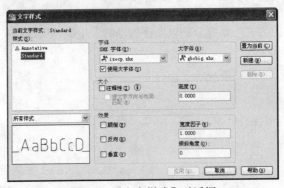

图 9-6 【文字样式】对话框

该对话框的启动方式如下：

- 单击【注释】选项卡，在【文字】功能面板中单击右下角的 ＊ 按钮。
- 在传统菜单栏中选择【格式】→【文字样式】命令。
- 在命令行窗口输入 St 或 Style，并按 Enter 键。

【文字样式】对话框包含样式处理、字体、大小、效果和预览等 5 方面内容，在创建新样式中指定样式名是最基本的。

9.2.1 样式处理

有关样式处理的操作有以下几种：

（1）创建样式。在【文字样式】对话框中单击【新建】按钮，将弹出【新建文字样式】对话框，如图9-7所示。接受默认值"样式1"，或直接输入用户命名的名字，单击【确定】按钮。

（2）删除样式。在【文字样式】对话框的【样式】列表框中选择要删除的样式，单击【删除】按钮，删除所选样式。

（3）重命名样式。样式重命名可以直接利用【文字样式】对话框，也可以使用 Rename 命令重命名。

1）使用【文字样式】对话框重新命名样式的步骤如下：在【文字样式】对话框选取【样式】列表框中要重命名的样式，右击，在弹出的快捷菜单中选择【重命名】命令，输入新的样式名，按Enter 键，重命名生效。

2）使用 Rename 命令重新命名样式的步骤如下：在传统菜单栏中选择【格式】→【重命名】命令，或在命令行窗口输入 Ren 或 Rename 并按 Enter 键，将弹出如图9-8所示的【重命名】对话框。在【命名对象】列表框中选择【文字样式】选项，【项目】列表框中将列出已有的所有样式名。选取要重命名的样式，该项将出现在【旧名称】文本框中。在【重命名为】文本框中输入新名字，单击【重命名为】按钮，再单击【确定】按钮，关闭此对话框。

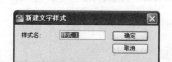

图 9-7 【新建文字样式】对话框

图 9-8 【重命名】对话框

9.2.2 选择字体

从图9-6的【文字样式】对话框中可以看到，【字体】选项区中有一个【使用大字体】复选框，【字体】选项区中的选项随这个选项的开、闭而变化。用户需要在此选择正确的汉字字体方能输入汉字。

勾选【使用大字体】复选框，系统将提供计算机内所有程序的字体，包括【SHX 字体】和【大字体】；不勾选【使用大字体】复选框，系统只提供 AutoCAD 2012 内的字体，选择字体只能从新提供的【字体名】下拉列表框中选取。

9.2.3 确定文字大小

在【文字样式】对话框中，文字的大小可以直接进行设置。

- 【注释性】——勾选该复选框，指定文字为"可注释性"，单击信息⊙以了解有关注释性对象的详细信息。这是 AutoCAD 2012 提供的新功能。本章后面将详细讲解。
- 【使文字方向与布局匹配】——指定图纸空间视口中的文字方向与布局方向匹配。如果不选中【注释性】复选框，则该选项不可用。

- 【高度】或【图纸文字高度】——根据输入的值设置文字高度。如果输入 0.0，则每次用该样式输入文字时，文字默认高度值为 0.2；输入大于 0.0 的高度值，则为该样式设置固定的文字高度。在相同的高度设置下，TrueType 字体显示的高度要小于 SHX 字体。如果勾选【注释性】选项，则将设置在图纸空间中显示的文字的高度；否则，直接确定显示文字高度。

9.2.4 效果

【文字样式】对话框的【效果】选项区中有 5 个选项，包括【颠倒】、【反向】和【垂直】3 个复选框以及【宽度因子】和【倾斜角度】2 个文本框，下面分别进行介绍。

- 【颠倒】——使文本颠倒放置。系统设置的文本放置方式的默认值是正放文本，勾选该复选框，文本将倒置。效果如图 9-9 所示。
- 【反向】——使文本从右到左放置。该选项默认值是从左到右放置文本，勾选该复选框，文本将从右到左放置文本。效果如图 9-10 所示。

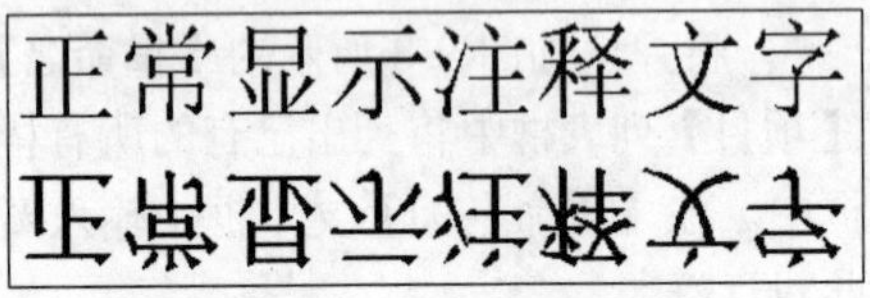

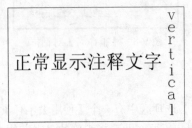

图 9-9　颠倒效果 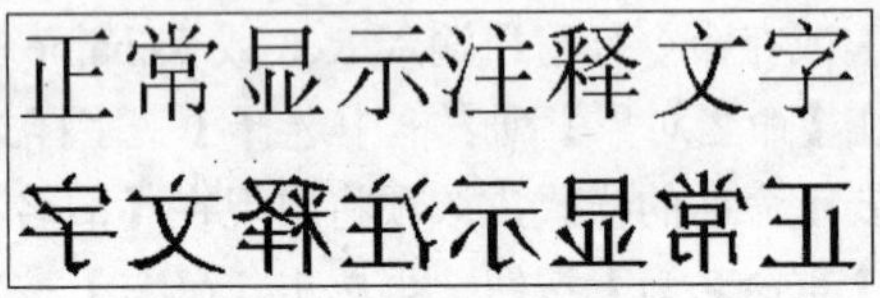　　　　　　　　　　　　　图 9-10　反向效果

- 【垂直】——使文本垂直放置。对于 TrueType 字体，该选项不可用；对于 SHX 字体，仅当所选字体支持垂直方向时可用。勾选该复选框的效果如图 9-11 所示。
- 【宽度因子】——在高度和宽度的比例基础上显示和绘制字体的字符。宽度因子的默认值为 1，它使宽度和高度相等。效果如图 9-12 所示。

图 9-11　垂直效果 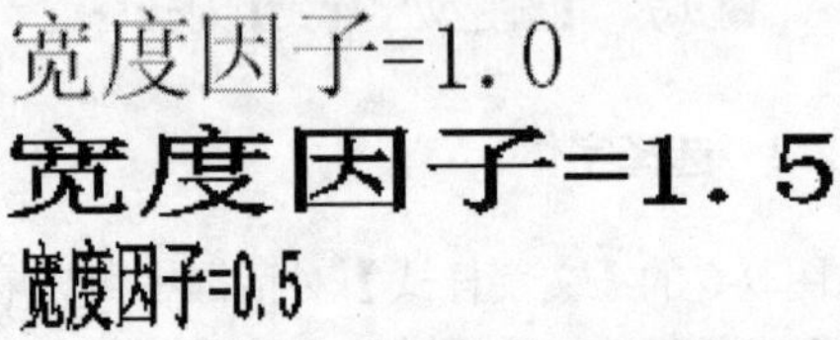　　　　　　　　　　　图 9-12　不同宽度因子效果

- 【倾斜角度】——使文本从竖直位置开始倾斜。其默认值为 0，显示正常的文本。当输入正值时，文本右倾斜；当输入负值时，文本左倾斜。效果如图 9-13 所示。

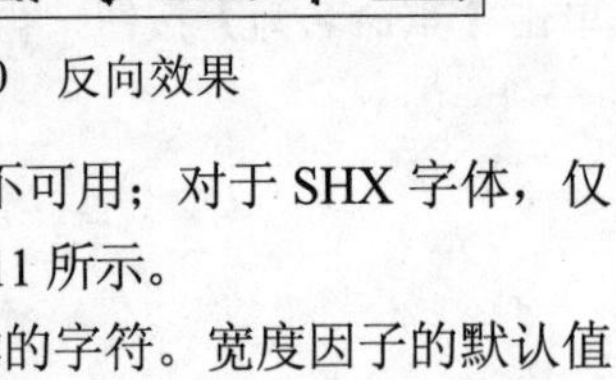

如果用户改变已有字形的字体或者方向，则当前图形中所有使用该字形的文本对象在重生成时都使用新设置；但如果改变文本高度、宽度比例和倾斜角度，将不影响已有文本对象，只影响后面的字体。

图 9-13　不同倾斜角度效果

9.3　标注多行文字

Text 和 Dtext 命令的文字功能比较弱，每行文字都是独立的对象，这就给编译明细表和技术要

求等大段文字带来麻烦。因此，AutoCAD 提供了 Mtext 命令来增强对文字的支持。该命令可处理成段文字，尤其在 AutoCAD 2012 中，很像 Word 处理程序。

启动方式如下：

- 单击【注释】选项卡，在【文字】功能面板单击【多行文字】按钮 **A**。
- 在传统菜单栏中选择【绘图】→【文字】→【多行文字】命令。
- 在命令行窗口输入 Mtext，并按 Enter 键。

激活该命令后，命令行提示如下：

指定第一角点： (用鼠标选定一点作为确定书写文字矩形区域的第一角点)

指定对角点或 [高度(H)/对正(J)/行距(L)/旋转(R)/样式(S)/宽度(W)/栏(C)]：

指定对角点后，系统弹出如图 9-14 所示文字编辑器。它由顶部带标尺的边框和【文字编辑器】功能区组成。文字编辑器是透明的，因此用户在创建文字时可看到文字是否与其他对象重叠。

图 9-14　文字编辑器

如图 9-15 所示，各选项功能如下：

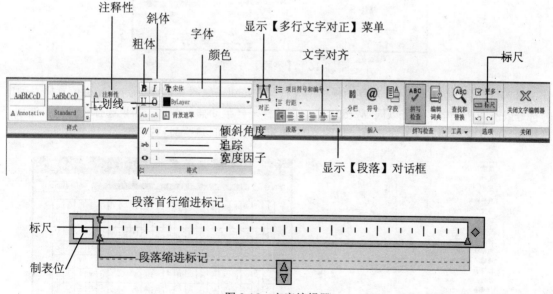

图 9-15　文字编辑器

（1）文字样式：对多行文字对象应用文字样式。如果将新样式应用到现有多行文字对象中，用于字体、高度、粗体或斜体属性的字符格式将被替代。堆叠、下划线和颜色属性将保留在应用新样式的字符中，同时，反向或倒置效果样式无效。在 SHX 字体中定义为垂直效果的样式将在多行文字编辑器中水平显示。

（2）字体：为新输入的文字指定字体或改变选定文字的字体。

（3）文字高度：可键入或选择新文字的字符高度。在 AutoCAD 2012 中，多行文字对象可以包含不同高度的字符。

（4）粗体：打开或关闭粗体格式。此功能仅适用于 TrueType 字体。

（5）斜体：打开或关闭斜体格式。此功能仅适用于 TrueType 字体。

（6）下划线：打开或关闭下划线格式。

（7）文字颜色：修改或指定文字的颜色。

另外，多行文字编辑器还有几个比较特殊的选项如下：

（1）插入字段。在【插入】功能面板上单击【字段】按钮，系统将弹出如图 9-16 所示的对话框，从【字段类别】下拉列表中选择类型，然后在【字段名称】列表中选择字段，可在右侧表达式中直接看到效果。确定后即可插入到文字边框内。

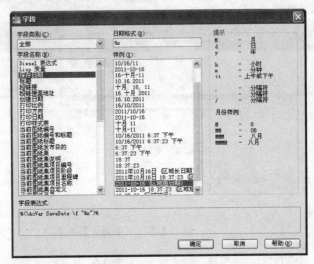

图 9-16 【字段】对话框

（2）符号。单击【插入】功能面板中的【符号】按钮，如图 9-17 所示，在光标位置插入列出的符号或不间断空格，也可以同 Word 等字处理软件一样手动插入符号。如果选择【其他】选项，系统将弹出【字符映射表】对话框，如图 9-18 所示，从中可以选择特殊字符。

图 9-17 【字符】菜单

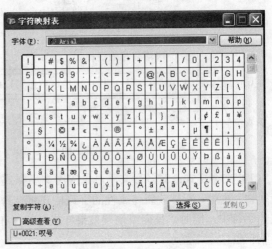

图 9-18 字符映射表

（3）输入文字。在【工具】功能面板上选择【输入文字】按钮，系统显示【选择文件】对话框。选择任意 ASCII 或 RTF 格式的文件，输入的文字保留原始字符格式和样式特性，但可以在多行文字编辑器中编辑和格式化输入的文字。输入文字的文件必须小于 32KB。

（4）插入项目符号和编号。单击【段落】功能面板中的【项目符号和编号】按钮，如图 9-19 所示，从中选择相应选项即可。

（5）背景遮罩。选择该选项后，将显示如图 9-20 所示的【背景遮罩】对话框。在其中可以决定文字遮挡的区域、遮挡背景等。结果如图 9-21 所示。

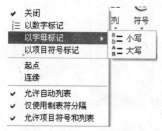

图 9-19　插入项目符号和编号

图 9-20　背景遮罩

（6）段落对齐。设置多行文字对象的对正和对齐方式。在一行的末尾输入的空格也是文字的一部分，并会影响该行文字的对正。文字根据其左右边界进行居中对正、左对正或右对正。

图 9-21　遮罩效果

（7）查找和替换。显示【替换】对话框，进行替换即可。

（8）合并段落。在【段落】功能面板中，将选定的段落合并为一段，并用空格替换每段的回车。当插入黑色字符且背景色是黑色时，多线文字编辑器自动将其改变为白色或当前颜色。

9.4　编辑文字

9.4.1　编辑文字

所输入的文字可以编辑属性或文字内容，有 Ddedit 命令和 Ddmodify 命令两种方式。

1. Ddedit 方式

- 在传统菜单栏中选择【修改】→【对象】→【文字】命令。
- 在命令行窗口输入 Ddedit，并按 Enter 键。

激活该命令后，命令行提示如下：

选择注释对象或 [放弃(U)]：

如果选择单行文字，则直接进入到输入状态文本框，在其中输入新文字即可。

如果选择多行文字，AutoCAD 2012 将弹出在位文字编辑器，在【多行文字】功能面板中可修改所选择的文字。修改完毕，单击【关闭文字编辑器】按钮使之生效。

2. Ddmodify 方式

直接在命令行中输入该命令，系统将弹出【特性】选项板。在绘图区选择文字后，用户就可在【特性】选项板修改文字的基本特性，包括【颜色】、【线型】、【图层】、【文字样式】、【对齐】和【宽度】等。多行文字【特性】选项板和单行文字【特性】选项板如图 9-22 所示。

图 9-22　文字的【特性】选项板

9.4.2　注释与注释性

通常用于注释图形的对象有一个特性，称为注释性。使用此特性，用户可以自动完成缩放注释的过程，从而使注释能够以正确的大小在图纸上打印或显示。用户可以在图形状态栏中进行简单设置，如图 9-23 所示。

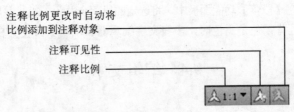

图 9-23　图形状态栏

在【特性】选项板中可更改注释性特性，用户还可以将现有对象更改为注释性对象，如图 9-24 所示。

将光标悬停在支持一个注释比例的注释性对象上时，光标将显示图标。如果该对象支持多个注释比例，它将显示图标。

用户为布局视口和模型空间设置的注释比例确定这些空间中注释性对象的大小，即缩放注释操作。

（1）在【模型】选项卡中设置注释比例的步骤如下：

1）在图形状态栏或应用程序状态栏的右侧，单击显示的注释比例旁边的箭头，如图 9-25 所示。

2）从列表中选择一个比例。如果是在【布局】选项卡下，则首先选择需要设置比例的视口，然后遵循上面的步骤。

（2）将注释比例添加到注释性对象中的步骤如下：

1）在传统菜单栏中选择【修改】→【注释性对象比例】→【添加/删除比例】命令，如图 9-26 所示。

2）在绘图区中，选择一个或多个注释性对象，按 Enter 键结束，系统弹出如图 9-27 所示对话框。

图 9-24　特性设置

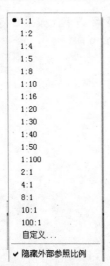

图 9-25　选择注释比例

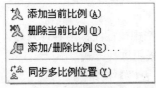

图 9-26　【注释性对象比例】子菜单

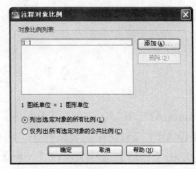

图 9-27　【注释对象比例】对话框

3）在【注释对象比例】对话框中，单击【添加】按钮，系统弹出如图 9-28 所示对话框。

图 9-28　【将比例添加到对象】对话框

4）在【将比例添加到对象】对话框中，选择要添加到对象的一个或多个比例（按住 Shift 键可以选择多个比例）。

5）单击【确定】按钮。

6）在【注释对象比例】对话框中，单击【确定】按钮。

如果用户要删除注释对象比例，可以在图 9-26 中选择【删除当前比例】命令，然后选择对象即可。

在【布局】环境下，如果要将注释旋转某个角度，可以在【特性】选项板的【旋转】文本框中设置，如图 9-29 所示。

图 9-29 【特性】选项板

9.5 工程图表格及其处理

在 AutoCAD 2012 中，提供了【表格】工具，用来将一些规律性注释内容排列好。这些操作有些类似于 Word 和 Excel 中的表格操作，例如明细表就可以采用这种方式。

- 单击【常用】选项卡，在【注释】功能面板单击【表格】按钮。
- 在传统菜单栏中选择【绘图】→【表格】命令。
- 在命令行窗口输入 Table，并按 Enter 键。

激活该命令后，系统弹出如图 9-30 所示对话框。其各选项含义如下：

- 【表格样式】——在下拉列表框中选择表格样式。单击【启动"表格样式"对话框】按钮，可以打开【表格样式】对话框，建立新的表格样式。

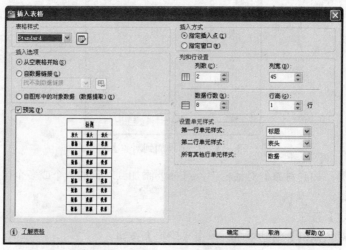

图 9-30 【插入表格】对话框

- ● 【插入选项】——在该选项区指定插入表格的方式。包含 3 个单选按钮：
  - ◆ 【从空表格开始】——选中该单选按钮，创建可以手动填充数据的空表格。
  - ◆ 【自数据链接】——选中该单选按钮，从外部电子表格中的数据创建表格。
  - ◆ 【自图形中的对象数据（数据提取）】——选中该单选按钮，启动【数据提取】向导。
- ● 【插入方式】——在该选项区指定表格位置。包含 2 个单选按钮：
  - ◆ 【指定插入点】——选中该单选按钮，可设置表格左上角的位置。可以使用定点设备，也可以在命令提示下输入坐标值。如果表格样式将表格的方向设置为由下而上读取，则插入点位于表格的左下角。
  - ◆ 【指定窗口】——选中该单选按钮，可设置表格的大小和位置。可以使用定点设备，也可以在命令提示下输入坐标值。选定此选项时，行数、列数、列宽和行高取决于窗口的大小以及列和行设置。
- ● 【列和行设置】——在该选项区设置列和行的数目和大小。
  - ◆ 【列数】——在文本框中指定列数。
  - ◆ 【列宽】——在文本框中设置列的宽度。
  - ◆ 【数据行数】——在文本框中指定行数。
  - ◆ 【行高】——在文本框中设置行高。
- ● 【设置单元样式】——对于那些不包含起始表格的表格样式，在该选项区设置新表格中行的单元样式。
  - ◆ 【第一行单元样式】——在下拉列表框中选择表格中第一行的单元样式，有【标题】、【表头】和【数据】3 个选项。默认为【标题】。
  - ◆ 【第二行单元样式】——在下拉列表框中选择表格中第二行的单元样式，有【标题】、【表头】和【数据】3 个选项。默认为【表头】。
  - ◆ 【所有其他行单元样式】——在下拉列表框中选择表格中所有其他行的单元样式，有【标题】、【表头】和【数据】3 个选项。默认为【数据】。

9.5.1　创建表格

创建表格的步骤如下：

（1）启动【插入表格】对话框，如图 9-30 所示。

（2）在【表格样式】下拉列表框中选择一个表格样式，或单击右侧的按钮，创建一个新的表格样式。

（3）选中【从空表格开始】单选按钮。

（4）选中【指定插入点】或【指定窗口】单选按钮，在图形中插入表格。

（5）设置【列数】和【列宽】。如果选中【指定窗口】单选按钮，可以设置【列数】或【列宽】，但是不能同时设置两者。

（6）设置【数据行数】和【行高】。如果选中【指定窗口】单选按钮，【数据行】由指定的窗口尺寸和【行高】决定。

（7）单击【确定】按钮，结果如图 9-31 所示。

（8）如果直接确定，则建立空表格，如图 9-32 所示。否则，可以通过方向键来移动单元位置，并输入其内容。在此建立的是一个 5 行 5 列的表格，其表格标题和表头是不算在其中的。

提示： 在 AutoCAD 2012 默认状态下，只显示表格内容，即不显示表格行号和列号。

图 9-31　表格编辑状态

图 9-32　建立的空表格

　　如果要在已有数据基础上建立表格，则可以进行如下操作：选中【自数据链接】单选按钮，单击【启动"数据链接管理器"对话框】按钮 ，弹出如图 9-33 所示对话框，选择已有数据链接或创建一个新的数据链接。单击【确定】按钮，即可在图形中指定表格的插入点并插入。

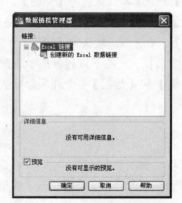

图 9-33　【选择数据链接】对话框

9.5.2　从数据提取创建表格

具体操作步骤如下：

（1）在传统菜单栏中选择【工具】→【数据提取】命令，系统弹出如图 9-34 所示对话框。

（2）选中【创建新数据提取】单选按钮。如果要使用样板（DXE 或 BLK）文件，勾选【将上一个提取用作样板】复选框。单击【下一步】按钮，系统弹出如图 9-35 所示对话框。

（3）在【将数据提取另存为】对话框中，指定数据提取文件的文件名。单击【保存】按钮，系统弹出如图 9-36 所示对话框。

（4）在【图形文件和文件夹】列表框中，选择要从中提取数据的图形或文件夹。单击【下一步】按钮，系统弹出如图 9-37 所示对话框。

图 9-34 【数据提取—开始】对话框

图 9-35 【将数据提取另存为】对话框

图 9-36 【数据提取—定义数据源】对话框

图 9-37 【数据提取—选择对象】对话框

（5）在该对话框中，选择要从中提取数据的对象。单击【下一步】按钮，系统弹出如图 9-38 所示对话框。

（6）在该对话框中，选择要从中提取数据的特性。单击【下一步】按钮，系统弹出如图 9-39 所示对话框。

图 9-38 【数据提取—选择特性】对话框

图 9-39 【数据提取—优化数据】对话框

（7）在该对话框中，如果需要则组织列。单击【下一步】按钮，系统弹出如图 9-40 所示对话框。

（8）在该对话框中，勾选【将数据提取处理表插入图形】复选框，即可创建数据提取处理表。单击【下一步】按钮，系统弹出如图 9-41 所示对话框。

（9）该对话框中，如果已在当前图形中定义表格样式，则在【表格样式】下拉列表框中选择【表格样式】。如果已在表格样式中定义表格，则在【表格样式】列表框中选择【表格】。若需要，则输入表格的标题。单击【下一步】按钮，弹出如图 9-42 所示对话框。

图 9-40　　【数据提取—选择输出】对话框

（10）单击【完成】按钮。

（11）在图形中单击一个插入点，可以创建表格，如图 9-43 所示。

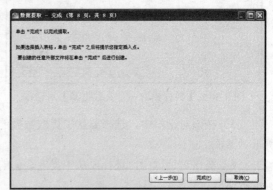

图 9-41　【数据提取—表格样式】对话框　　　图 9-42　【数据提取—完成】对话框

图 9-43　完成表格

9.5.3　表格的编辑修改

表格编辑包括单元锁定、合并、修改单元高度等。

具体操作步骤如下：

（1）锁定和解锁单元。

1）使用以下方法之一选择一个或多个要锁定或解锁的表格单元。

● 在单元内单击。

● 按住 Shift 键并在另一个单元内单击，可以同时选中这两个单元以及它们之间的所有单元。

● 在选定单元内单击，拖动到要选择的单元，然后释放鼠标。

系统会弹出如图 9-44 所示功能面板，同时单元变为可编辑状态。

2）使用以下选项之一：

● 解锁单元。在【单元格式】功能面板上选择【单元锁定】按钮，选择【解锁】命令。

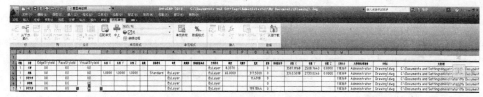

图 9-44　【表格单元】功能区

- 锁定单元。在【单元格式】功能面板上单击【单元锁定】按钮，选择【内容和格式已锁定】命令。

（2）使用夹点修改表格。

1）单击网格线以选中该表格，如图 9-45 所示。

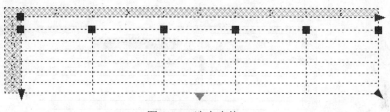

图 9-45　选中表格

2）使用以下夹点之一控制表格。

- 左上夹点——移动表格。
- 右上夹点——修改表宽并按比例修改所有列。
- 左下夹点——修改表高并按比例修改所有行。
- 右下夹点——修改表高和表宽并按比例修改行和列。
- 列夹点（在列标题行的顶部）——加宽或缩小相邻列而不改变表宽。
- Ctrl 键+列夹点——将列的宽度修改到夹点的左侧，并加宽或缩小表格以适应此修改。

最小列宽是单个字符的宽度。空白表格的最小行高是文字的高度加上单元边距。

3）按 Esc 键可以取消选择。

（3）使用夹点修改表格中单元。

1）选择一个或多个要修改的表格单元。

2）若修改选定单元的行高，拖动顶部或底部的夹点。如果选中多个单元，每行的行高将做同样的修改。

3）若修改选定单元的列宽，拖动左侧或右侧的夹点。如果选中多个单元，每列的列宽将做同样的修改。

4）若合并选中的单元，在【合并】功能面板上单击【合并单元】按钮。如果选择了多个行或列中的单元，可以按行或按列合并。

5）按 Esc 键可以取消选择。

（4）使用夹点将表格打断成多个部分。

1）单击网格线以选中该表格。

2）单击表格底部中心网格线处的三角形夹点。

- 当三角形指向下方时——表格打断则处于非活动状态。新行将添加到表格的底部。
- 当三角形指向上方时——表格打断则处于活动状态。表格底部的当前位置是表格的最大高度。所有新行都将添加到主表格右侧的次表格部分，如图 9-46 所示。

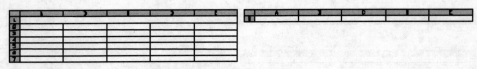

图 9-46　在打断处插入新行

（5）修改表格的列宽或行高。

1）在要修改的列或行中的表格单元内单击。

2）按住 Shift 键并在另一个单元内单击，可以同时选中这两个单元以及它们之间的所有单元。

3）右击，弹出快捷菜单，如图 9-47 所示。

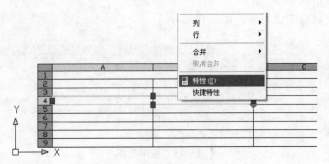

图 9-47　选择【特性】命令

4）选择【特性】命令，在【特性】选项板的【表格】栏下，单击【表格宽度】值或【表格高度】值，然后输入一个新值，如图 9-48 所示。

图 9-48　【特性】选项板

5）按 Esc 键可以取消选择。

（6）在表格中添加列或行。

1）在要添加列或行的表格单元内单击。可以选择在多个单元内添加多个列或行。

2）在【行】功能面板上，单击以下按钮之一：

- 　　【从上方插入】按钮——在选定单元的上方插入行。
- 　　【从下方插入】按钮——在选定单元的下方插入行。

在【列】功能面板上，单击以下按钮之一：

- 　　【从左侧插入】按钮——在选定单元的左侧插入列。
- 　　【从右侧插入】按钮——在选定单元的右侧插入列。

注意： 新列或行的单元样式将与最初选定的列或行的样式相同。要更改单元样式，在要更改的单元上右击，然后单击【单元样式】下拉列表框，如图 9-49 所示，进行具体设置即可。

3）按 Esc 键可以取消选择。

（7）在表格中合并单元。

1）选择要合并的表格单元。最终合并的单元必须是矩形。

2）在【合并】功能面板上单击【合并单元】按钮。如果要创建多个合并单元，使用以下选项之一。

图 9-49　设置单元样式

- 　　【合并全部】——合并矩形选择范围内的所有单元。
- 　　【按行合并】——水平合并单元，方法是删除垂直网格线，并保留水平网格线不变。
- 　　【按列合并】——垂直合并单元，方法是删除水平网格线，并保留垂直网格线不变。

3）开始在新合并的单元中输入文字，或按 Esc 键取消选择。

（8）在表格中删除列或行。

1）在要删除的列或行中的表格单元内单击。

2）要删除行，在【表格单元】功能面板上单击【删除行】按钮。要删除列，在【表格】功能面板上单击【删除列】按钮。

注意： 无法删除包含一部分数据链接的行和列。

3）按 Esc 键可以取消选择。

9.5.4　表格样式设置

表格的外观由表格样式控制。用户可以使用系统默认表格样式 Standard，也可以创建自己的表格样式。

创建新的表格样式时，可以指定一个起始表格。起始表格是图形中用作设置新表格样式的样例表格。一旦选定表格，用户即可指定要从此表格复制到表格样式的结构和内容。

表格单元中的文字外观由当前单元样式中指定的文字样式控制。可以使用图形中的任何文字样式或创建新样式，也可以使用设计中心复制其他图形中的表格样式。

（1）定义或修改表格样式。

1）在传统菜单栏中选择【格式】→【表格样式】命令，系统弹出如图 9-50 所示对话框。

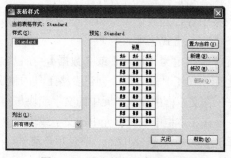

图 9-50　【表格样式】对话框

2）在【表格样式】对话框中，单击【新建】按钮，系统弹出如图9-51所示对话框。

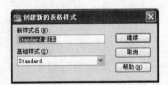

图9-51 【创建新的表格样式】对话框

3）在【创建新的表格样式】对话框的【新样式名】文本框中输入新表格样式的名称，在【基础样式】下拉列表框中选择一种表格样式作为新表格样式的默认设置。单击【继续】按钮，系统弹出如图9-52所示对话框。

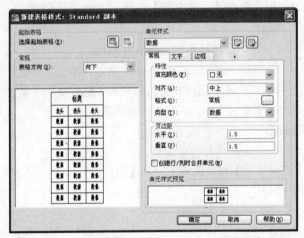

图9-52 【新建表格样式】对话框之【常规】选项卡

4）在【新建表格样式】对话框中，单击【选择表格】按钮，可以在图形中选择一个要应用新表格样式设置的表格。

在【表格方向】下拉列表框中，选择【向下】或【向上】选项。选择【向上】选项创建由下而上读取的表格，标题行和列标题行都在表格的底部。

在【单元样式】下拉列表框中，选择要应用到表格的单元样式，或通过单击该下拉列表右侧的【创建新单元样式】按钮，创建一个新单元样式。

5）在【单元样式】选项区的【常规】选项卡中，选择或清除当前单元样式的以下选项：

- 【填充颜色】——在下拉列表框中选择颜色。如果选择【选择颜色】选项，弹出【选择颜色】对话框。
- 【对齐】——为单元内容指定一种对齐方式。
- 【格式】——设置表格中各行的数据类型和格式。单击 按钮弹出【表格单元格式】对话框，从中可以进一步定义格式选项。
- 【类型】——将单元样式指定为【标签】或【数据】，在包含起始表格的表格样式中插入默认文字时使用。也用于在工具选项板上创建表格工具的情况。
- 【页边距－水平】——在文本框中设置单元中的文字或块与左右单元边界之间的距离。
- 【页边距－垂直】——在文本框中设置单元中的文字或块与上下单元边界之间的距离。
- 【创建行/列时合并单元】——勾选该复选框，将使用当前单元样式创建的所有新行或列合并到一个单元。

6）如图 9-53 所示，在【单元样式】选项区的【文字】选项卡中，选择或清除当前单元样式的以下选项：

- 【文字样式】——设置文字样式。在下拉列表框中选择文字样式，或单击 按钮弹出【文字样式】对话框，进一步创建新的文字样式。
- 【文字高度】——设置文字高度。在下拉列表框中输入文字的高度，此选项仅在选定文字样式的文字高度为 0 时适用。
- 【文字颜色】——设置文字颜色。
- 【文字角度】——设置-359°～+359°之间的文字角度，默认的文字角度为 0。

7）如图 9-54 所示，在【单元样式】选项区的【边框】选项卡中，可以指定以下选项控制当前单元样式的表格网格线的外观。

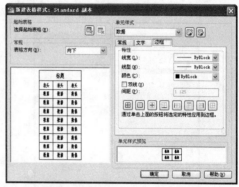

图 9-53　【新建表格样式】对话框之【文字】选项卡　　图 9-54　【新建表格样式】对话框之【边框】选项卡

- 【线宽】——设置应用于显示边界的线宽。
- 【线型】——设置应用于指定边框的线型。
- 【颜色】——设置应用于显示边界的颜色。
- 【双线】——勾选该复选框，设置选定的边框为双线型。
- 【间距】——勾选【双线】复选框，可在该文本框输入数值来更改行距。
- 【边框显示按钮】——共有 8 个按钮，单击其可以将选定的特性应用于按钮所代表的边框。

8）单击【确定】按钮。

（2）定义或修改单元样式。

1）在图 9-52 中单击【格式】后的 按钮，系统弹出如图 9-55 所示对话框。

公用选项设置如下：

- 【数据类型】——显示数据类型列表，从而可以设置表格行的格式。
- 【预览】——显示在【数据类型】列表框中选定选项的预览。

下面分别讲解非同名选项的设置。

2）在【百分比】类型下，可以设置以下选项：

- 【精度】——设置精度。
- 【附加符号】——勾选该复选框，可将百分比符号置于数字之后。
- 【其他格式】——单击该按钮，弹出【其他格式】对话框，从中可为表格单元设置其他格式选项，如图 9-56 所示。

3）在【常规】类型下，如图 9-57 所示。

4）在【点】类型下，如图 9-58 所示，可以设置以下选项：

图 9-55 【表格单元格式】对话框的【百分比】选项   图 9-56 【其他格式】对话框

图 9-57 【表格单元格式】对话框的【常规】选项   图 9-58 【表格单元格式】对话框的【点】选项

- 【精度】——为所选【格式】设置精度。
- 【格式】——在该列表框可以根据选择的数据类型显示相关格式类型。
- 【列表分隔符】——仅用于【点】数据类型，在下拉列表框中选择可以用于分隔列表项目的选项（逗号、分号或冒号）。
- 【X】、【Y】和【Z】——仅对于【点】数据类型，勾选复选框，过滤 X、Y 或 Z 坐标。
- 【其他格式】——单击该按钮，弹出【其他格式】对话框，如图 9-56 所示，从中可为表格单元设置其他格式选项。

5）在【货币】类型下，如图 9-59 所示，可以设置以下选项：

- 【精度】——设置精度。
- 【符号】——仅适用于【货币】数据类型，在下拉列表框中选择可以使用的货币符号。
- 【附加符号】——勾选该复选框，将货币符号置于数字之前。
- 【负数】——仅适用于【货币】数据类型，在下拉列表框中选择用于表示负数的选项。
- 【其他格式】——单击该按钮，弹出【其他格式】对话框，如图 9-56 所示，从中可为表格单元设置其他格式选项。

6）在【角度】类型下，如图 9-60 所示，可以按照前面同名选项进行【格式】、【精度】和【其他格式】的设置。

7）在【日期】类型下，如图 9-61 所示，可以设置以下选项：

- 【日期格式】、【样例】——仅用于【日期】数据类型，在【样例】列表框中为【日期格式】选择日期表达方式。

图 9-59　【表格单元格式】对话框的【货币】选项　　图 9-60　【表格单元格式】对话框的【角度】选项

8）在【小数】类型下，如图 9-62 所示，可以按照前面同名选项进行【格式】、【精度】和【其他格式】的设置。

图 9-61　【表格单元格式】对话框的【日期】选项　　图 9-62　【表格单元格式】对话框的【小数】选项

9）在【文字】类型下，如图 9-63 所示，可以按照前面同名选项进行【格式】设置。

10）在【整数】类型下，如图 9-64 所示，可以按照前面同名选项进行【格式】和【其他格式】设置。

图 9-63　【表格单元格式】对话框的【文字】选项　　图 9-64　【表格单元格式】对话框的【整数】选项

11）单击【确定】按钮，完成设置。

（3）在单元中插入文字。

表格单元数据可以包括文字和多个块。创建表格后，会亮显第一个单元，弹出【文字格式】功能面板时可以开始输入文字。单元的行高会加大以适应输入文字的行数。要移动到下一个单元，按 Tab 键，或使用箭头键向左、向右、向上、向下移动。通过在选定的单元中按 F2 键，可以快速编辑单元文字。

在单元内，可以用箭头键移动光标。使用【表格】功能面板和快捷菜单在单元中设置文字的格式、输入文字或对文字进行其他更改。

在表格中输入文字的步骤如下：

1）在表格单元内单击，将显示【文字编辑器】功能区，然后开始输入文字。

2）在单元中，使用箭头键在文字中移动光标。

3）若要在单元中创建换行符，按 Alt+Enter 组合键。

4）若要替代表格样式中指定的文字样式，可在【文字编辑器】功能区的【样式】下拉列表框中选择新的文字样式，选择的文字样式将应用于单元中的文字以及在该单元中输入的所有新文字。

5）若要替代当前文字样式中的格式，首先按以下方式选择文字：

● 要选择一个或多个字符，在这些字符上单击并拖动定点设备。

● 要选择词语，双击该词语。

● 要选择单元中所有的文字，在单元中单击 3 次；也可以右击，在弹出的快捷菜单中选择【全部选择】命令。

6）在功能面板上，按以下方式修改格式：

● 要修改选定文字的字体，从【字体】下拉列表框中选择一种字体。

● 要修改选定文字的高度，在【文字高度】文本框中输入新值。

● 要使用粗体或斜体设置 TrueType 字体的文字格式，或者创建任意字体的下划线文字，单击功能面板上的相应按钮。SHX 字体不支持粗体或斜体。

● 要向选定文字应用颜色，从【颜色】下拉列表框中选择一种颜色。选择【选择颜色】选项，可弹出【选择颜色】对话框。

7）使用键盘从一个单元移动到另一个单元。按 Tab 键可以移动到下一个单元。在表格的最后一个单元中，按 Tab 键可以添加一个新行。

8）按 Shift+Tab 键可以移动到上一个单元。

9）保存修改并退出，单击功能面板上的【确定】按钮或按 Ctrl+Enter 键。

（4）在单元中插入块。

在表格单元中插入块时，块可以自动适应单元的大小，也可以调整单元以适应块的大小。可以通过【表格】功能面板或快捷菜单插入块，也可以将多个块插入到表格单元中。如果在表格单元中有多个块，必须使用【管理单元内容】对话框自定义单元内容的显示方式。

在表格中输入块的步骤如下：

1）在【表格单元】选项卡的【插入】功能面板上单击【块】按钮 ![icon]，弹出如图 9-65 所示对话框。

图 9-65　【在表格单元中插入块】对话框

2）在该对话框中，从【名称】下拉列表框中选择块，或单击【浏览】按钮查找其他图形中的块。

3）指定块的以下特性：

- 【全局单元对齐】——在下拉列表框中选择块在表格单元中的对齐方式。块相对于上、下单元边框居中对齐、上对齐或下对齐，相对于左、右单元边框居中对齐、左对齐或右对齐。
- 【比例】——在文本框中输入块参照的比例。勾选【自动调整】复选框以适应选定的单元。
- 【旋转角度】——在文本框中输入块的旋转角度。

4）单击【确定】按钮。

如果块具有附着属性，则弹出【编辑属性】对话框。

5）如果单元中含有多个块，则可以单击【表格单元】选项卡的【插入】功能面板上的【管理单元内容】按钮 ，系统弹出如图 9-66 所示对话框。

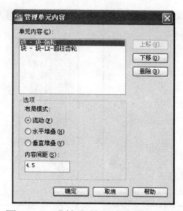

图 9-66 【管理单元内容】对话框

- 【单元内容】——在列表框中按外观次序列出选定单元中的所有文字和块。文字用标签【表格单元文字】指示，块用块名之前的【块】指示。
- 【上移】——单击此按钮，将选定列表框内容在显示次序的位置上移。
- 【下移】——单击此按钮，将选定列表框内容在显示次序的位置下移。
- 【删除】——单击此按钮，将选定列表框内容从表格单元中删除。
- 【布局模式】——更改单元内容的显示方向。
  - 【流动】——选中该单选按钮，根据单元宽度放置单元内容。
  - 【水平堆叠】——选中该单选按钮，水平放置单元内容，不考虑单元宽度。
  - 【垂直堆叠】——选中该单选按钮，垂直放置单元内容，不考虑单元高度。
  - 【内容间距】——在文本框中输入，确定单元内文字或块之间的间距。

（5）在表格单元中插入公式。

表格单元可以包含使用其他表格单元中的值进行计算的公式。选定表格单元后，可以从【表格】功能面板及快捷菜单中插入公式，也可以打开在位文字编辑器，然后在表格单元中手动输入公式。

1）输入公式。在公式中，可以通过单元的列字母和行号引用单元。例如，表格中左上角的单元为 A1。合并的单元使用左上角单元的编号。单元的范围由第一个单元和最后一个单元定义，并在它们之间加一个冒号。例如，范围 A5：C10 包括第 5 行到第 10 行 A、B、C 列中的单元。

公式必须以等号（=）开始。用于求和、求平均值和计数的公式将忽略空单元以及未解析为数值的单元。如果在算术表达式中的任何单元为空，或者包含非数字数据，则其公式将显示错误（#）。

2）复制公式。在表格中将一个公式复制到其他单元时，范围会随之更改，以反映新的位置。如果在复制和粘贴公式时不希望更改单元地址，请在地址的列或行处添加一个美元符号（$）。

3）自动增加数据。可以使用【自动填充】夹点，在表格内的相邻单元中自动增加数据。例如，通过输入第一个必要日期并拖动【自动填充】夹点，包含日期列的表格将自动输入日期。

如果选定并拖动一个单元，则将以 1 为增量自动填充数字。同样，如果仅选择一个单元，则日期将以一天为增量进行解析。如果用以一周为增量的日期手动填充两个单元，则剩余的单元也会以一周为增量增加。

具体插入公式的步骤如下：

1）通过在表格单元内单击，选择要放置公式的表格单元。将弹出【表格】功能面板。

2）在【表格单元】选项卡的【插入】功能面板中单击【字段】按钮，系统弹出如图 9-67 所示对话框。

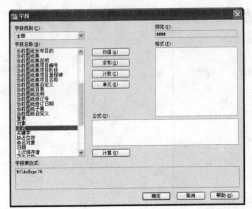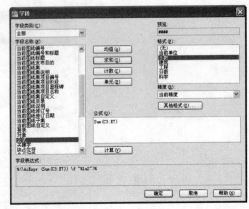

图 9-67 【字段】对话框（选择前后）

3）在【字段名称】列表框中选择【公式】，然后可以单击相应计算按钮，如单击【求和】按钮。

4）系统显示以下提示：

选择表格单元范围的第一个角点：(在此范围的第一个单元内单击)
选择表格单元范围的第二个角点：(在此范围的最后一个单元内单击)

5）此时将弹出在位文字编辑器并在单元中显示公式。如果需要，编辑此公式。

6）保存修改并退出在位文字编辑器，此单元将显示单元范围中值的计算结果。

习题九

一、填空题

1．单行文字的命令是_____，多行文字的命令是_____。

2．在文字样式中，宽度比例因子是指_____。

3．在文字输入的特殊符号中，标注正负公差（±）符号应输入%%P，标注直径（φ）符号应输入%%C，标注度（°）符号应输入_____。

二、判断题

1．使用 Mtext 命令输入文本时，每一行文字是一个独立的对象。　　　　（　　　）

2．Ddedit 命令可以修改各种类型文字的文字样式、宽度和内容等。　　　　（　　　）

3．"多行文字"和"单行文字"命令都能创建文字对象，本质是一样的。　　　　（　　　）

4．AutoCAD 无法实现类似 Word 的文字查找或者替换功能。 （   ）

5．用 Dtext 命令写的多行文本，每行文本成为一图元，可独立进行编辑。 （   ）

三、操作题

1．绘制 A4 图框和标题栏，如图 9-68 所示。

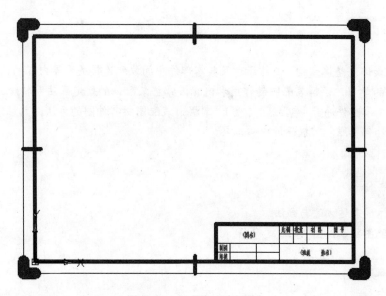

图 9-68　A4 图框和标题栏

2．以表格操作的方式插入图 9-68 中的表格。

四、思考题

1．如何设置文字样式？

2．单行文字和多行文字分别适用于什么地方？

3．如何输入特殊符号，如直径 φ？

4．如何输入并编辑多行文字？

5．多行文字的堆叠有几种方式？

6．使用单行文字工具输入文字。

7．使用多行文字工具输入文字。

8．如何利用 Ddedit 命令以及【文字编辑器】功能区对已有文字进行修改？

9．如何从外部提取数据并设置表格形式？

第 10 章 装配图及辅助工具

教学目标

表达机器或部件整体结构、工作原理及其零部件中间装配连接关系等内容的图样称为装配图。

通过本章的学习，了解装配图的作用和内容；掌握装配体的规定画法和特殊画法，了解装配图的尺寸标注、零部件序号和明细栏（表）；掌握由装配图拆零件图的方法；熟练掌握块与块文件的插入；了解外部参照；掌握设计中心工具。

本章要点

- 装配体的表达方法与画法
- 由装配图拆零件图
- 块
- 外部参照
- 设计中心

10.1 装配图的作用和内容

1. 装配图的作用

装配图分为两类：总装配图与部件装配图。其中，总装配图表示整台机器的图样，部件装配图则表达一个部件的图样。

在设计过程中，一般根据设计者意图绘制装配图来表达机器或者部件的工作原理、传动路线和零件之间的装配关系，以便正确地绘制零件图。

在组装机器时，要对照装配图进行装配，并对装配好的产品根据装配图进行调试和试验，检验其是否合格。当机器出现故障时，通常也需要通过装配图来了解机器的内部结构，进行故障分析和诊断。所以，装配图在设计、装配、检验、安装调度等各个环节中是不可缺少的技术文件。

2. 装配图的内容

如图 10-1 所示为齿轮减速器的装配图，装配图一般应包括以下几方面内容：

（1）必要的视图。必要的视图用于正确、完整、清晰地表达装配体的工作原理、零件的结构形状及零件之间的装配关系。它是将常见的表达方法和特殊的表达方法结合起来进行表达的。

（2）必要的尺寸。通过装配图的作用可以看出，在装配图中只需标注机器或部件的性能（规格）尺寸、装配尺寸、安装尺寸、整体外形尺寸等。

（3）技术要求。在用视图难以表达清楚的时候，通常采用文字和符号等补充说明机器或部件的性能、装配方法、检验要点和安装调试手段、表面油漆、包装运输等技术要求。技术要求应该工整地注写在视图的右上方或左下方。

（4）零部件的编号（序号）、明细表。为便于查找零件，装配图中每一种零部件均应编注一个序号，并将其零件名称、图号、材料、数量等情况填写在明细表中。序号的另一个作用是将明细表与图样联系起来，使看图时便于找到零件的位置。

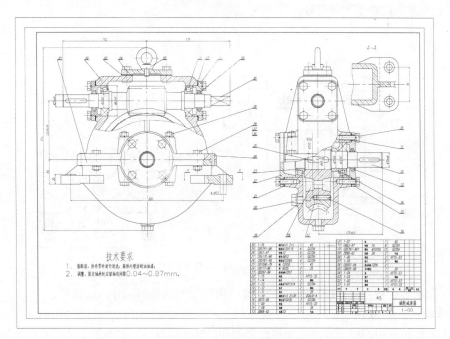

图 10-1　减速器装配图

（5）标题栏。说明机器或者部件的名称、重量、图号、比例等，以及设计单位的名称、设计、制图、审核人员的签名等。

10.2　装配图的表达方法

零件图主要用于指导零件的制造，而装配图主要用于指导将零件组装成机器部件，二者都是要表达出它们的内部结构。除了沿用零件的各种表达原则之外，国家标准《机械制图》中还规定了装配图的有关画法和特殊的表达方法。

10.2.1　规定画法

为了使装配图能够反映出各零件之间的结合关系，并且便于正确区分不同零件，需要遵循以下几种规定画法。

1. 接触面和配合面的画法

相邻零件的接触面或配合面，规定只画一条轮廓线。对于相邻零件之间的不接触面，即使间隙很小，也应画两条轮廓线。

如图 10-1 主视图所示，顶盖与箱盖、轴承内圈与轴颈之间是接触面，所以只能画一条线。但是，对于左视图中的螺栓与端盖通孔而言，虽然间隙很小，但是仍然要画出各自的轮廓线。

2. 剖面线的画法

在装配图中，对被剖的金属材料的零件，其剖面线的画法有如下规定：

（1）在同一装配图上，同一个零件在各个剖视图、剖面图中剖面线的倾斜方向和间距应画成一致的。如图 10-1 中箱体和箱盖的画法。

（2）为了区分不同的零件，对于相邻零件的剖面线，其倾斜方向或间距均不应画成一样，即采用倾斜方向相反或剖面线的间距不同以示区别。如图 10-2 所示，当被剖部分的图形面积较大时，可以只沿轮廓的各边画出剖面符号。

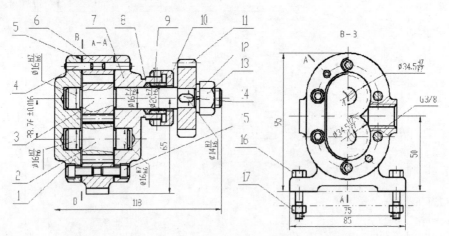

图 10-2　齿轮油泵主视图

（3）薄壁零件被剖且厚度≤2mm 时，允许用涂黑表示被剖部分，如垫片。

3．标准中实心件的画法

（1）在装配图中，对于标准件如螺纹紧固件、键、销以外，标准的实心零件（如轴、球、手柄、连杆之类）即使剖切平面沿它们的轴线剖切时，也均按不剖绘制，如图 10-2 中的轴。

（2）若实心轴上有需要表示的结构，如键槽、销孔等，可采用局部剖视表示，如图 10-2 中零件 6 上的局部剖视。

（3）上述的实心零件，若被垂直于轴线的剖切，则应画剖面符号。

10.2.2　特殊画法

零件的各种表达方法（如视图、剖视、剖面等）都可以用来表达装配体的内外部结构。如图 10-2 所示，左视图为了表达内外部结构采用了半剖视图。但由于部件是由若干零件装配而成，因此在表达时会出现一些新问题。针对这些问题，提出了装配体中的 4 种特殊画法。

1．拆卸画法

在装配图的某一视图上，对于已经在其他视图中表达清楚的一个或几个零件，若它们遮住了必须表达的其他装配关系和零件时，可以假想拆去这一个或几件零件，对其余部分再进行投影，这种画法称为拆卸画法，以使图形表达清晰，但需在该视图上方写明"拆去 XX 件"。

2．假想画法

在装配图中，为了表示移动零件的运动范围或极限位置，可以将该运动件画在一个极限位置上，用双点划线画出运动零件在另一极限位置的零件轮廓形状，如图 10-3 所示。

另外，为了表示一个装配体与相邻零件的连接部位，也可用双点划线画出相邻零件的主要轮廓形状。

3．简化画法

在装配图中如果遇到以下问题，可简化画出。

（1）简化零件。对于装配图中分布有规律又重复出现的零件，如螺纹紧固件及其连接等，可以只画出一组，其余的只需用点划线表示其装配位置即可。

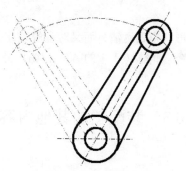

图 10-3　假想画法

（2）油封（密封圈）、轴承等零件、部件。可以只画对称图形的一半，另一半则按简化的规定画法表示。如图 10-4 所示，滚动轴承就采用了简化画法。

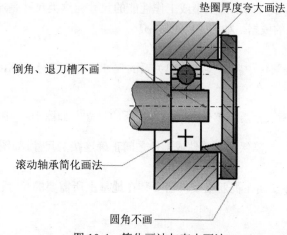

图 10-4　简化画法与夸大画法

（3）简化结构。零件的标准工艺结构，如铸造圆、倒角、退刀槽、螺母和螺栓头倒角形成的双曲线等，在装配图上可省略，如图 10-5 所示。

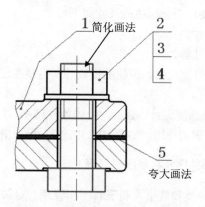

图 10-5　螺栓的简化画法和夸大画法

4. 夸大画法

对于厚度较小的薄壁垫圈、小间隙等，可不按比例适当夸大画出。如图 10-4 和图 10-5 中的垫圈。

5. 单独表示

在装配图中，当某个零件的形状未表达清楚而又对理解装配关系及其机器的工作原理有影响时，可以单独画出零件的某个视图。如图 10-1 中的 A-A 视图。另外，当装配体中主要轮廓没有表达清楚时，可以单独表示。

10.3　装配图的其他内容

10.3.1　装配图的尺寸标注

装配图的作用与零件图不同，所以在装配图中不必把制造零件时所需的尺寸都标出来，而是只标出装配体的性能、工作原理、装配关系、安装要求等几类尺寸即可。

1. 规格性能尺寸

规格性能尺寸指表示该产品规格大小或工作性能的尺寸。这类尺寸是产品设计时的主要参数之一，也是用户选用产品的依据，如图 10-2 中的 $\phi16$。

2. 装配尺寸

装配尺寸指表示机器部件中各零件间装配关系的尺寸。装配尺寸包括配合尺寸和主要零件间的相对位置尺寸。

（1）配合尺寸。这指表示两个零件之间配合性质的尺寸，如图 10-2 中的 $\phi16\dfrac{H7}{h6}$。

（2）相对位置尺寸。这是确保两个零件或部件之间正确连接的尺寸，如图 10-2 中的尺寸 50mm。

3. 安装尺寸

安装尺寸指表示部件安装在机器上或机器安装在地基上所需要的尺寸。如图 10-2 中的尺寸 75mm。

4. 外形尺寸

外形尺寸指表示机器或部件的总长、总宽、总高的尺寸，它反映装配体外形大小，供包装、运输和安装时考虑所占空间。如图 10-2 中的 113mm 和 95mm。

5. 其他重要尺寸和技术参数

根据装配体结构特点和需要，必须标注的尺寸如下：

（1）运动件的极限位置尺寸。

（2）重要零件间的定位尺寸等。

（3）技术参数，如齿轮的齿宽尺寸、齿轮的模数等，也是在设计中通过计算确定的，在装配图中也应该标注。

在装配图中标注尺寸，要根据情况具体分析。上述各种尺寸，并不是每张装配图上都必须全部标出，有时同一个尺寸具有几方面的作用。如图 10-2 中的 75mm，既是装配尺寸，也是安装尺寸。

10.3.2　装配图上的零、部件序号和明细栏（表）

为便于统计零件、部件的种类和数量，利于看图和管理，对装配图上每一个不同零件或部件都必须编注一个序号或代号，并将序号、代号、零部件名称、材料数量等项目填写在明细表中。

1. 零部件序号的编制与标注（GB/T4458.2–2003）

在国家标准中，对装配图中零件序号的编写作了如下规定：

（1）装配图中每个零件或部件都要有编号，而且只编注一个序号，即相同的零件或部件只给一个序号，且在装配图中只标注一次，数量填写在明细表中。

（2）序号要尽可能标注在反映装配关系最清楚的视图上，并应该从所指部分的可见轮廓内用细实线向外画出指引线，在引出端画一个小圆点，如图 10-1 和图 10-2 所示。如果所指部位很薄或者剖面涂黑不宜画小圆点时，可以在指引线的引出端画出箭头，指向该部分的轮廓，如图 10-6 所示。

（3）指引线、横线或圆均用细实线绘制。用比尺寸数字大一号的字体，将序号填写在指引线一端的横线上或圆内，按顺时针或逆时针方向依次整齐排列在图形外圈的水平和垂直方向上。

（4）与螺纹紧固件类似的零件组，允许采用公共指引线，如图 10-7 所示。

图 10-6　引出画法

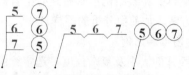

图 10-7　紧固件组合编号法

指引线应尽可能分布均匀，不可彼此相交。当通过有剖面线的区域时，不应与剖面线平行，必要时，指引线可以画成折线，但只可曲折一次。

一般有两种编制零件序号的方法。一种是一般件和标准件混合在一起编制，如图 10-1 和图 10-2 所示；另外一种是只将一般件编号填入明细表中，而将标准件直接在图上标出规格、数量和图标代号或另列专门表格。前者称为隶属编号法，后者称为分类编号法。

2．明细表和标题栏

标题栏第 1 章中已经讲过，在此只介绍明细栏（表），如图 10-8 所示。

图 10-8　装配图标题栏与明细表

在编号完成后，需要编制相应的明细栏（表）。直接编写在装配图中标题栏上方的，称为明细栏；在其他纸上单独编写的，称为明细表。

零件明细栏一般画在标题栏上方，并与标题栏对正。外框为粗实线，内格为细实线。标题栏上方位置不够时，可在标题栏左方继续列表。

10.4　装配图绘制

10.4.1　绘制装配图

零件草图或零件图画好后，还要拼画出装配图。画装配图的过程是一次检验、校对零件形状、尺寸的过程。零件图（或零件草图）中的形状和尺寸如有错误或不妥之处，应及时协调改正，以保证零件之间的装配关系能在装配图上正确地反映出来。

下面以柱塞泵为例，绘制装配图的方法和步骤如下。

如图 10-9 所示，是一个用于机床供油系统的供油装置——柱塞泵。小轮上面的凸轮（未画出）旋转时，由于升程的改变，使得柱塞上下往复移动，引起泵腔容积的变化，压力也随之改变，油被不断吸进、排出，从而起到供油作用。其装配关系包括以下 3 种路线：

（1）柱塞、柱塞套、泵体。柱塞与柱塞套装配在一起，柱塞套用螺纹与泵体连接。柱塞下部压在弹簧上。

（2）吸油、排油部分的单向阀体。由小球、弹簧和螺塞等组成。

（3）小轮、小轴部分。用开口销固定在柱塞上部。

图 10-9　柱塞泵三维装配体

1. 准备

对已有资料进行整理、分析，进一步弄清装配体的性能及结构特点，对装配体的完整结构形状做到心中有数。然后确定装配体的装配图表达方案，如前面分析的那样。

2. 确定图幅和比例

根据装配体的大小及复杂程度，选定绘制装配图的合适比例。选定图幅时不仅要考虑到视图所需的面积，而且要把标题栏、明细栏、零件序号、标注尺寸和技术要求的位置一并计算在内，确定哪一号图纸幅面后即可着手合理布置图面。一般情况下，只要可以选用 1∶1 的比例就应尽量选用 1∶1 的比例画图，以便于看图。

通常先画出各主要视图的作图基线。如柱塞泵，在主视图上先绘制泵体两个通孔的轴线，这样就决定了各主要视图的高低，再在俯视图上绘制出主孔轴线。注意各视图之间留有适当间隔，以便标注尺寸和进行零件编号，如图 10-10（a）所示。

3. 绘制装配体主要结构部分

从主视图开始，以上面绘制的轴线为依据，首先依次在各视图中绘制泵体轮廓线，然后根据装配顺序绘制主装配线上的其他零件轮廓，如图 10-10（b）所示。

4. 绘制次要结构部分

绘制其他装配线上的零件，包括进出口单向阀、小轮、轴等。最后绘制其他零件，包括弹簧、销钉等。左视图是外形图，只要绘制外形轮廓就可以了，如图 10-10（c）所示。

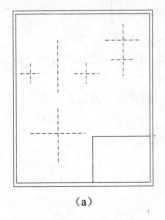
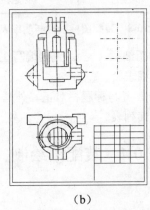
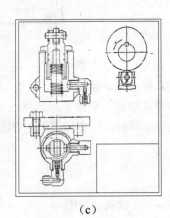

（a）　　　　　　　　　　　（b）　　　　　　　　　　　（c）

图 10-10　绘制装配图

5. 检查校核

除了检查零件的主要结构外，特别要注意视图上细节部分的投影是否有遗漏或者错误。这一步很重要，由于装配图图形复杂，线条较多，很容易漏画部分投影。

6. 完成全图

检查无误后加深图线，画剖面线，标注尺寸，对零件进行编号，填写明细栏、标题栏，书写技术要求等，完成装配图，如图 10-11 所示。

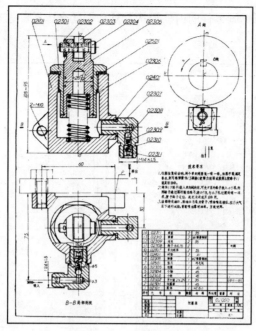

图 10-11　完成装配图

10.4.2　在 AutoCAD 中绘制装配图

装配图是用来表达机器（或部件）的工作原理、装配关系的图样。完整的装配图是由一组视图、尺寸标注、技术要求、明细栏和标题栏组成的。对于经常绘制装配图的用户，可以将常用零件、部件、标准件和专业符号等做成图库，如将轴承、弹簧、螺钉和螺栓等制作成公用图块库，在绘制装配图时采用块插入等方法插入到装配图中，可提高绘制装配图的效率。

常见的一些 AutoCAD 工具包括块、外部参照、设计中心、参照管理器以及动态块等。另外，常用的复制、粘贴等功能都可以选用。

10.5　由装配图拆零件图

在机器或部件的设计、制造、使用和维修过程中，在技术革新、技术交流等生产活动中，常会遇到读装配图和拆图的问题。这是工程技术人员解决实际问题的基本能力。

由装配图拆画零件图，是将装配图中的非标准零件从装配图中分离出来画成零件图的过程，这是设计工作中的一个重要环节。拆画零件要在装配图的基础上进行，并按照零件图的内容和要求，画出零件工作图。

拆画零件图一般有两种情况。

（1）装配图及零件图从头到尾均由一人完成。在这种情况下拆画零件图一般比较容易，因为在设计装配图时，对零件的结构形状已有所考虑。

（2）装配图已绘制完毕，由他人来拆画零件图。这种情况下拆画零件图，难度要大一些，必须要在理解别人设计意图的基础上才能进行。本节主要讨论第二种情况下的拆画零件图工作。

下面以如图 10-12 所示的球阀为例，说明拆画零件图时应注意的一些问题。

1. 对零件表达方案的处理

装配图上的表达方案主要是从表达装配关系、工作原理和装配体的总体情况来考虑的。因此，在拆画零件图时，应根据所拆画零件的内外形状及复杂程度来选择表达方案，而不能简单地照抄装配图中该零件的表达方案。

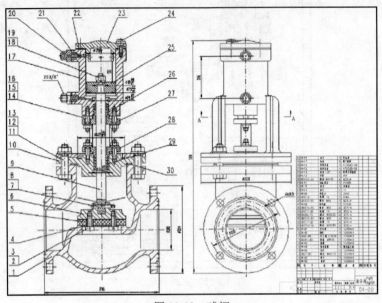

图 10-12　球阀

例如图 10-12 所示球阀中的油压缸，在装配图中两个视图都有所表示。可以假想拆去相邻件，如图 10-13 所示。然后补全轮廓线，如图 10-14 所示。

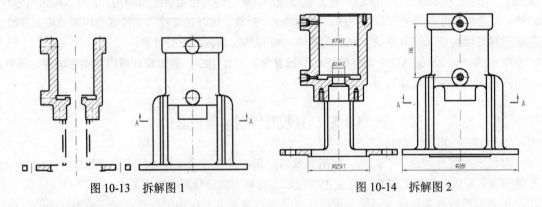

图 10-13　拆解图 1　　　　　　　图 10-14　拆解图 2

对于装配图中没有表达完全的零件结构，在拆画零件图时，应根据零件的功用及零件结构知识加以补充和完善，并在零件图上完整清晰地表达出来。如图 10-12 所示的液压缸，其上端的具体形状，在装配图中作为次要结构而未表达清楚，但在零件图中就必须表达清楚，这就要增加 A 向局部视图才能达到要求，如图 10-15 所示。

对于装配图中省略的工艺结构，如倒角、退刀槽等，也应根据工艺需要在零件图上表示清楚。如液压缸内螺纹上端的工艺倒角，在装配图上未画出，在零件图上就应补充画出或标注出，如图 10-15 所示。

2. 对尺寸的处理

零件图上的尺寸，应根据装配图来决定，其处理方法一般有以下几种：

（1）抄注。在装配图中已标注出的尺寸，往往是较重要的尺寸。这些尺寸一般都是装配体设计的依据，自然也是零件设计的依据。在拆画其零件图时，这些尺寸不能随意改动，要完全照抄。对于配合尺寸，就应根据其配合代号，查出偏差数值，标注在零件图上。

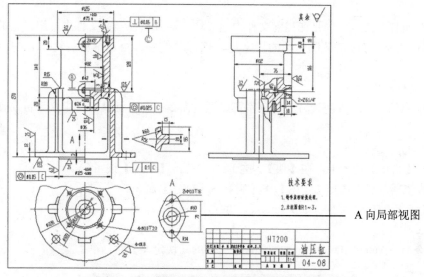

A 向局部视图

图 10-15 液压缸零件图

（2）查找。螺栓、螺母、螺钉、键和销等，其规格尺寸和标准代号，一般在明细栏中已列出，其详细尺寸可从相关标准中查得。

螺孔直径、螺孔深度、键槽和销孔等尺寸，应根据与其相结合的标准件尺寸来确定。

按标准规定的倒角、圆角和退刀槽等结构的尺寸，应查阅相应的标准来确定。

（3）计算。某些尺寸数值，应根据装配图中所给定的尺寸，通过计算确定。如齿轮轮齿部分的分度圆尺寸和齿顶圆尺寸等，应根据所给的模数、齿数及有关公式来计算。

（4）量取。在装配图上没有标注出的其他尺寸，可从装配图中用比例尺量得。量取时，一般取整数。

另外，在标注尺寸时应注意，有装配关系的尺寸应相互协调。如配合部分的轴、孔，其基本尺寸应相同，其他尺寸也应相互适应，使之在零件装配或运动时不致产生矛盾或产生干涉、咬卡现象。

在进行尺寸的具体标注时，还要注意尺寸基准的选择。

3. 对技术要求的处理

对零件的形位公差、表面粗糙度及其他技术要求，可根据装配体的实际情况及零件在装配体的使用要求，用类比法参照同类产品的有关资料以及已有的生产经验进行综合确定。

油压缸的表达方案、尺寸处理及技术要求的选取，如图 10-15 所示。

10.6 块

在实际绘图中，经常会遇到标准件等多次重复使用的图形。如果逐个绘制的话，很显然效率低下。如果单独将它们作为独立的整体定义好并在需要的时候插入，则可以省略很多麻烦。这就是块的作用。

10.6.1 块与块文件

所谓块，就是将一组对象组合起来，形成单个对象（或称为块定义），并用一个名字进行标识。

这一组对象能作为独立的绘图元素插入到一张图纸中，进行任意比例的转换、旋转并放置在图形中的任意地方。用户还可以将块分解成为其组成对象，并对这些对象进行编辑操作，然后重新定义这个块。

块操作有两种方式，一种是在当前文件中定义块，而且只在当前文件中使用，它的命令形式是 Block；另一种是将块定义成单独的块文件，这样其他图形可以单独调用，它的命令形式是 Wblock。

1．当前文件块定义

当前文件中的块定义有两种方式，分别可以通过命令行和对话框进行定义。目前使用对话框方式比较多。

（1）启动方式。

- 单击【常用】选项卡，在【块】功能面板中单击【创建】按钮 。
- 在传统菜单栏中选择【绘图】→【块】→【创建】命令。
- 在命令行窗口输入 Block 或 Bmake，并按 Enter 键。

（2）操作方法。

启动命令后，AutoCAD 会弹出如图 10-16 所示的【块定义】对话框。

图 10-16 【块定义】对话框

具体选项如下：

- 【名称】——在文本框中输入块名称，也可以从下拉列表框中选择已有的块名称。
- 【基点】——确定块的参考点。可以直接在相应文本框中输入基点的 X、Y、Z 的坐标值，也可以单击【拾取点】按钮 ，用十字光标直接在绘图区上拾取。如果勾选【在屏幕上指定】复选项，关闭对话框时，将提示用户指定基点。
- 【对象】——选取要定义为块的对象。单击【选择对象】按钮 ，在图形窗口中选择对象。如果单击【快速选择】按钮 ，则弹出如图 10-17 所示对话框，从中可以快速选择一些具有共性的对象，如同一颜色对象等。勾选【在屏幕上指定】复选框，关闭对话框时，将提示用户指定对象。

在该选项区还可确定定义为块的图形在原图形中的处理方式，有以下 3 个单选按钮：

- ◆ 【保留】——选中该单选按钮，保留显示所选取的对象。
- ◆ 【转换为块】——选中该单选按钮，选取的对象转化为块。
- ◆ 【删除】——选中该单选按钮，删除所选取的对象图形。
- 【块单位】——从下拉列表框中选择所插入块的单位。

- 【方式】——在该选项区确定块的插入方式。各选项的含义如下：
  - ◆ 【注释性】——勾选该复选框，指定块为可注释性。单击信息图标 $\boxed{i}$ 可以了解有关注释性对象的更多信息。

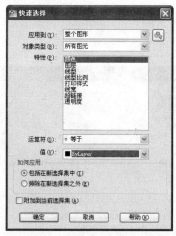

图 10-17　【快速选择】对话框

  - ◆ 【使块方向与布局匹配】——勾选该复选框，指定在图纸空间视口中的块参照的方向与布局的方向匹配。如果未勾选【注释性】复选框，则该复选框不可用。
  - ◆ 【按统一比例缩放】——勾选该复选框，将指定块参照按统一比例缩放。
  - ◆ 【允许分解】——勾选该复选框，将指定块参照可以被分解。
- 【超链接】——单击该按钮，系统将弹出如图 10-18 所示的【插入超链接】对话框，可以使用该对话框将某个超链接与块定义相关联。

图 10-18　【插入超链接】对话框

- 【在块编辑器中打开】——勾选该复选框，单击【确定】按钮后，将在块编辑器中打开当前的块定义进行编辑。
- 【说明】——在此文本框中详细描述所定义块的所有信息。

2．说明

（1）当定义块更新后，图形中所有对该块的参照会立刻更新以反映新的定义。

（2）用 Block 或 Bmake 创建的块只能在同一个图形中应用。

3. 定义块文件

在 AutoCAD 中提供了 Wblock 命令，可以把所定义的块作为一个独立的图形文件写入磁盘中。这个图形文件可以作为块定义在其他图形中使用。AutoCAD 把插入到其他图形中的任何图形均当作块定义，包括图片。

在命令行中输入 Wblock 或 W 并回车，AutoCAD 会弹出如图 10-19 所示的【写块】对话框。各选项含义如下：

图 10-19 【写块】对话框

- 【源】——在该选项区确定块文件的对象来源。有 3 个单选按钮可供选择：
  - ◆ 【块】——选中该单选按钮，可从下拉列表中选择要保存到文件中的已经定义好的块定义。
  - ◆ 【整个图形】——选中该单选按钮，将整张图作为块。
  - ◆ 【对象】——选中该单选按钮，在图形窗口中进行选择，同前面的块定义操作一致。
- 【基点】——在该选项区确定块基点。用户可以直接在相应的文本框中输入块基点的 X、Y、Z 坐标，也可以单击【拾取点】按钮，在图形窗口中选择。
- 【对象】——在该选项区确定块中的图形对象。参见【块定义】对话框的相关说明。
- 【文件名和路径】——在该下拉列表框中选择块文件的基本信息。如果单击按钮，将弹出【浏览图形文件】对话框，可以从中选取块文件的位置和名称，也可以直接输入块文件的位置。
- 【插入单位】——在该下拉列表框中选取插入单位。

用户所设置的以上信息将作为下次调用该块时的描述信息。

4. 块的编辑

当用户向图形中插入块定义时，AutoCAD 便创建一个块引用对象。块引用是 AutoCAD 的一种实体，它可以作为一个整体被复制、移动或删除，但用户不能直接编辑构成块的对象。所以，需要对其进行分解，打散成多个图元素再进行编辑。

（1）分解块。AutoCAD 允许用户使用 Explode 命令分解块引用。通过分解块的引用，用户可以修改块（或添加、删除块定义中的对象）。

操作步骤如下：在传统菜单栏中选择【修改】→【分解】命令，或者单击【修改】功能面板中的【分解】按钮。选择要进行分解操作的块引用，AutoCAD 将用户所选择的块引用分解成组成块定义的单独对象。

注意：AutoCAD 分解的是块引用，而不是块定义。此块引用所引用的块定义仍然存在于当前图形中。

Explode 命令可以将组合在一起的图形元素分解成基本元素，但对于基本元素则无法分解，例如线段、文字、圆、样条曲线等。对于有嵌套的块来说，只能分解最外层的块，对于其中的图块无法分解，需要重复执行。

（2）块的重定义。用户可以使用 Block 命令重新定义一个块。如果向块定义中添加对象，或从中删除一些对象，则需要将该块定义插入到当前图形中，将其分解后再用 Block 命令重定义。

操作步骤如下：

1）在传统菜单栏中选择【绘图】→【块】→【创建】命令，或者在命令行窗口输入 Block 并按 Enter 键，系统弹出【块定义】对话框。

2）在【名称】下拉列表框中选择要重定义的块。

3）修改【块定义】对话框中的其他选项。

4）单击【确定】按钮。

重定义的块对以前和将来的块引用都有影响。重定义后，新的常数型属性将取代原来的常数型属性，但是即使新的块定义中没有属性，已经插入完成的块引用之中原来的变量型属性也会保持不变。对于保存在文件中的块定义，用户可以将其作为普通图形文件进行修改。

10.6.2　插入块

AutoCAD 允许将已定义的块插入到当前的图形文件中。在块插入时，需确定特征参数，包括要插入的块名、插入点的位置、插入的比例系数以及图块的旋转角度。

1．块的插入方式

插入块的方式有多种，在此介绍对话框操作。启动方式如下：

- 单击【常用】选项卡，在【块】功能面板中单击【插入】按钮。
- 在传统菜单栏中选择【插入】→【块】命令。
- 在命令行窗口输入 Insert，并按 Enter 键。

启动命令后，系统弹出如图 10-20 所示的【插入】对话框。

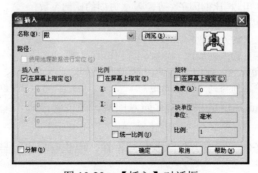

图 10-20　【插入】对话框

在该对话框中的各选项含义如下：

- 【名称】——在下拉列表框中选择要插入的块文件名或直接输入块文件名。如果不清楚该文件位置，可以单击【浏览】按钮，在弹出的【选择图形文件】对话框中选取已有的图形文件。
- 【插入点】——可以直接在相应文本框中输入 X、Y 和 Z 轴坐标值，也可以勾选【在屏幕上指定】复选框来确定在图形窗口中拾取插入点。

● 【比例】——可直接在相应文本框中输入 X、Y 和 Z 轴的比例因子。X、Y 和 Z 轴方向的比例因子可以相同，也可以不同。如果使用负比例系数，图形将绕着负比例系数作用的轴做镜像变换。

在该选项区中，用户还可以设置如下两个复选框：

◆ 【在屏幕上指定】——勾选该复选框，利用光标在图形窗口中的拖动来设置比例因子。

◆ 【统一比例】——勾选该复选框，如果只设置了 X 的比例因子，则 Y、Z 方向的比例因子也要按一定的比例变化。

● 【旋转】——在该选项区设置旋转方式，按一定的旋转角度插入块。用户可以设置如下选项：

◆ 【在屏幕上指定】——勾选该复选框，在图形窗口中拖动鼠标来设置。

◆ 【角度】——直接在文本框中输入旋转角度。

● 【块单位】——设置块单位及其比例。【单位】文本框显示块单位，【比例】文本框显示当前显示单位比例因子，该比例因子是根据块的单位值和图形单位值计算的。

● 【分解】——确定块中的元素是否可以单独编辑。如果勾选【分解】复选框，则分解后的块中的任一实体可以单独进行编辑。对于一个被分解的块，只能指定一个比例因子。

2. 多重插入块

多重插入块操作使用 Minsert（多重插入）命令，它实际上是 Insert 和 Rectangular/Array 命令的一个组合。

（1）操作方法。

命令:Minsert
输入块名或 [?] <4-50>:(输入块名)
单位：毫米　转换：　1.0000
指定插入点或 [基点(B)/比例(S)/X/Y/Z/旋转(R)]:

利用该提示行中的选项确定插入块的一些系数。其中各选项的含义与前面介绍的同名选项相同，此处不再具体介绍。

输入 X 比例因子，指定对角点，或 [角点(C)/XYZ(XYZ)] <1>:(输入 X 方向的比例系数)
输入 Y 比例因子或 <使用 X 比例因子>:(输入 Y 方向的比例系数)
指定旋转角度 <0>:(确定选择角度)
输入行数 (---) <1>: (输入行数)
输入列数 (||||) <1>: (输入列数)
输入行间距或指定单位单元 (---):(输入行与行之间的间距)
指定列间距 (||||):(输入列与列之间的间距)

执行以上操作后，AutoCAD 会根据设置插入图块，生成新图形。

（2）说明。

Minsert 命令生成的整个阵列与块有许多相同特性，但也有以下一些情况只适合于 Minsert 命令。

1）整个阵列就是一个块，用户不可能编辑其中单独的项目。用 Explode 命令不能把块分解为单独实体。如果原始块插入时发生了旋转，则整个阵列将围绕原始块的插入点旋转。

2）不能使用用于单个实体的块插入方法。

3. 重新设置插入基点

在块插入之前或者插入后，都可以单独定义基点，尤其在插入之后，这样可以省略很多麻烦。这是通过 Base 命令实现的，启动方式如下：

- 单击【常用】选项卡，在【块】功能面板中单击【设置基点】按钮 。
- 在传统菜单栏中选择【绘图】→【块】→【基点】命令。
- 在命令行窗口输入 Base，并按 Enter 键。

启动命令后，AutoCAD 会有如下提示：

输入基点 <0.0000,0.0000,0.0000>:

用户可以直接输入插入点的坐标值，也可以利用鼠标直接在屏幕上选取插入点。

例 10.1 将如图 10-21 左图所示的图形定义为块 1，令其作环形阵列排列。然后对其进行重定义，添加图形如图 10-21 右图所示，对块 1 进行更新，观察效果。

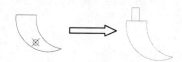

图 10-21 块及其更改后的结果

操作步骤如下：

（1）在命令行窗口中输入 Block 命令，系统弹出【块定义】对话框。在【名称】中输入 1，在【基点】选项区中单击【拾取点】按钮，选择图示点。在【对象】选项区中选中【保留】单选按钮。单击【选择对象】按钮，在绘图区中选择图 10-21 左图除点以外的图形。单击【确定】按钮，关闭对话框。

（2）在命令行窗口中输入 Insert，系统弹出【插入】对话框。在【名称】下拉列表框中选择 1，单击【确定】按钮，进入绘图区。此时，块 1 可动态显示。

（3）选择一点后单击，块 1 插入到图形中。

（4）执行 Array 命令，系统提示如下：

命令：ARRAY
选择对象：(选择整个块)
选择对象：↙
输入阵列类型 [矩形(R)/路径(PA)/极轴(PO)] <路径>：po（选择环形阵列方式）
类型 = 极轴 关联 = 是
指定阵列的中心点或 [基点(B)/旋转轴(A)]：(选择一个阵列中心点)
输入项目数或 [项目间角度(A)/表达式(E)] <4>：3（共 3 个阵列对象）
指定填充角度(+=逆时针、-=顺时针)或 [表达式(EX)] <360>：↙
按 Enter 键接受或 [关联(AS)/基点(B)/项目(I)/项目间角度(A)/填充角度(F)/行(ROW)/层
(L)/旋转项目(ROT)/退出(X)]<退出>:ROT（旋转对象）
是否旋转阵列项目？[是(Y)/否(N)] <是>:↙
按 Enter 键接受或 [关联(AS)/基点(B)/项目(I)/项目间角度(A)/填充角度(F)/行(ROW)/层
(L)/旋转项目(ROT)/退出(X)]<退出>:↙

确定后，结果如图 10-22 所示。

（5）对原来的图形进行更改，结果如图 10-21 右图所示。

（6）重新打开【块定义】对话框，从【名称】下拉列表框中选择 1。单击【选择对象】按钮，重新选择图 10-21 的右图。单击【确定】按钮，系统弹出如图 10-23 所示对话框。

（7）单击【是】按钮，模型重新生成，阵列图形也同时更新。此时，阵列图形显示如图 10-24 所示。

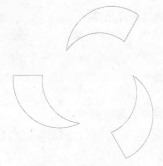

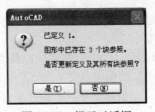

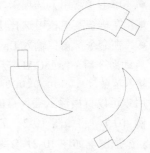

图 10-22　块阵列结果　　　　图 10-23　提示对话框　　　　图 10-24　阵列更新结果

10.6.3　块属性

属性是存储于块文件中的文字信息，用来描述块的某些特征。使用属性的主要目的是为了与外部进行数据交换。用户可以从图形中提取属性信息，使用电子表格或数据库等软件对信息进行处理，生成零件表或材料清单等。

1. 建立块属性

用户要使用属性，首先必须建立属性，块属性描述块的特性，包括标记、提示、值的信息、文字格式、位置等。

（1）启动。

● 单击【常用】选项卡，在【块】功能面板中单击【定义属性】按钮。

● 在传统菜单栏中选择【绘图】→【块】→【定义属性】命令。

● 在命令行窗口输入 Attdef，并按 Enter 键。

（2）操作方法。

激活该命令后，将弹出【属性定义】对话框，如图 10-25 所示。

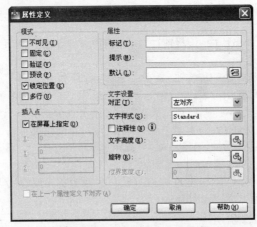

图 10-25　【属性定义】对话框

该对话框各选项含义如下：

● 【模式】——在该选项区设置属性模式。

　◆ 【不可见】——用来控制属性值是否可见。勾选该复选框，系统在向当前图形中插入块时将不显示属性值；否则将显示属性值。

　◆ 【固定】——用来控制属性值是否固定。勾选该复选框，系统在向当前图形中插入块时将赋予该属性一个固定的值。

◆ 【验证】——用来控制属性的验证操作。勾选该复选框，系统在向当前图形中插入块时，将提示用户验证属性值的正确性；否则不予提示。

◆ 【预设】——用来控制属性的默认值。若选择该选项，系统在向当前图形中插入块时，将使用默认值作为该属性的属性值。

◆ 【锁定位置】——用来锁定块参照中属性的位置。解锁后，属性可以相对于使用夹点编辑的块的其他部分移动，并且可以调整多行属性的大小。

◆ 【多行】——用来指定属性值可以包含多行文字。勾选该复选框，可以指定属性的边界宽度。

注意：在动态块中，由于属性的位置包括在动作的选择集中，因此必须将其锁定。

● 【属性】——在该选项区设置块属性中的基本属性，包括【标记】、【提示】和【默认】选项。

◆ 【标记】——在此文本框中可以输入属性的标记。标记用于标识属性在图形中的每一次出现。

◆ 【提示】——在此文本框中可以输入属性的提示。属性提示是指当插入含有该属性定义的块时，系统在屏幕中显示的提示。

◆ 【默认】——在此文本框中可以输入属性的默认属性值。

● 【插入点】——在该选项区设置属性的插入位置。可以直接在各文本框中输入 X、Y 和 Z 的坐标值，也可以勾选【在屏幕上指定】复选框来决定用鼠标在绘图区选取。

● 【文字设置】——在该选项区设置属性文字的【对正】、【文字样式】、【文字高度】及【旋转】选项。

◆ 【对正】——在该下拉列表中选取文字的对齐方式。

◆ 【文字样式】——在该下拉列表中选取属性文字的文字样式。

◆ 【文字高度】——在文本框中可以输入属性文字的高度，也可以单击【文字高度】按钮在屏幕上指定其高度。

◆ 【旋转】——在文本框中可以输入属性文字的旋转角度，也可以单击【旋转】按钮在屏幕上指定其旋转角度。

● 【在上一个属性定义下对齐】——勾选该复选框，系统将该属性定义的标记直接放在上一个属性定义的下面。若在其之前没有定义属性，则该复选框灰白显示，不可用。

例 10.2　仍然采用图 10-21 的例子，定义块属性。

操作步骤如下：

　　（1）在传统菜单栏中选择【绘图】→【块】→【定义属性】命令，弹出【属性定义】对话框。

　　（2）在【标记】、【提示】和【默认】文本框中输入标记、提示和默认值，并设置其他选项，如图 10-26 所示。

　　（3）单击【确定】按钮，关闭此对话框，在图形中指定插入点。

　　设置完成后将该属性和块文件重新定义为块 2，其显示如图 10-27 所示。

　　2．插入带有属性的块

　　一旦用户给块附加了属性或在图形中定义了属性，就可以使用前面介绍的方法插入带属性的块。当插入带有属性的块或图形文件时，前面的提示和插入一个不带属性的块完全相同，只是增加了属性输入提示。用户可在各种属性提示下输入属性值或接受默认值。

图 10-26　属性定义

图 10-27　定义完成的块

例 10.3　仍然采用上面的实例。

操作步骤如下：

（1）单击【常用】选项卡，在【块】功能面板单击【插入】按钮。

（2）弹出【插入】对话框，单击【浏览】按钮，弹出【选择图形文件】对话框，从中选择块 2。

（3）单击【打开】按钮，关闭【选择图形文件】对话框，返回【插入】对话框。

（4）在【插入点】选项区勾选【在屏幕上指定】复选框，在【比例】选项区勾选【统一比例】复选框，接受 Y 轴方向比例因子默认值等于 X 轴方向比例因子。【X】文本框中输入 2，设置 X 轴方向比例因子。在【旋转】选项区的【角度】文本框中输入 0，接受块旋转角的默认值。

（5）单击【确定】按钮，关闭【插入】对话框。

（6）系统提示操作步骤如下，最终结果如图 10-28 所示。

```
命令: Insert
指定插入点或 [基点(B)/比例(S)/X/Y/Z/旋转(R)]:
输入属性值
输入棘爪个数 <1>: 3
```

注意：属性值随着输入值改变而改变。

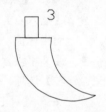

图 10-28　结果和过程

3．块属性管理器编辑

除了上面可以提取属性的操作方法外，AutoCAD 2012 还提供了块属性管理器来管理当前图形中块的属性定义。它可以在块中编辑属性定义、从块中删除属性以及更改插入块时系统提示用户输入属性值的顺序。启动方式如下：

● 单击【常用】选项卡，在【块】功能面板中单击【管理属性】按钮。

● 在传统菜单栏中选择【修改】→【对象】→【属性】→【块属性管理器】命令。

● 在命令行窗口 Battman，并按 Enter 键。

系统将弹出如图 10-29 所示对话框。其各选项含义如下：

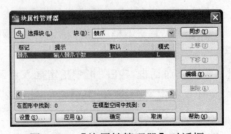

图 10-29　【块属性管理器】对话框

● 【选择块】——单击该按钮，允许用户使用定点设备从图形区域选择块。如果修改了块的属性，并且未保存所做的更改就选择一个新块，系统将提示在选择其他块之前先保存更改。

- **【块】**——在下拉列表框中列出具有属性的当前图形中的所有块定义。在其中选择要修改属性的块。

- **【属性列表】**——显示所选块中每个属性的特性。选定块的属性显示在属性列表中。默认情况下，【标记】、【提示】、【默认】、【模式】和【注释性】属性特性显示在属性列表中。对于每一个选定块，属性列表下的说明都会标识在当前图形和在当前布局中相应块的实例数目。

- **【同步】**——单击该按钮，更新具有当前定义的属性特性的选定块的全部实例。此操作不会影响每个块中赋给属性的值。

- **【上移】**——单击该按钮，在提示序列的早期阶段移动选定的属性标签。选定固定属性时，【上移】按钮不可用。

- **【下移】**——单击该按钮，在提示序列的后期阶段移动选定的属性标签。选定常量属性时，【下移】按钮不可用。

- **【编辑】**——单击该按钮，弹出【编辑属性】对话框，如图 10-30 所示，从中可以修改属性特性。其基本内容与上述的【增强属性编辑器】对话框相同。

- **【删除】**——单击该按钮，从块定义中删除选定的属性。如果在单击【删除】按钮之前已勾选了【块属性设置】对话框中的【将修改应用到现有参照】复选框，将删除当前图形中全部块实例的属性。对于仅具有一个属性的块，该按钮不可用。

- **【设置】**——单击该按钮，弹出【块属性设置】对话框，如图 10-31 所示，从中可以自定义【块属性管理器】对话框中属性信息的列出方式。

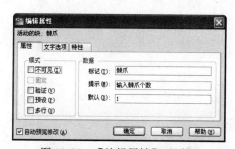

图 10-30　【编辑属性】对话框

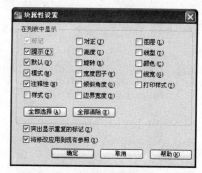

图 10-31　【块属性设置】对话框

- **【应用】**——单击此按钮，应用所做的更改，但不关闭对话框。

10.7　外部参照

当把一个图形作为块插入到当前图形中时，AutoCAD 会将块定义和所有相关联的几何图形存储在当前图形数据库中。如果对原图形修改，当前图形中的块是不会跟着更新的。在这种情况下，如果要更新图形，则必须重新插入这些块以使当前图形得到更新。

为此，AutoCAD 提供了外部参照功能。所谓外部参照（Xref），就是把其他图形链接到当前图形中。当把图形作为外部参照插入时，当前图形就会随着原图形的修改而自动更新。因此，包含有外部参照的图形总是反映出每个外部参照文件最新的编辑情况。像块引用一样，外部参照在当前图形中作为单个对象显示。然而，外部参照不会显著增加当前图形的文件大小，并且不能被分解。就像对待块引用一样，可以嵌套附着在图形上的外部参照。

10.7.1 使用外部参照管理器附着外部参照

外部参照管理器可以管理当前图形中的所有外部参照图形。外部参照管理器显示了每个外部参照的状态及它们之间的关系。在管理器中，用户可以附着新的外部参照、拆离现有的外部参照、重载或卸载现有的外部参照、将附加转换为覆盖或将覆盖转换为附加、将整个外部参照定义绑定到当前图形、修改外部参照路径。

1. 启动

● 在传统菜单中选择【插入】→【外部参照】命令。

● 在命令行行窗口输入 Xref，并按 Enter 键。

2. 操作方法

调用外部参照 Xref 命令后，系统弹出【外部参照】选项板，如图 10-33（a）所示，单击【列表图】按钮，以列表图形式查看当前图形中的外部参照，用户可以通过先选择列表中的参照名称，然后单击亮显文件名的方法来编辑外部参照名称。

在图 10-32 中单击【树状图】按钮，AutoCAD 将当前图形中的所有外部参照以树形列表的形式显示出来，如图 10-33 所示。树状图的顶层以字母顺序列出。显示的外部参照信息包含外部参照中的嵌套等级、它们之间的关系以及是否已被融入。树状图只显示外部参照间的关系。它不会显示与图形相关联的附加型或覆盖型图的数量。同一个外部参照的重复附件是不会显示在树状图上的。

图 10-32　【外部参照】选项板列表图

图 10-33　【外部参照】选项板树状图

选择了某个外部参照后，在选项板下面的【详细信息】窗格中将列出当前外部参照的具体信息，除【找到位置】外，其他无法进行编辑，包括【参照名】、【状态】、【大小】、【类型】、【日期】和【保存位置】等。

　　【找到位置】显示当前选定文件参照的完整路径。此路径是实际能够找到参照文件的路径，它不一定和保存路径相同。单击 ... 按钮将弹出【选择图像文件】对话框，从中可以选择其他路径或文件名；也可以直接在路径字段中输入路径。如果新路径有效，这些更改将存储到【保存位置】特性中。

如果在该窗格中单击【预览】按钮，则可以查看该外部参照情况，如图 10-34 所示。

对于【外部参照】选项板来说，AutoCAD 2012 提供了功能面板来实现其功能，具体介绍如下：

● 【附着文件】按钮——【外部参照】选项板顶部左侧第一个按钮可以附着 DWG、DWF 或光栅图像等。其默认状态为【附着 DWG】，如图 10-35 所示。此按钮可保留上一个使用的附着操作类型，因此，如果附着 DWF 文件，则此按钮的状态将一直设置为【附着 DWF】，直到附着其他文件类型。

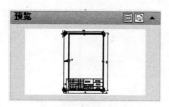

图 10-34 预览状态

图 10-35 附着按钮

各个【附着】功能如下：

◆ 【附着 DWG】按钮——启动 Xattach 命令，弹出【选择参照文件】对话框，附着 DWG 文件，具体操作见后面。

◆ 【附着图像】——启动 Imageattach 命令，弹出【选择图像文件】对话框，附着 JPEG 等非 AutoCAD 图形文件。

◆ 【附着 DWF】——启动 Dwfattach 命令，弹出【选择 DWF 文件】对话框，附着 AutoCAD 2012 独有的 DWF 文件。

◆ 【附着 DGN】——启动 Dgnattach 命令，弹出【选择 DGN 文件】对话框，附着 V8 所带 DGN 文件。

◆ 【附着 PDF】——启动 PDFattach 命令，弹出【选择 PDF 文件】对话框，附着 PDF 文件。

● 【刷新】按钮——如图 10-36 所示，它可以重新同步参照图形文件的状态数据与内存中的数据。刷新主要与 Autodesk Vault 进行交互。

另外，在【文件参照】窗格中提供了快捷菜单，如图 10-37 所示，可以进行相关编辑操作，详见下面内容。

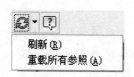

图 10-36 【刷新】按钮

图 10-37 快捷菜单

3. 附着外部参照

单击【附着 DWG】按钮，AutoCAD 将弹出【选择参照文件】对话框。选择文件后单击【打开】按钮，系统弹出【附着外部参照】对话框，如图 10-38 所示。这个对话框同【插入】对话框的基本功能完全一致，只不过提供了供用户选择的参照类型而已。选择参照类型，单击【确定】按钮，在图形窗口中选择插入点，即可将该参照图形插入到图形窗口中。用户可利用这种操作附着新的外部参照。该操作与菜单栏中【插入】→【DWG 参照】命令一致。

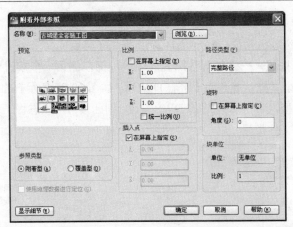

图 10-38 【附着外部参照】对话框

AutoCAD 2012 对参照路径功能进行了改善，可以选择【完整路径】、【相对路径】和【无路径】3 种选项，分别介绍如下：

- 【完整路径】——当使用完整路径附着外部参照时，外部参照的精确位置将保存到宿主图形中。此选项的精确度最高，但灵活性最小。如果移动工程文件夹，AutoCAD 将无法融入任何使用完整路径附着的外部参照。
- 【相对路径】——使用相对路径附着外部参照时，将保存外部参照相对于宿主图形的位置。此选项的灵活性最大。如果移动工程文件夹，只要此外部参照相对宿主图形的位置未发生变化，AutoCAD 仍可以融入使用相对路径附着的外部参照。
- 【无路径】——在不使用路径附着外部参照时，AutoCAD 首先在宿主图形的文件夹中查找外部参照。当外部参照文件与宿主图形位于同一个文件夹时，此选项非常有用。

4. 附着后图形编辑

【文件参照】窗格中的快捷菜单都是围绕着附着后的参照图形进行的。各命令介绍如下：

- 【打开】——打开外部参照文件。选择该命令，直接打开选定的参照文件。
- 【卸载】——卸载外部参照。选择该命令，在列表中选择要卸载的外部参照。
- 【重载】——更新外部参照。例如，如果将上面附着的外部参照文件进行过修改，选择该命令，图形窗口将更新。
- 【拆离】——拆离外部参照。选择该命令，可以从图形文件中拆离选定的外部参照。拆离时，参考该参照的所有实例都将从图形中删除，当前图文件定义将清理，并且到该参照文件的链接路径也将被删除。

注意：【拆离】和【卸载】是不同的。外部参照被拆离后，所有依赖外部参照符号表的信息（如图层和线型）将从当前图形符号表中清除。卸载不是永久地删除外部参照，它仅仅是抑制外部参照定义的显示和重新生成，这有助于当前的编辑任务并提高系统性能。

- 【绑定】——绑定外部参照。把外部参照绑定到图形上，将会使得外部参照成为图形中的固有部分，不再是外部参照文件。因而，外部参照信息变成了块。当更新外部参照图形时，绑定的外部参照将不会跟着更新。如果用户要绑定当前图形中的一个外部参照，首先选择要绑定的外部参照，然后选择【绑定】命令，AutoCAD 将弹出【绑定外部参照/DGN参考底图】对话框，如图 10-39 所示。

图 10-39 【绑定外部参照/DGN 参考底图】对话框

◆　【绑定】——选中该单选按钮，AutoCAD 将选定的外部参照定义绑定到当前图形。

◆　【插入】——选中该单选按钮，AutoCAD 将使用与拆离和插入参照图形相似的方法将外部参照绑定到当前图形中。

10.7.2　外部参照的编辑

对于添加进来的外部参照，用户还可以对其进行适当的编辑操作，如图 10-40 所示。

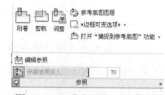

1. 编辑外部参照

利用以下方式可以进行外部参照的组件内容修改。它们只是进入编辑状态，还没有进行任何编辑操作。

图 10-40　【参照】功能面板

● 单击【插入】选项卡，在【参照】功能面板单击【编辑参照】按钮。

● 在命令行窗口输入 Refedit，并按 Enter 键。

具体步骤如下：

（1）系统首先提示选择要编辑的外部参照。

（2）系统弹出如图 10-41 所示的对话框。

（3）采用默认设置，单击【确定】按钮，开始编辑工作。

【参照编辑】对话框中各选项含义如下：

● 【标识参照】——该选项卡包含以下选项：

◆　【自动选择所有嵌套的对象】——该单选按钮控制嵌套对象是否自动包含在参照编辑任务中。

◆　【提示选择嵌套的对象】——该单选按钮控制是否逐个选择包含在参照编辑任务中的嵌套对象。如果选中该单选按钮，关闭【参照编辑】对话框并进入参照编辑状态后，AutoCAD 将提示用户在要编辑的参照中选择特定的对象：

选择嵌套的对象：(选择要编辑的参照中的对象)

● 【设置】——如图 10-42 所示，为编辑参照提供选项。

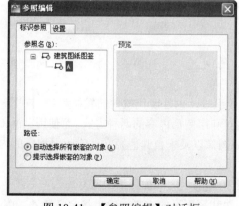

图 10-41　【参照编辑】对话框

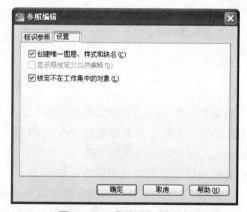

图 10-42　【设置】选项卡

◆　【创建唯一图层、样式和块名】——该单选按钮控制从参照中提取的图层和其他命名对象是否唯一可修改的。如果勾选该复选框，外部参照中的命名对象将改变（名称加前缀$#$），与绑定外部参照时修改它们的方式类似；如果不选中该复选框，图层和其他命名对象的名称与参照图形中的一致。未改变的命名对象将唯一继承当前宿主图形中有相同名称的对象属性。

◆ 【显示属性定义以供编辑】——该复选框控制编辑参照期间是否提取和显示块参照中所有可变的属性定义。

◆ 【锁定不在工作集中的对象】——该复选框锁定所有不在工作集中的对象，从而避免用户在参照编辑状态时意外地选择和编辑宿主图形中的对象。

锁定对象的行为与锁定图层上的对象类似。如果试图编辑锁定的对象，它们将从选择集中过滤。

2. 向工作集中添加参照

利用以下方式可以向当前定义的外部参照组件中添加元素：在命令行窗口输入 Refset，并按 Enter 键。按照系统提示进行如下操作：

命令：Refset
在参照编辑工作集和宿主图形之间传输对象...
输入选项 [添加(A)/删除(R)] <添加>：↙
选择对象：(选择对象)
选择对象：↙

如果要删除，则在【编辑参照】功能面板中单击【从工作集删除】按钮。

3. 关闭外部参照编辑

对于编辑后的内容，可以进行保存或者放弃。

在命令行窗口输入 Refclose，并按 Enter 键。

（1）如果单击【放弃修改】按钮放弃编辑的话，系统提示如下：

命令：_Refclose
输入选项 [保存参照修改(S)/放弃参照修改(D)] <保存参照修改>：
正在重生成模型。

（2）如果单击【保存修改】按钮保存编辑的话，系统将弹出确定对话框。单击【确定】按钮，保存参照编辑。同时系统提示如下：

命令：_Refclose
下列符号将被添加到外部参照文件：
块：7-7
输入选项 [保存参照修改(S)/放弃参照修改(D)] <保存参照修改>：_Sav
正在重生成模型。

10.8 设计中心

重复利用和共享图形内容是管理图形文档的有效手段，也是现代软件的发展趋势。在前面章节中介绍的块和附着外部参照是 AutoCAD 提供的重复利用图形内容的两种方式。而使用 AutoCAD 设计中心，用户可以高效地管理块、外部参照、光栅图像以及来自其他源文件或应用程序的内容。

使用设计中心可以完成以下工作：

（1）浏览用户计算机、网络驱动器和 Web 页上的图形内容（如图形或符号库）。

（2）在定义表中查看图形文件中命名对象（如块和图层）的定义，然后将定义插入、附着、复制和粘贴到当前图形中。

（3）更新（重定义）块定义。

（4）创建指向常用图形、文件夹和 Internet 网址的快捷方式。

（5）向图形中添加内容（如外部参照、块和填充）。

（6）在新窗口中打开图形文件。

（7）将图形、块和填充拖动到工具选项板上，以便于访问。

10.8.1　设计中心界面

1. 启动

- 功能面板：【视图】选项卡→【选项板】面板→【设计中心】按钮 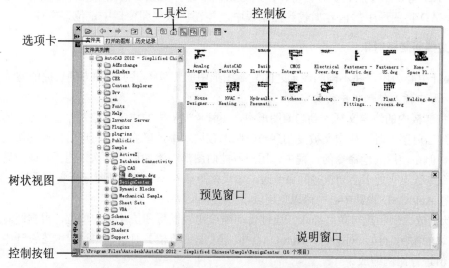。
- 菜单：【工具】→【选项板】→【设计中心】。
- 命令行：Adcenter。

执行 Adcenter 命令后，AutoCAD 打开设计中心，如图 10-43 所示。

图 10-43　AutoCAD 设计中心

AutoCAD 设计中心可以停靠在 AutoCAD 主窗口的左右两侧，也可以处于浮动状态，另外可以实现自动隐藏，成为单独的标题栏状态。这个窗口的功能面板和 IE 基本一致，所以不再赘述。

2. 基本环境

该窗口中各选项卡的功能均不相同。

（1）【文件夹】选项卡——显示导航图标的层次结构，包括网络和计算机，Web 地址（URL），计算机驱动器，文件夹，图形和相关的支持文件，外部参照、布局、填充样式和命名对象，如图形中的块、图层、线型、文字样式、标注样式和打印样式。

单击树状图中的项目，在内容区域中显示其内容。单击加号（+）或减号（-）可以显示或隐藏层次结构中的其他层次。双击某个项目可以显示其下一层次的内容。在树状图中单击右键将显示带有若干相关选项的快捷菜单。

（2）【打开的图形】选项卡——显示在当前已打开图形的内容列表，包括图形中的块、图层、线型、文字样式、标注样式和打印样式。单击某个图形文件，然后单击列表中的一个定义表可以将图形文件的内容加载到内容区域中。

（3）【历史记录】选项卡——显示在设计中心中以前打开的文件列表。双击列表中的某个图形文件，可以在【文件夹】选项卡的树状视图中定位此图形文件，并将其内容加载到内容区域中。

10.8.2　查看图形内容

使用设计中心，用户可以迅速地查看图形中的内容而不必打开该图形。当用户在查看树状视图中选择某一个图形文件后，无论该图形是否已被打开，AutoCAD 均在控制板中显示出该图形文件中的内容。对于每一个图形文件，AutoCAD 均会显示标注样式、布局、块、图层、外部参照、文字样式和线型等。用户可以查看图形中这些对象中的内容。如果要查看某一图形文件的预览图像，可以在树状视图窗口中选择包含图形文件的文件夹，AutoCAD 将在控制板中显示该文件夹中的图形文件。用户只要选择某一个图形文件，即可在预览窗口中观察到该图形的预览图像。

除了上面介绍的方法外，用户可以使用设计中心的加载功能来查看图形中的内容：单击【加载】按钮，AutoCAD 将显示【加载】对话框；在该对话框中选择要查看的图形文件后，单击【打开】按钮，AutoCAD 将图形中的内容加载到控制板中，并在树状视图窗口中定位该文件。

10.8.3　在文档间复制对象

AutoCAD 设计中心为用户在不同的图形之间复制图形中的对象提供了一种方便快捷的方法。

1. 向当前图形中插入控制板中的块定义

用户可以将控制板中的块定义插入到当前图形中，不管控制板中的块定义是否存在于当前的图形中。将块插入到当前图形时，块定义被复制到当前图形数据库中，以后在该图形中插入的块实例都将参照该定义。但在使用其他命令的过程中，用户不能向图形中添加块，每次只能插入或附着一个块。例如，当命令行上有处于活动状态的命令时，如果试图插入一个块，则图标会变为【禁止】，说明操作无效。在 AutoCAD 设计中心中可以使用以下方法插入块：

（1）按默认缩放比例和旋转角度插入。通过自动缩放比较图形和块使用的单位，根据两者之间的比率来缩放块的实例。插入对象时，AutoCAD 根据【图形单位】对话框中设定的【设计中心块的图形单位】值进行比例缩放。

1）在控制板或【搜索】对话框中，按住鼠标左键把块拖到当前打开图形中。定点设备在图形上移动时，对象自动按比例缩放和显示，同时还显示用户的运行对象捕捉设置点，以便根据现有几何图形确定块的位置。

2）在要放置块的位置松开定点设备按钮，按照默认的缩放比例和旋转角度插入块。

注意：将 AutoCAD 设计中心中的块或图形拖放到当前图形时，如果自动进行比例缩放，则块中的标注值可能会失真。

（2）按指定坐标、缩放比例和旋转角度插入。使用【插入】对话框指定选定块的插入参数。

1）在控制板或【查找】对话框中选择要插入的块，并用鼠标右键拖到当前打开的图形中。

2）松开定点设备按钮，然后从快捷菜单中选择【插入块】，AutoCAD 将显示【插入】对话框。

3）在【插入】对话框中，输入【插入点】、【缩放比例】、【旋转】值，或选择【在屏幕上指定】。

4）如果要将块分解为组成对象，用户可以选择【分解】选项。

5）单击【确定】按钮，AutoCAD 按指定的参数插入块。

用户也可以使用以下方法启动上述操作过程：

● 　双击一个要插入的块定义图标，把块插入到当前的图形中。

● 　在块图标上右击显示快捷菜单，从快捷菜单中选择【插入块】选项将块插入到当前的图形中。

● 　在块图标上右击显示快捷菜单，从快捷菜单中选择【复制】选项。然后在当前图形中的绘图区域单击鼠标右键显示快捷菜单，在快捷菜单中选择【粘贴】选项，将块插入到当前的图形中。

（3）将图形文件插入到当前的图形中。用户可以以块或外部参照的形式将一个图形插入到当前的图形中。操作方法如下几种：

- 在控制板中，用鼠标左键将要插入的图形拖动到当前的图形中，AutoCAD 将该图形以块的形式插入到当前的图形中。
- 在控制板中，用鼠标右键将要插入的图形拖动到当前的图形中。
- 在控制板中要插入的图形上右击显示快捷菜单。选择【插入为块】选项，可以将图形以块的形式插入到当前的图形中；选择【附着为外部参照】选项，可以将图形以外部参照的形式插入到当前的图形中；选择【复制】选项，然后在当前图形的绘图区域中右击显示快捷菜单，在快捷菜单中选择【粘贴】选项，AutoCAD 将以块的形式将其插入到当前图形中。

2. 向当前图形中插入控制板中的图层

使用 AutoCAD 设计中心，用户可以通过拖放操作在所有图形之间复制图层。复制方法如下：

- 双击控制板中的某一图层，AutoCAD 将该图层添加到当前的图形中。
- 用鼠标左键将控制板中的图层拖动到当前的图形中，AutoCAD 将该图层添加到当前的图形中。
- 用鼠标右键将控制板中的图层拖动到当前的图形中，释放鼠标右键，AutoCAD 将显示快捷菜单。
- 在控制板中选择要添加到当前图形中的图层，然后在选择的图层图标上右击显示快捷菜单。在快捷菜单中选择【添加图层】选项，AutoCAD 将用户所选择的图层添加到当前的图形中。
- 在控制板中选择要添加到当前图形中的图层，然后在选择的图层图标上右击显示快捷菜单。在快捷菜单中选择【复制】选项，然后在当前图形的绘图区域右击显示快捷菜单，选择【粘贴】选项，AutoCAD 将用户所选择的图层添加到当前的图形中。

用户可以参照前面讲解的复制块和图层的方法复制其他的对象，如标注样式、布局、外部参照、文字样式和线型等。此外，用户也可以使用类似的方法从控制板中复制光栅图像到当前的图形中。

3. 通过设计中心更新块定义

与外部参照不同，当更改块定义的源文件时，包含此块的图形的块定义并不会自动更新。通过设计中心，可以决定是否更新当前图形中的块定义。块定义的源文件可以是图形文件或符号库图形文件中的嵌套块。

在内容区域中的块或图形文件上右击，然后在显示的快捷菜单中单击【仅重定义】或【插入并重定义】选项，可以更新选定的块。

10.8.4　使用收藏夹

使用 Autodesk 收藏夹（AutoCAD 设计中心的默认文件夹），用户不用每次都寻找经常使用的图形、文件夹和 Internet 地址，从而节省了时间。收藏夹汇集了到不同位置的图形内容的快捷方式。例如，可以创建一个快捷方式，指向经常访问的网络文件夹。

1. 将图形文件添加到收藏夹中

在设计中心的树状视图窗口或控制板中右击图形文件，AutoCAD 将显示快捷菜单。在快捷菜单中选择【添加到收藏夹】选项，AutoCAD 将所选择的图形文件添加到收藏夹中。向收藏夹中添加文件，实际上就是在收藏夹中创建一个指向文件的快捷方式。它不会移动原始文件或文件夹。

2. 显示收藏夹中的内容

用户可以用以下几种不同的方式显示收藏夹中的内容：

- 单击设计中心中的【收藏夹】按钮，AutoCAD 将树状视图窗口定位到收藏夹所在的目录，并在控制板中显示收藏夹中的内容。
- 单击【桌面】按钮，然后在树状视图窗口中找到收藏夹所在的目录。

3．组织收藏夹

首先单击 AutoCAD 设计中心中的【收藏夹】按钮，以在控制板上显示收藏夹中的内容，然后在控制板背景上右击，并在快捷菜单中选择【组织收藏夹】选项。AutoCAD 将启动 Windows 资源管理器，并在其中显示收藏夹中的内容。

用户可以在 Windows 资源管理器中移动、复制或删除收藏夹中的快捷方式。

10.9　动态块

动态块功能具有参数化特性，即具有灵活性和智能性。用户在操作时可以轻松地更改图形中的动态块参照，可以通过自定义夹点或自定义特性来操作动态块参照中的几何图形。这使得用户可以根据需要在位调整块，而不用搜索另一个块以插入或重定义现有的块。用户可以向动态块中添加参数与动作，从而利用这些参数与动作来驱动动态块，形成所需的几何图形。

例如，如果我们需要插入一个长度和宽度随时变化的一组长方形，可以首先将其创建为动态块，然后添加 XY 参数，并指定一组值集距离及与其相关的缩放动作，随后将其编辑为动态块。这样就可以根据需要灵活调整矩形图块自定义夹点至需要的大小和位置，或者通过【特性】选项板选择相应值。

如图 10-44 所示，就是添加了拉伸动作后的图块状态。如图 10-45 所示则显示了插入动态块时的选取状态。

图 10-44　添加状态　　　　　　　　　　　　　　图 10-45　插入状态

10.9.1　动态块的创建过程

为了创建高质量的动态块，以便达到用户的预期效果，建议按照下列步骤进行操作：

（1）在创建动态块之前规划动态块的内容。在创建动态块之前，应当了解其外观以及在图形中的使用方式。确定当操作动态块参照时，块中的哪些对象会更改或移动，这些对象将如何更改。另外，调整块参照的大小时可能会显示其他几何图形。这些因素决定了添加到块定义中的参数和动作的类型，以及如何使参数、动作和几何图形共同作用。

（2）绘制几何图形。可以在绘图区域或块编辑器中绘制动态块中的几何图形，也可以使用图形中的现有几何图形或现有的块定义。

（3）了解块元素如何共同作用。在向块定义中添加参数和动作之前，应了解它们相互之间以及它们与块中的几何图形的相关性。在向块定义添加动作时，需要将动作与参数以及几何图形的选择集相关联。此操作将创建相关性。向动态块参照添加多个参数和动作时，需要设置正确的相关性，以便块参照在图形中正常工作。

（4）添加参数。按照命令提示向动态块定义中添加适当的参数。

注意：使用【块编写】选项板的【参数集】选项卡可以同时添加参数和关联动作。

（5）添加动作。向动态块定义中添加适当的动作。按照命令提示进行操作，确保将动作与正确的参数和几何图形相关联。

（6）定义动态块参照的操作方式。用户可以指定在图形中操作动态块参照的方式。可以通过自定义夹点和自定义特性来操作动态块参照。在创建动态块定义时，用户将定义显示哪些夹点以及如何通过这些夹点来编辑动态块参照。另外还指定了是否在【特性】选项板中显示出块的自定义特性，以及是否可以通过该选项板或自定义夹点来更改这些特性。

（7）保存块，然后在图形中进行测试。保存动态块定义并退出块编辑器。然后将动态块参照插入到一个图形中，并测试该块的功能。

10.9.2　使用动态编辑器

在 AutoCAD 2012 中，使用块编辑器来编辑动态块，为其添加所需要的元素，包括动作和参数。其基本启动方式有以下 4 种：

- 命令：Bedit。
- 菜单：【工具】→【块编辑器】。
- 功能面板：【常用】选项卡→【块】面板→【编辑】按钮⬚。
- 快捷菜单：在选定块上右击，选择【块编辑器】选项。

系统将打开如图 10-46 所示对话框。

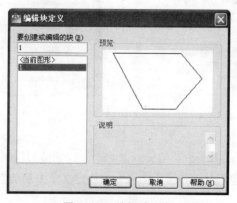

图 10-46　编辑块定义

在【编辑块定义】对话框中，可以从图形中保存的块定义列表中选择要在块编辑器中编辑的块定义，也可以输入要在块编辑器中创建的新块定义的名称。

直接单击【确定】按钮后，将关闭【编辑块定义】对话框，并显示块编辑器。如果从【编辑块定义】对话框的列表中选择了某个块定义，该块定义将显示在块编辑器中且可以编辑。如果输入新块定义的名称，将显示块编辑器，现在即可向该块定义中添加对象。

- 【名称】——指定要在块编辑器中编辑或创建的块的名称。如果选择【<当前图形>】，当前图形将在块编辑器中打开。在图形中添加动态元素后，可以保存图形并将其作为动态块参照插入到另一个图形中。
- 【名称列表】（无标签）——显示保存在当前图形中的块定义的列表。从该列表中选择某个块定义后，其名称将显示在【名称】框中。单击【确定】按钮后，此块定义将在块编辑器中打开。如果选择【<当前图形>】，则当前图形将在块编辑器中打开。

- 【预览】——显示选定块定义的预览。如果显示闪电图标，则表示该块是动态块。
- 【说明】——显示块编辑器中的【特性】选项板的【块】区域中所指定的块定义说明。
- 【确定】——在块编辑器中打开选定的块定义或新的块定义。

当确定并返回到图形窗口后，系统将显示【块编辑器】功能面板，如图 10-47 所示。同时显示【块编写选项板】，如图 10-48 所示。

图 10-47　【块编辑器】功能面板

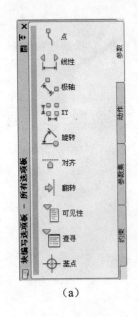   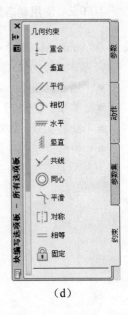

　　　　(a)　　　　　　　　　　(b)　　　　　　　　　　(c)　　　　　　　　　　(d)

图 10-48　块编写选项板

可以使用块编辑器创建动态块。块编辑器是一个专门的编写区域，用于添加能够使块成为动态块的元素。用户可以从头创建块，也可以向现有的块定义中添加动态行为，还可以像在绘图区域中一样创建几何图形。

向块中添加参数和动作可以使其成为动态块。如果向块中添加了这些元素，也就为块的几何图形增添了灵活性和智能性。通过指定块中几何图形的位置、距离和角度参数可定义动态块的自定义特性。动作定义了在图形中操作动态块参照时该块参照中的几何图形将如何移动或更改。向块中添加动作后，必须将这些动作与参数相关联，并且通常情况下要与几何图形相关联。

向块定义中添加参数后，会自动向块中添加自定义夹点和特性。使用这些自定义夹点和特性可以操作图形中的块参照。

10.9.3　向动态块中插入元素

AutoCAD 2012 可以在块编辑器中向块定义添加动态元素。除几何图形外，动态块中通常包含一个或多个参数和动作。

（1）参数。通过指定块中几何图形的位置、距离和角度来定义动态块的自定义特性。

（2）动作。定义在图形中操作动态块参照时该块参照中的几何图形将如何移动或修改。向动态块定义中添加动作后，必须将这些动作与参数相关联，也可以指定动作将影响的几何图形选择集。

注意： 参数和动作仅显示在块编辑器中。当将动态块参照插入到图形中时，将不会显示动态块定义中包含的参数和动作。

参数添加到动态块定义中后，夹点将添加到该参数的关键点。关键点是用于操作块参照的参数部分。例如，线性参数在其基点和端点具有关键点。用户可以从任一关键点操作参数距离。

添加到动态块中的参数类型决定了添加的夹点类型。每种参数类型仅支持特定类型的动作。如表 10-1 所示显示了参数、夹点和动作之间的关系。

表 10-1　动态块中参数、夹点和动作之间的关系

参数类型	夹点类型		可与参数关联的动作
点	■	标准	移动、拉伸
线性	▷	线性	移动、缩放、拉伸、阵列
极轴	■	标准	移动、缩放、拉伸、极轴拉伸、阵列
XY	■	标准	移动、缩放、拉伸、阵列
旋转	●	旋转	旋转
翻转	➡	翻转	翻转
对齐	▷	对齐	无（此动作隐含在参数中）
可见性	▼	查寻	无（此动作是隐含的，并且受可见性状态的控制）
查寻	▼	查寻	查寻
基点	■	标准	无

1．添加参数

在块编辑器中，大部分参数的外观都与标注相似。如果为参数创建值集（范围或数值列表），这些值的位置处将显示标记。

用户可以在块编辑器中指定参数的以下设置：参数颜色、参数文字和箭头大小、参数字体、夹点颜色、参数值集标记（勾号标记）的显示。

如果在动态块定义中使用了可见性参数，就可以指定在某种给定的可见性状态中哪些几何对象不可见。用户可以指定是否在块编辑器中显示在可见性状态中不可见的几何图形。下例中，块编辑器内显示了可见性状态。以较暗状态显示的几何图形在该可见性状态中是不可见的。

在图 10-48（a）中可以看到，【块编写选项板】的【参数】选项卡中提供了用于向块编辑器中的动态块定义中添加参数的工具。参数用于指定几何图形在块参照中的位置、距离和角度。将参数添加到动态块定义中时，该参数将定义块的一个或多个自定义特性。

下面以点参数为例，讲解如何向动态块中插入参数。点参数定义图形中的 X 和 Y 位置。在块编辑器中，点参数类似于一个坐标标注。

向动态块定义中添加点参数的步骤如下：

（1）在【块编写选项板】窗口的【参数】选项卡中，单击【点】参数工具。

（2）按照命令提示指定以下参数信息：名称、标签、说明、链、选项板、显示的块参照的特性。系统提示：

指定参数位置或 [名称(N)/标签(L)/链(C)/说明(D)/选项板(P)]：

注意：将该参数添加到块定义中之后，还可以在【特性】选项板中指定和编辑这些特性。

黄色警告图标表明用户应该将动作与刚添加的参数相关联，如图 10-49 所示。

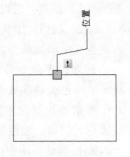

图 10-49　插入点参数

（3）要立即添加动作，双击警告图标。按照提示将一个动作与参数和几何图形选择集相关联。

（4）在【块编辑器】选项卡的【打开/保存】功能面板中上单击【保存块】按钮。

（5）关闭块编辑器。

2．添加动作

动作用于定义在图形中操作动态块参照的自定义特性时，该块参照的几何图形将如何移动或修改，位于【块编写选项板】窗口的【动作】选项卡中，如图 10-48（b）所示。应将动作与参数相关联方可。

下面以移动动作为例，讲解如何向动态块中插入动作。移动动作类似于 Move 命令。在动态块参照中，移动动作将使对象移动指定的距离和角度。具体的操作过程如下：

在可以添加移动动作的参数上双击，如图 10-50 所示，系统弹出提示如下：

命令：_.BACTION
输入动作类型 [移动(M)/拉伸(T)]：m
指定动作的选择集
选择对象：（选择要移动的几何对象）
选择对象：✓
指定动作位置或 [乘数(M)/偏移(O)]：（指定位置或者输入选项）

其中：

● 【乘数】——触发动作时，按指定的因子更改关联参数的值。系统提示如下：
输入距离乘数 <1.0000>：（输入值或按 ENTER 键选择 1.0000）

● 【偏移】——触发动作时，按指定的数字增加或减少关联参数的角度。
输入角度偏移 <0>：（输入值或按 ENTER 键选择 0）

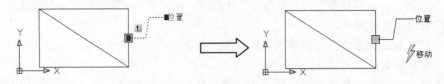

图 10-50　添加移动动作

3．添加参数集

参数集提供用于在块编辑器中向动态块定义中添加一个参数和至少一个动作的工具。将参数集添加到动态块中时，动作将自动与参数相关联。将参数集添加到动态块中后，双击黄色警告图标（或使用 Bactionset 命令），然后按照命令提示将该动作与几何图形选择集相关联。

使用【块编写选项板】上的【参数集】选项卡可以向动态块定义添加一般成对的参数和动作。向块中添加参数集与添加参数所使用的方法相同。参数集中包含的动作将自动添加到块定义中，并与添加的参数相关联。接着，必须将选择集（几何图形）与各个动作相关联。

注意：如果插入的是查寻参数集，双击黄色警示图标时将会显示【特性查寻表】对话框。与查寻动作相关联的是用户添加到此表中的数据，而不是选择集。

以线性参数集为例，向参数集中添加动作的步骤如下：

（1）选择【块编写选项板】窗口的【参数集】选项卡，在参数集上单击鼠标右键，然后单击【特性】命令，如图 10-51 所示。

（2）系统弹出如图 10-52 所示【工具特性】对话框。单击【参数】选项区的【动作】，然后单击▦按钮。

图 10-51　快捷菜单

（3）系统弹出如图 10-53 所示【添加动作】对话框，从【要添加的动作对象】列表中选择一个动作，单击【添加】按钮。所添加的动作将列于下面的列表中。

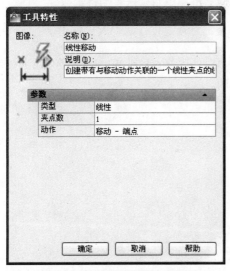

图 10-52　【工具特性】对话框

图 10-53　【添加动作】对话框

（4）单击【确定】按钮。

（5）在【工具特性】对话框中，单击【确定】按钮。

习题十

一、选择题

1．在 AutoCAD 中插入外部参照时，路径类型不正确的是（　　　）。

  A．完整路径　　　　　　B．相对路径　　　　　C．无路径　　　　　　D．覆盖路径

2．在 AutoCAD 的【设计中心】窗口的（　　　）选项卡中，可以查看当前图形中的图形信息。

  A．文件夹　　　　　　B．打开的图形　　　C．历史记录　　　D．联机设计中心

3．下列命令操作中，不能插入图块的是（　　　）。

  A．Divide　　　　　　B．Measure　　　　C．Array　　　　D．Insert

4．保存块是应用（　　　）操作。

  A．Wblock　　　　　　B．Block　　　　C．Insert　　　　D．Minsert

5．用 Block 命令定义的内部图块，下面说法正确的是（　　　）

  A．只能在定义它的图形文件内自由调用

  B．只能在另一个图形文件内自由调用

C．既能在定义它的图形文件内自由调用，又能在另一个图形文件内自由调用

D．两者都不能用

二、填空题

1．使用_____命令定义的图块只能在当前图形文件中使用，使用_____命令定义的图块可以在任何图形文件中使用。

2．块是一个或多个图形对象的集合，在定义块时，必须确定_____、_____和在插入块时要使用的_____。

3．_____是以封闭边界创建的二维封闭区域，可使用布尔运算编辑实体。

三、判断题

1．如果要从现在图形的局部创建新图形文件，可以使用 Block 或 Wbolck 命令。　　（　　）

2．图块做好后，在插入时是不可以放大或旋转的。　　（　　）

四、思考题

1．装配图与零件图相比，有何不同？

2．制作块与块文件有何不同？

3．简述制作块属性的步骤。

4．为什么要使用外部参照？

5．设计中心可以完成哪些基本功能？

6．外部参照和块有什么异同？如何根据情况选择使用块或外部参照？

7．设计中心在绘图中带来了哪些方便？

8．设计中心具有哪些功能？

9．结合使用块和设计中心，对第 8 章练习中的高速轴图进行粗糙度标注。

五、操作题

1．按照国家标准建立一个标题栏块，在每次插入此块时都需要输入图名、图号等信息。

2．建立一个圆柱度符号块，每次调用时用户都可以输入其值。

3．打开一个 AutoCAD 自带的示例文件，利用设计中心查看其块和图层信息。

第 11 章　参数化绘图

参数化设计是目前国际图形学应用的一个热点，但始终是 AutoCAD 的弱项。在 AutoCAD 2012 中，该功能得到了增强，可以在二维平面视图操作中进行一些关联操作，从而在几何约束和尺寸约束下，实现改变某个图素则相关图素也发生相应变化的目的，这样可以大大降低绘图中的一些人为失误所造成的错误。

通过本章的学习，掌握 AutoCAD 2012 的几何约束与尺寸标注约束功能，并可以进行一些简单的图形参数化绘制工作。

- 了解参数化设计与非参数化设计的区别
- 熟练掌握几何约束处理
- 熟练掌握尺寸标注约束的方法

用 AutoCAD 绘图，尺寸之间是没有任何关联关系的。一旦绘制的图形线条有问题，是无法通过更改尺寸来修改图形内容的，所以解决的唯一方法只能是删除原来的图形并重新绘制。而采用参数化设计的方法，可以使绘制的图形之间互相影响，并通过修改尺寸来修改原来的图形内容。与 Pro/ENGINEER 等参数化设计软件相比，AutoCAD 2012 只是将参数化的概念应用到了二维图形中，还无法应用到三维图形中，但是相比以前版本而言已经有了巨大的进步。下面从两个方面（即几何约束与尺寸标注约束）介绍参数化的应用。

AutoCAD 2012 的参数化工具的命令放在【参数】菜单中，如图 11-1 所示。同时，【参数化】功能面板提供了与菜单选项相应的命令按钮，如图 11-2 所示。

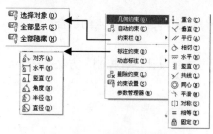

图 11-1　【绘图】下拉菜单

图 11-2　【参数化】功能面板

11.1　参数化概述

在 AutoCAD 中，约束分为两种：几何约束控制对象彼此影响且不可更改，如限制两个线段之间相互垂直,则无论某一条直线如何改变方向,另一条线段都将与其垂直;标注约束控制对象的距离、长度、角度和半径值。

如图 11-3 所示显示了使用默认格式和可见性的几何约束和标注约束。将光标移至应用了约束的对象上时,始终会显示蓝色光标图标,如图 11-4 所示。

图 11-3　显示约束符号

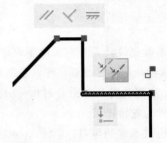

图 11-4　标注对象高亮显示

在工程设计阶段,实际上很多想法都是边设计边更改的,而且往往是先形成对象的几何形状,然后通过不断试验各种设计尺寸或者几何相对位置关系来确定最终方案。以前 AutoCAD 是无法这样做的,现在通过参数化工具对对象所做的更改可以自动调整图形对象,这大大提高了效率。

在 AutoCAD 中,通过约束可以进行下列工作:

(1)通过约束图形中的几何图形来保持设计规范和要求。

(2)将多个几何约束应用于对象。

(3)在标注约束中使用公式和方程式进行复杂控制。

(4)通过修改标注尺寸值可快速地进行设计修改。

1. 约束图形及对象

创建或更改设计时,图形会处于以下三种状态之一:

(1)未约束:未将约束应用于任何几何图形。

(2)欠约束:将某些约束应用于几何图形。

(3)完全约束:将所有相关几何约束和标注约束应用于几何图形。完全约束的一组对象还需要包括至少一个固定约束,以锁定几何图形的位置。

因此,有两种方法可以通过约束进行设计:

(1)在欠约束图形中进行操作,同时进行更改。方法是:使用编辑命令和夹点的组合,添加或更改约束。这种方法比较适合于边约束边设计的情况。

(2)先创建一个图形,并对其进行完全约束,然后以独占方式对设计进行控制。方法是:释放并替换几何约束,更改标注约束中的值。

AutoCAD 可以在以下对象之间应用约束:

(1)图形中的对象与块参照中的对象。

(2)某个块参照中的对象与其他块参照中的对象(而非同一个块参照中的对象)。

(3)外部参照的插入点与对象或块,而非外部参照中的所有对象。

对块参照应用约束时,可以自动选择块中包含的对象,而无需按 Ctrl 键选择子对象。但是,向块参照添加约束可能会导致块参照移动或旋转。对动态块应用约束会禁止显示其动态夹点。要重新显示它们,必须从动态块中删除约束。动态块中的值仍然可以使用【特性】选项板更改。实际上,动态块参照的操作已经包含了部分参数化操作的信息，请读者自行参照前面的内容。

　　2.　自动约束与约束删除

　　所谓自动约束就是指自动对所选择的对象进行几何约束。单击【参数化】选项卡，选择【几何】功能面板中的【自动约束】按钮 ，系统提示操作如下：

　　选择对象或 [设置(S)]:

　　当输入 s 时，系统弹出如图 11-5 所示的对话框。用户可以确定约束的优先权。从列表中选择某个约束后，可以通过【上移】和【下移】按钮进行顺序更改，或者全部清除这些约束。另外，【相切对象必须共用同一交点】和【垂直对象必须共用同一交点】选项决定了对两个对象之间的限制关系，即二者几何约束关系为必须共用一点。

图 11-5　【约束设置】对话框

　　如果直接选择对象，则几何对象将自动进行计算并生成相应的几何约束。

　　当需要对设计进行更改时，有两种方法可取消约束效果：

　　（1）单独删除约束，过后应用新约束。将光标悬停在几何约束图标上时，可以使用 Delete 键或快捷菜单删除该约束。

　　（2）临时释放选定对象上的约束以进行更改。已选定夹点或在编辑命令使用期间指定选项时，按 Ctrl 键以交替释放约束和保留约束。也可以直接单击约束上的关闭按钮。

　　进行编辑期间不保留已释放的约束。编辑过程完成后，约束会自动恢复（如果可能），不再有效的约束将被删除。

　　这些约束包括几何约束和标注约束。另外，在命令行中输入 Delconstraint 命令可以删除对象中的所有约束。

11.2　几何约束

　　在草绘过程中，系统会自动对用户所绘制的截面进行假设，用于减少尺寸标注。比如，假设用户绘制的是水平、垂直、平行的直线，两条线段长度相等，两个圆半径大小相等，系统都会用相应的标记显示出来，如图 11-6 所示。

　　在图 11-6 中， 表示直线是铅直线， 表示直线是水平线等。

　　用户可以控制约束特征标志的显示与否，只要单击【几何】功能面板中的【全部隐藏】按钮就可以隐藏全部标志；单击【全部显示】按钮可以将所有约束显示出来。如果单击【显示】按钮，系统提示如下：

命令：_ConstraintBar

选择要显示约束的对象或 [全部显示(S)/全部隐藏(H)] <全部显示>：

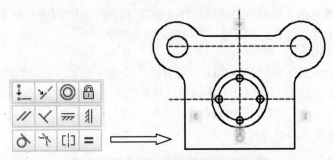

图 11-6　几何约束按钮与约束特征标志

当选择某个对象后，如果该对象曾经进行过约束设置，则在确定后将显示该约束。

除了系统自动施加约束假设外，用户还可以自己根据设计的要求对截面的几何图元进行手工约束，下面讲解如何设置约束。

在如图 11-6 所示的功能面板中，有 12 个约束功能按钮。要进行几何约束，必须在对象上选择有效的约束点，可以选择的有效约束点如表 11-1 所示。

表 11-1　有效约束点

对象	有效约束点
直线	端点、中点
圆弧	中心点、端点、中点
样条曲线	端点
椭圆、圆	中心
多段线	直线的端点、中点和圆弧子对象、圆弧子对象的中心点
块、外部参照、文字、多行文字、属性、表格	插入点

下面针对图 11-6 中的约束按钮分别进行讲解。

1. 重合约束▯

单击▯，系统将提示选取要对齐的两个图元或顶点，依次选取两个图元，选取的图元将变成重合状态，如图 11-7 所示。选择对象的顺序以及选择每个对象的点可能会影响对象彼此间的放置方式。

　　　　原图　　　　　　　先选圆弧后选线段　　　　先选线段后选圆弧

图 11-7　施加重合约束

2. 共线约束↙

单击↙，系统将提示选取两条直线，选取要求约束的直线，二者将自动变为一条同向直线，如图 11-8 所示。第二条直线将直接向第一条直线方向过渡。

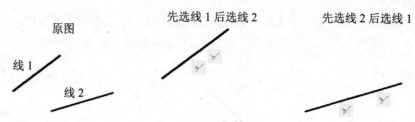

图 11-8 施加共线约束

3. 同心约束 ◎

单击 ◎，系统将提示选取两个圆，选取要求约束的圆，二者将自动同心，如图 11-9 所示。第二个圆将向第一个圆过渡。

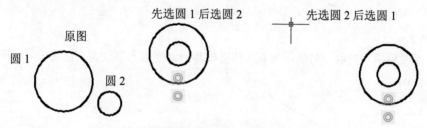

图 11-9 施加同心约束

4. 固定约束 🔒

单击 🔒，系统将使一个点或一条曲线固定到相对于世界坐标系（WCS）的指定位置和方向上。如图 11-10 所示，已对左侧的斜边应用了固定约束，其中间点被固定到指定的坐标。红色 X 指出了受约束的点。

如图 11-11 所示，已固定了矩形左上角，可以移动矩形的其他三个角，但是受约束的点将保持在相同位置。

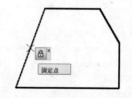

图 11-10 施加固定约束

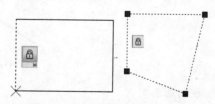

图 11-11 施加固定约束后的操作

5. 平行约束 ∥

单击 ∥，系统将提示选取两条直线，选取后，二者将平行，如图 11-12 所示。第二条直线将向第一条直线方向过渡。

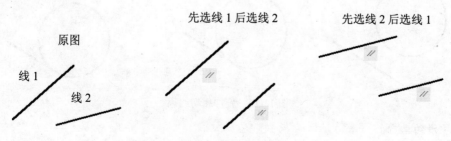

图 11-12 施加平行约束

6. 垂直约束

单击，系统将提示选取两条直线，选取后，无论其中一条线如何更改方向，二者将始终保持垂直，如图 11-13 所示。第二条直线将向第一条直线的垂直方向过渡。

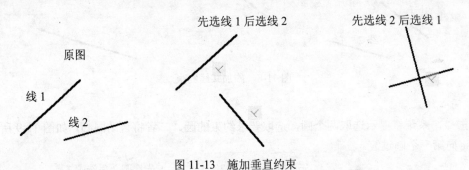

图 11-13　施加垂直约束

7. 水平约束

单击，系统将提示选取一直线，选取后该直线将自动变成水平状态，如图 11-14 所示。

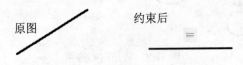

图 11-14　施加水平约束

8. 竖直约束

单击，系统将提示选取一直线，选取后该直线将自动变成竖直状态，如图 11-15 所示。

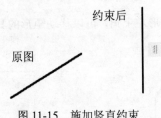

图 11-15　施加竖直约束

9. 相切约束

单击，系统将提示选取两条曲线或直线，选取后二者将变成相切状态，或者在延长线上相切，如图 11-16 所示。

图 11-16　施加相切约束

10. 平滑约束

单击，系统将提示选取两条样条曲线，选取后二者将光滑连接，如图 11-17 所示。

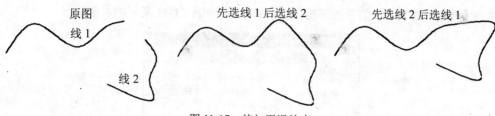

图 11-17 施加平滑约束

11. 对称约束 〔1〕

单击〔1〕，系统将提示选取两条直线或者两个点，然后要求选取一条中心线作为对称线，所选直线或点将变成对称状态，如图 11-18 所示。

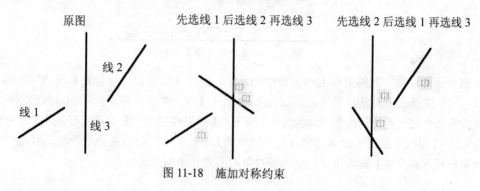

图 11-18 施加对称约束

12. 相等约束 ＝

单击 ＝ ，可以将选定圆弧和圆的尺寸调整为半径相同，或将选定直线的尺寸调整为长度相同，如图 11-19 和图 11-20 所示。

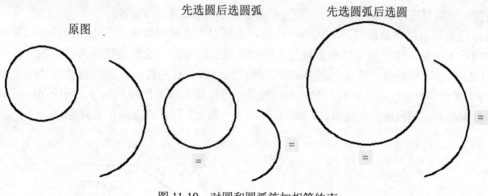

图 11-19 对圆和圆弧施加相等约束

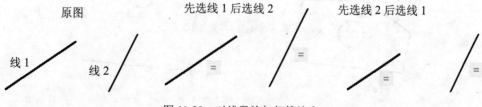

图 11-20 对线段施加相等约束

提示： 在进行几何约束后，所有对象都将始终保持约束关系，而不管其中某个对象如何变化。

单击【几何】功能面板的箭头按钮 ，系统将显示如图 11-21 所示的对话框。

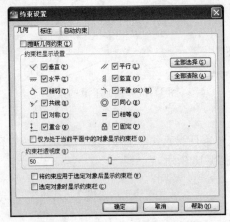

图 11-21　【约束设置】对话框

该对话框可以控制约束栏上约束类型的显示。通过【约束栏显示设置】选项区中的选项来决定图形窗口中是否为对象显示约束栏或约束点标记；【仅为处于当前平面中的对象显示约束栏】选项仅为当前平面上受几何约束的对象显示约束栏；【约束栏透明度】选项可以决定图形中约束栏的透明程度；【将约束应用于选定对象后显示约束栏】选项可以控制约束后是否显示相关约束栏；【选定对象时显示约束栏】选项可以控制选择对象时是否显示相关约束栏。

11.3　标注约束

在 AutoCAD 中，可以通过应用标注约束和指定值来控制二维几何对象或对象上的点之间的距离或角度。如果要进行复杂约束，可以通过采用变量和方程式的方式进行。

标注约束可以控制设计图形的大小和比例，包括对象之间或对象上的点之间的距离和角度、圆弧和圆的大小等。用户也可以向多段线中的线段添加约束，就像这些线段为独立的对象一样。如图 11-22 所示，包括线性约束、对齐约束、角度约束和直径约束。系统将自动以 d#、直径#、角度#等方式分别对线性尺寸、直径尺寸和角度尺寸进行从 1 开始的序列编号。对于 AutoCAD 半径标注约束而言，则出现了汉化错误，radial 翻译为"弧度"了，在使用中要注意。

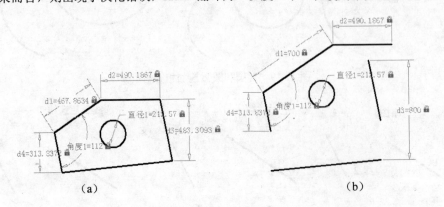

(a)　　　　　　　　　　　　　　　　　(b)

图 11-22　尺寸约束与修改

如果更改标注约束的值，系统会自动计算对象上的所有约束并自动更新受影响的对象。如图

11-22（b）所示，就是将（a）图的 d1 和 d3 尺寸进行修改后的结果。之所以产生图线分离现象，是因为它们没有进行几何重合约束等限制。

标注约束与传统标注有以下不同：

（1）标注约束用于图形的设计阶段，而传统标注通常在文档阶段进行创建。

（2）标注约束驱动对象的大小或角度，而传统标注由对象驱动。

（3）默认情况下，标注约束并不是对象，只是以一种标注样式显示，在缩放操作过程中保持大小相同，且不能打印。如果需要打印，可以将标注约束的形式从动态更改为注释性。

（4）从显示效果看，标注约束的显示中带有一个锁定标志。

1. 标注约束类型

除了要从【参数化】选项卡的【标注】面板中选择相应按钮外，标注约束的标注操作过程与传统标注一样，所以不再赘述。可以进行的标注约束包括如下内容：

（1）线性标注。系统自动确定是采用竖直标注还是水平标注，如图 11-22 中的 d4。

（2）水平标注。系统将对标注对象进行水平标注，如图 11-22 中的 d2。

（3）竖直标注。系统将对标注对象进行竖直标注，如图 11-22 中的 d3。

（4）对齐标注。系统将对标注对象进行对齐标注，如图 11-22 中的 d1。

（5）半径标注。系统将对圆弧或圆进行半径标注，显示为"弧度#"。

（6）直径标注。系统将对圆弧或圆进行直径标注，如图 11-22 中的直径 1。

（7）角度标注。系统将约束直线段或多段线段之间的角度、由圆弧或多段线圆弧段扫掠得到的角度或对象上三个点之间的角度，如图 11-22 中的角度 1。

另外，可以将传统的尺寸标注更改为标注约束。单击【转换】按钮，选择要转换的传统尺寸标注即可。

单击【标注】功能面板中的【显示动态约束】按钮，使其凹陷，则显示标注约束；否则将关闭显示。

要删除某个标注约束，先选中该约束，然后单击【删除约束】按钮即可。

如果单击【标注】功能面板的箭头按钮，系统将显示如图 11-23 所示的对话框，可以对显示的标注约束内容进行设置。

1）【标注名称格式】——为应用标注约束时显示的文字指定格式。将名称格式设置为显示：名称、值或名称和表达式。

2）【为注释性约束显示锁定图标】——针对已应用注释性约束的对象显示锁定图标。

3）【为选定对象显示隐藏的动态约束】——显示选定时已设置为隐藏的动态约束。

2. 通过变量和方程式进行标注约束

通过参数管理器，用户可以自定义用户变量，并可从标注约束及其他用户变量内部引用这些变量。定义的表达式可以包括各种预定义的函数和常量。

单击【标注】功能面板中的【参数管理器】按钮，系统显示如图 11-24 所示的对话框。

其中，【名称】栏为目前已标注的约束变量名称，【表达式】栏可以输入相应的表达式，而【值】栏则直接显示表达式的计算值。

单击按钮，可以创建新的变量；选中某个变量后，单击按钮，则完成删除；单击按钮，可以决定【名称】栏中显示的变量类型。

标注约束和用户变量支持在表达式内使用如表 11-2 所示的运算符。

表达式是根据以下标准数学优先级规则计算的：

（1）括号中的表达式优先，最内层括号优先。

图 11-23　【约束设置】对话框　　　　　图 11-24　【参数管理器】选项板

（2）标准顺序的运算符为：取负值优先，指数次之，乘除加减最后。

（3）优先级相同的运算符从左至右计算。

（4）表达式是使用表 11-2 中所述的标准优先级规则按降序计算的。

表 11-2　运算符

运算符	说明
+	加
-	减或取负值
%	浮点模数
*	乘
/	除
^	求幂
( )	圆括号或表达式分隔符
.	小数分隔符

表达式中可以使用如表 11-3 所示函数。

表 11-3　可用函数

函数	语法
余弦	cos(表达式)
正弦	sin(表达式)
正切	tan(表达式)
反余弦	acos(表达式)
反正弦	asin(表达式)
反正切	atan(表达式)
双曲余弦	cosh(表达式)
双曲正弦	sinh(表达式)
双曲正切	tanh(表达式)

续表

函数	语法
反双曲余弦	acosh(表达式)
反双曲正弦	asinh(表达式)
反双曲正切	atanh(表达式)
平方根	sqrt(表达式)
符号函数 (-1,0,1)	sign(表达式)
舍入到最接近的整数	round(表达式)
截取小数	trunc(表达式)
下舍入	floor(表达式)
上舍入	ceil(表达式)
绝对值	abs(表达式)
阵列中的最大元素	max(表达式 1;表达式 2)
阵列中的最小元素	min(表达式 1;表达式 2)
将度转换为弧度	d2r(表达式)
将弧度转换为度	r2d(表达式)
对数，基数为 e	ln(表达式)
对数，基数为 10	log(表达式)
指数函数，底数为 e	exp(表达式)
指数函数，底数为 10	exp10(表达式)
幂函数	pow(表达式 1;表达式 2)
随机小数，0-1	随机

除上述函数外，表达式中还可以使用常量 PI 和 E。

如果要输入这些函数，可以在参数表达式某处右击并选择【表达式】选项，如图 11-25 所示。选择后就直接贴附在当前选择点处。

图 11-25　选择表达式

如图 11-26 所示，将圆约束到矩形中心，圆中某个区域与该矩形的某个区域面积相等。如图 11-27 所示，将 Length 和 Width 标注约束设置为常量，d1 和 d2 约束为引用 Length 和 Width 的简单表达式。半径标注约束 Radius 设置为包含平方根函数的表达式，用括号括起以确定操作的优先级顺序，Area 用户变量、除法运算符以及常量 PI 等均显示在参数管理器中。

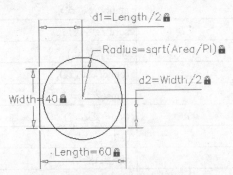

图 11-26　对图形进行方程式约束

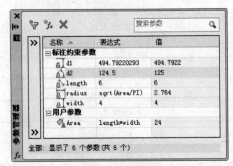

图 11-27　参数管理器

可以看出，用于确定圆面积的方程式，有一部分包括在半径标注约束 sqrt (Area/PI)中，一部分由用户变量 Area= Length*Width 进行定义。也可以将整个表达式 sqrt (Length*Width/PI)直接指定给半径标注约束。

需要注意的是，当将二维参数化图形进行拉伸等三维操作后，这些约束将自动转换回非参数化状态，所以，所有这些参数化操作必须妥善保存。

习题十一

思考题

1. AutoCAD 的标注可以分为哪些类型？
2. 简述参数化绘图的一般过程。
3. AutoCAD 中的参数化约束类型有哪几种？
4. 几何约束有哪些类型？仔细体会所选对象顺序对约束结果的影响。
5. 尺寸标注约束有哪些类型？
6. 如何使用变量和方程式控制图形元素的尺寸？

第 12 章　三维对象绘制与编辑

 **教学目标**

　　三维建模功能是 AutoCAD 逐渐加强的功能，它的主要目的是避免平面图形的二义性，使用户更加直观地了解和分析几何对象。目前该功能还不是特别完善，但对于基本操作已经足够。

　　通过本章的学习，掌握 AutoCAD 2012 的三维功能，掌握直接生成三维实体的方法，包括多段体、长方体、楔体、圆锥体、球体、圆柱体、棱锥体、圆环体等；并熟练通过二维图形建立三维实体，包括通过拉伸二维对象创建三维实体、绕轴旋转二维对象创建三维实体、扫掠二维对象创建三维实体、放样二维对象创建三维实体；掌握三维实体操作，包括移动、旋转、对齐、镜像、阵列和倒角；熟练编辑三维实体对象，包括布尔运算、实体边和面处理、实体编辑方法等。

 **本章要点**

- 了解 AutoCAD 2012 的三维功能
- 直接生成三维实体
- 二维图形转三维实体
- 三维操作
- 编辑三维实体对象

12.1　概述

　　AutoCAD 2012 可以绘制 3 种类型的三维对象，即线框模型、曲面模型和实体模型。其中，三维线框模型只描绘了三维对象的骨架，没有平面信息，它只提供了一些描绘边界的点、直线和曲线信息，建模非常耗时，而且对于后续的结构分析与加工等没有参考价值；曲面模型对于普通用户而言，基本上涉及很少，也不是 AutoCAD 的强项，所以本书不予讲解。

　　三维实体模型描述了对象的整个体积，是信息最完整且二义性最小的一种三维模型。复杂的实体模型在构造和编辑上较线框模型和表面模型要容易。AutoCAD 提供了 3 种创建实体的方法，即从基本实体形（长方体、圆锥体、圆柱体、球体、圆环体和楔体）创建实体、沿路径拉伸二维对象和绕轴旋转二维对象。使用这些方法创建实体后，用户还可以通过组合这些实体创建更为复杂的实体。例如可对这些实体进行合并、差集或找出它们的交集（重叠）部分。由于大部分模型同曲面模型外观一致，所以不再给出参考图。

　　使用实体模型，用户可以分析实体的质量、体积、重心等物理特性，可以为一些应用分析，如数控加工、有限元等提供数据。与表面模型类似，实体模型也以线框的形式显示，除非用户进行消隐、着色或渲染处理。

　　本章重点围绕三维实体操作进行讲解，包括直接生成和通过二维生成三维实体、三维操作、编辑三维实体等。

从本书开始到目前为止，用户对一些命令及其常见提示的使用已经有所熟悉。所以，在讲解本章内容时，对于简单的提示等将略去，只给出其说明及结果图形。

12.2　直接生成三维实体

AutoCAD 创建实体的命令位于三维建模工作空间菜单栏中的【绘图】→【建模】子菜单中和【常用】选项卡的【建模】功能面板中。【建模】子菜单如图 12-1（a）所示，【建模】功能面板如图 12-1（b）所示。

（a）【建模】子菜单

（b）【建模】功能面板

图 12-1　【建模】工具

12.2.1　创建多段体

使用 Polysolid 命令，用户可以创建多段体。通常用于绘制墙体等路径复杂而界面为矩形的实体，如图 12-2 所示。

1. 启动

- 单击【常用】选项卡，在【建模】功能面板单击【多段体】按钮。
- 在传统菜单栏中选择【绘图】→【建模】→【多段体】命令。
- 在命令行窗口输入 Polysolid，并按 Enter 键。

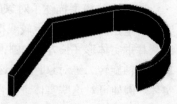

图 12-2　多段体

2. 操作方法

执行 Polysolid 命令后，AutoCAD 提示如下：

高度=80.0000,宽度=5.0000,对正=居中
指定起点或 [对象(O)/高度(H)/宽度(W)/对正(J)] <对象>:

各选项含义如下：

- 【指定起点】——指定多段体的起点。然后，AutoCAD 提示如下：

指定下一个点或 [圆弧(A)/放弃(U)]:(选择点)

指定下一个点或 [圆弧(A)/放弃(U)]:(选择点或者↙)

指定下一个点或 [圆弧(A)/闭合(C)/放弃(U)]:(决定下一步操作选项)

- 【对象】——指定要转换为实体的对象，包括直线、圆弧、二维多段线、圆等。
- 【高度】——指定实体的高度。系统提示如下：

指定高度<默认>:(指定高度值，或按 Enter 键指定默认值)

- 【宽度】——指定实体的宽度。系统提示如下：

指定宽度<当前>:(通过输入值或指定两点来指定宽度的值，或按 Enter 键指定当前宽度值)

- 【对正】——使用该命令定义轮廓时，可以将实体的宽度和高度设置为左对正、右对正或居中。对正方式由轮廓的第一条线段的起始方向决定。系统提示如下：

输入对正方式 [左对正(L)/居中(C)/右对正(R)] <居中>: (输入对正方式的选项或按 Enter 键指定居中对正)

其他操作与多段线操作类似，不再赘述。

12.2.2 创建长方体

使用 Box 命令可以创建长方体实体。长方体底面总是与当前 UCS 的 XY 平面平行。

1. 启动

- 单击【常用】选项卡，在【建模】功能面板单击【长方体】按钮 。
- 在传统菜单栏中选择【绘图】→【建模】→【长方体】命令。
- 在命令行窗口输入 Box，并按 Enter 键。

2. 操作方法

执行 Box 命令后，AutoCAD 提示用户如下：

指定第一个角点或 [中心(C)]:

在此提示下，用户可以指定长方体的一个角点，或者输入 C，选择【中心点】选项来指定长方体的中心点。然后，AutoCAD 提示用户如下：

指定其他角点或 [立方体(C)/长度(L)]:

各选项含义如下：

- 【指定角点】——使用角点。

例 12.1 如图 12-3（a）所示，采用角点方式创建模型。

命令: _Box

指定第一个角点或 [中心(C)]: (拾取点 1)

指定其他角点或 [立方体(C)/长度(L)]: (拾取点 2，作为对角点确定长方体的底面矩形)

指定高度或 [两点(2P)]:(向上拉伸并确定)

例 12.2 如图 12-3（b）所示，采用中心点方式创建模型。使用用户指定的中心点和一个角点确定长方体底面的矩形。然后提示用户指定长方体的高度，从而构造长方体。

命令: _Box

指定第一个角点或 [中心(C)]: C

指定中心: (拾取点 1)

指定角点或 [立方体(C)/长度(L)]: (拾取点 2)

指定高度或 [两点(2P)] <90.4142>:(向上拉伸并确定)

注意：图 12-3（b）在进行高度拉伸时是双向的，即为实际拉伸行程的 2 倍。

- 【长度】——按照用户指定的长度、宽度和高度创建长方体。
- 【立方体】——按照用户指定的长度创建一个长、宽、高相同的长方体，即立方体。

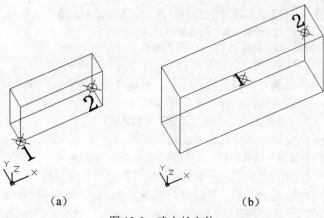

（a）　　　　　　　　　　（b）

图 12-3　建立长方体

AutoCAD 创建的长方体或立方体的基面通常与当前 UCS 的 XY 平面平行，各边与 X、Y、Z 轴平行。

12.2.3　创建楔体

使用 Wedge 命令，用户可以创建楔体。

1. 启动

- 单击【常用】选项卡，在【建模】功能面板单击【楔体】按钮◁。
- 在传统菜单栏中选择【绘图】→【建模】→【楔体】。
- 在命令行窗口输入 Wedge，并按 Enter 键。

2. 操作方法

执行 Wedge 命令后，AutoCAD 提示用户的操作与用于创建长方体的 Box 命令基本相同。用户可参考使用。

楔形体的基面平行于当前 UCS 的 XY 平面，其斜面部分与第一角相对，高度平行于 Z 轴，且可以为正、负值。

如图 12-4 所示，就是楔体建模方式，其高度为相对第一点建立的，操作命令如下：

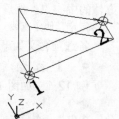

命令：Wedge
指定第一个角点或 [中心(C)]:(拾取点 1)
指定其他角点或 [立方体(C)/长度(L)]:(拾取点 2)
指定高度或 [两点(2P)] <161.0503>:(向上拖动并确定)

图 12-4　楔体

12.2.4　创建圆锥体

使用 Cone 命令，用户可以创建圆锥实体。该圆锥体可以是由圆或椭圆底面以及垂足在其底面上的锥顶点所定义的圆锥实体。

1. 启动

- 单击【常用】选项卡，在【建模】功能面板单击【圆锥体】按钮△。
- 在传统菜单栏中选择【绘图】→【建模】→【圆锥体】命令。
- 在命令行窗口输入 Cone，并按 Enter 键。

2. 操作方法

例 12.3　如图 12-5（a）所示，建立圆锥体模型。其高度为相对中心点建立。

命令：_Cone

指定底面的中心点或 [三点(3P)/两点(2P)/切点、切点、半径(T)/椭圆(E)]:(拾取点 2)

指定底面半径或 [直径(D)]:(拾取点 1)

指定高度或 [两点(2P)/轴端点(A)/顶面半径(T)] <93.2396>:(拉伸确定高度)

如果确定了顶面半径，则结果如图 12-5（b）所示，为一个圆台。

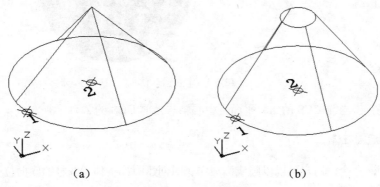

| （a） | （b） |

图 12-5　建立圆锥体

默认状态下，锥体的基面通常位于当前 UCS 的 XY 平面上。其他选项含义如下：

- 【三点】——通过指定三个点来定义圆锥体的底面周长和底面。最初默认高度未设置任何值。绘制图形时，高度的默认值始终是先前输入的任意实体图元的高度值。
- 【两点】——通过指定两个点来定义圆锥体的底面直径。
- 【切点、切点、半径】——定义具有指定半径，且与两个对象相切的圆锥体底面。有时会有多个底面符合指定的条件。程序将绘制具有指定半径的底面，其切点与选定点的距离最近。
- 【椭圆】——根据需要选择创建椭圆的方法，并指定圆柱体的高度或顶点创建圆锥体。

12.2.5　创建球体

使用 Sphere 命令，用户可以创建球体。

1. 启动

- 单击【常用】选项卡，在【建模】功能面板单击【球体】按钮⬤。
- 在传统菜单栏中选择【绘图】→【建模】→【球体】命令。
- 在命令行窗口输入 Sphere，并按 Enter 键。

2. 操作方法

例 12.4　如图 12-6 所示，就是圆球体建模方式，其高度为相对中心点建立的。

命令：_Sphere

指定中心点或 [三点(3P)/两点(2P)/切点、切点、半径(T)]:(拾取点 1)

指定半径或 [直径(D)] <195.1056>:(拾取点 2)

各选项含义如下：

- 【三点】——通过在三维空间的任意位置指定三个点来定义球体的圆周。三个指定点也可以定义圆周平面。
- 【两点】——通过在三维空间的任意位置指定两个点来定义球体的圆周。第一点的 Z 值定义圆周所在平面。
- 【切点、切点、半径】——通过指定半径定义可与两个对象相切的球体。指定的切点将投影到当前 UCS。

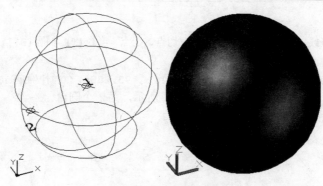

图 12-6　　建立圆球体

球的纬线平行于当前 UCS 的 XY 平面，中心轴与当前 UCS 的 Z 轴平行。

12.2.6　创建圆柱体

使用 Cylinder 命令，用户可以以圆或椭圆作底面创建圆柱实体。圆柱的底面位于当前 UCS 的 XY 平面上。

1. 启动

- 单击【常用】选项卡，在【建模】功能面板单击【圆柱体】按钮⬜。
- 在传统菜单栏中选择【绘图】→【建模】→【圆柱体】命令。
- 在命令行窗口输入 Cylinder，并按 Enter 键。

2. 操作方法

例 12.5　如图 12-7 所示就是圆柱体建模方式。

```
命令: _Cylinder
指定底面的中心点或 [三点(3P)/两点(2P)/切点、切点、半径(T)/椭圆(E)]:(拾取点 1)
指定底面半径或 [直径(D)] <195.1056>:(拾取点 2)
指定高度或 [两点(2P)/轴端点(A)] <52.2707>:(指定高度)
```

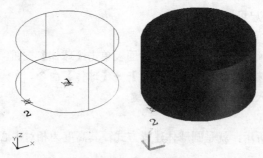

图 12-7　　建立圆柱体

各选项含义如下：

- 【三点】——通过指定三个点来定义圆柱体的底面周长和底面。
- 【两点】——通过指定两个点来定义圆柱体的底面直径。
- 【切点、切点、半径】——定义具有指定半径，且与两个对象相切的圆柱体底面。有时会有多个底面符合指定的条件。程序将绘制具有指定半径的底面，其切点与选定点的距离最近。
- 【椭圆】——根据需要选择创建椭圆的方法，并指定圆柱体的高度或另一端面的中心点来创建圆柱体。

圆柱体的基面通常位于当前 UCS 的 XY 平面上。如果用指定另一基面的中心点来确定柱体的高度和方向，则可以建立基面不与当前 UCS 共面的柱体。

12.2.7　创建棱锥体

棱锥面与圆锥体的创建基本类似。使用 Pyramid 命令，用户可以创建实体棱锥体。

1. 启动

- 单击【常用】选项卡，在【建模】功能面板单击【棱锥体】按钮◁。
- 在传统菜单栏中选择【绘图】→【建模】→【棱锥体】命令。
- 在命令行窗口输入 Pyramid，并按 Enter 键。

2. 操作方法

例 12.6　如图 12-8 所示就是棱锥体建模方式。

命令：_Pyramid
4 个侧面　外切
指定底面的中心点或 [边(E)/侧面(S)]：(拾取点 1)
指定底面半径或 [内接(I)] <195.1056>：(拾取点 2)
指定高度或 [两点(2P)/轴端点(A)/顶面半径(T)] <155.3994>：(拉伸确定高度)

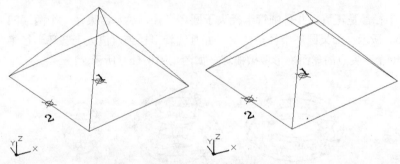

图 12-8　建立棱锥体

如果确定了顶面半径，则结果为一个棱台。

各选项含义如下：

- 【边】——指定棱锥面底面一条边的长度。输入 E，系统提示如下：

指定边的第一个端点：(指定点)
指定边的第二个端点：(指定点)

- 【侧面】——指定棱锥面的侧面数，可以输入 3 到 32 之间的数。输入 S，系统提示如下：

指定侧面数 <默认>：(指定直径或按 Enter 键指定默认值)

最初，棱锥面的侧面数设置为 4。执行绘图任务时，侧面数的默认值始终是先前输入的侧面数的值。

默认状态下，锥体的基面通常位于当前 UCS 的 XY 平面上。

12.2.8　创建圆环体

使用 Torus 命令，用户可以创建与轮胎内胎相似的环形实体。圆环体与当前 UCS 的 XY 平面平行且被该平面平分。

1. 启动

- 单击【常用】选项卡，在【建模】功能面板单击【圆环体】按钮◎。
- 在传统菜单栏中选择【绘图】→【建模】→【圆环体】命令。

● 在命令行窗口输入 Torus，并按 Enter 键。

2. 操作方法

例 12.7　如图 12-9 所示，就是圆环体建模方式，其外圆半径相对中心点建立。

命令: _Torus
指定中心点或 [三点(3P)/两点(2P)/切点、切点、半径(T)]: (拾取点 1)
指定半径或 [直径(D)] <275.9210>: (拾取点 2)
指定圆管半径或 [两点(2P)/直径(D)]: (输入半径值)

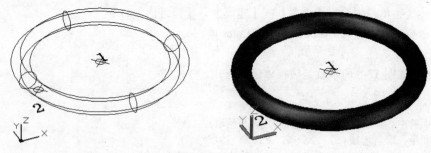

图 12-9　圆环体

如果两个半径都是正值，并且圆管半径大于圆环半径，显示结果像一个两端凹下去的球面，如图 12-10（b）所示；如果圆环半径是负值，并且圆管半径绝对值大于圆环半径绝对值，生成的圆环看上去像一个有尖点的球面，形似橄榄球，如图 12-10（c）所示。

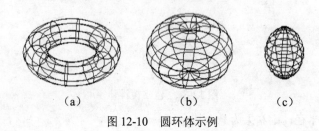

（a）　　　　（b）　　　　（c）

图 12-10　圆环体示例

12.3　二维图形转三维实体

二维图形对于工厂加工制造而言非常方便，但是随着 CAD 技术的发展，其表达的单一性问题逐渐从优点变成了缺点。设计人员不但需要平面图形，更需要三维实体或者曲面进行结构分析与装配，从而能够生成更加理想的方案。AutoCAD 2012 提供了二维转三维工具，很好地完成了数据的过渡处理，从而提高了用户的效率。

12.3.1　通过拉伸二维对象创建三维实体

使用 Extrude 命令，用户可以通过拉伸（增加厚度）所选对象创建实体。如果拉伸闭合对象，则生成的对象为实体。如果拉伸开放对象，则生成的对象为曲面。

1. 启动

● 单击【常用】选项卡，在【建模】功能面板单击【拉伸】按钮。

● 在传统菜单栏中选择【绘图】→【建模】→【拉伸】命令。

● 在命令行窗口输入 Extrude，并按 Enter 键。

2. 操作方法

例 12.8　如图 12-11 所示，就是沿路径创建的拉伸实体。

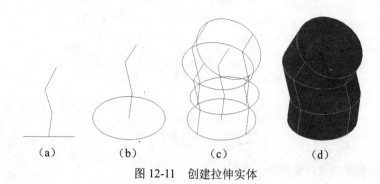

　　　　（a）　　　　　　（b）　　　　　　（c）　　　　　　（d）

图 12-11　创建拉伸实体

操作步骤如下：

（1）在【视图】选项卡的【视图】功能面板中选择视图方向为俯视图，绘制一个圆作为拉伸截面。

（2）在【视图】选项卡的【视图】功能面板中选择视图方向为东南等轴测视图，绘制一个多段线作为拉伸截面，如图 12-11（b）所示。

（3）启动拉伸命令，系统提示如下：

```
命令：EXTRUDE
当前线框密度：ISOLINES=4，闭合轮廓创建模式 = 实体
选择要拉伸的对象或 [模式(MO)]：找到 1 个
选择要拉伸的对象或 [模式(MO)]：✓
指定拉伸的高度或 [方向(D)/路径(P)/倾斜角(T)/表达式(E)] <323.0908>：P
选择拉伸路径或 [倾斜角(T)]：(选择多段线)
```

结果如图 12-11（c）和（d）所示。

可以选择直线、圆、圆弧、椭圆、椭圆弧、多段线和样条曲线作为拉伸路径。但是，路径既不能与剖面在同一个平面，也不能具有高曲率的区域。各选项含义如下：

● 【指定拉伸的高度】——指定高度拉伸对象。在提示中输入要拉伸的高度，如果输入正值，AutoCAD 在对象所在坐标系的 Z 轴正向拉伸对象；如果输入负值，则 AutoCAD 在 Z 轴负向拉伸对象。

● 【方向】——指定拉伸方向。输入 D，通过指定两个点来指定拉伸的长度和方向。

● 【路径】——指定拉伸路径。选择基于指定曲线对象的拉伸路径，选择后，路径将移动到轮廓的质心。系统将沿选定路径拉伸选定对象的轮廓以创建实体或曲面。

● 【倾斜角】——指定倾斜角度。输入 T，AutoCAD 提示用户如下：

```
指定拉伸的倾斜角度 <0>：
```

在此提示下输入倾斜角度。如果输入正角度，AutoCAD 从基准对象逐渐变细地拉伸；如输入负角度，AutoCAD 从基准对象逐渐变粗地拉伸。默认拉伸斜角 0 表示在与二维对象平面垂直的方向上拉伸。所有选择集中的对象和环以相同的斜角拉伸。如果指定一个较大的斜角或较长的拉伸高度，将会导致拉伸对象或拉伸对象的一部分在到达拉伸高度之前就已经汇聚到一点。

如图 12-12 所示显示了不同的效果。

3. 说明

用户可以拉伸的对象和子对象包括直线、圆弧、椭圆弧、二维多段线、二维样条曲线、圆、椭圆、三维面、二维实体、宽线、面域、平面曲面和实体上的平面等。无法拉伸的对象包括具有相

交或自交线段的多段线、包含在块内的对象等。

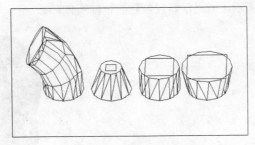

图 12-12　拉伸实体示例

12.3.2　绕轴旋转二维对象创建三维实体

使用 Revolve 命令，用户可以将一个闭合对象绕当前 UCS 的 X 轴或 Y 轴并按一定的角度旋转成实体，也可以绕直线、多段线或两个指定的点旋转对象。

1. 启动
- 单击【常用】选项卡，在【建模】功能面板单击【旋转】按钮。
- 在传统菜单栏中选择【绘图】→【建模】→【旋转】命令。
- 在命令行窗口输入 Revolve，并按 Enter 键。

2. 操作方法

例 12.9　如图 12-13 所示，围绕固定轴旋转创建实体。

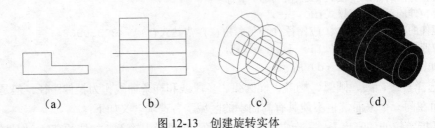

（a）　　　　　　　　（b）　　　　　　　　（c）　　　　　　　　（d）

图 12-13　创建旋转实体

操作步骤如下：

（1）在【视图】功能面板中选择视图方向为主视图，绘制一个轴和一个旋转截面，如图 12-13（a）所示。

（2）启动旋转命令，系统提示如下：

```
命令：REVOLVE
当前线框密度：ISOLINES=4，闭合轮廓创建模式 = 实体
选择要旋转的对象或 [模式(MO)]：指定对角点：找到 6 个(选择截面)
选择要旋转的对象或 [模式(MO)]：↙
指定轴起点或根据以下选项之一定义轴 [对象(O)/X/Y/Z] <对象>：(选择轴左端点)
指定轴端点：(选择轴右端点)
指定旋转角度或 [起点角度(ST)/反转(R)/表达式(EX)] <360>：↙(结果如图 12-13(b)所示)
```

（3）在【视图】功能面板中选择视图方向为东南等轴测视图，如图 12-13（c）所示。其真实效果如图 12-13（d）所示。各选项含义如下：

- 【对象】——绕指定对象定义的旋转轴线旋转对象。输入 O，AutoCAD 提示如下：

```
选择对象：
指定旋转角度或 [起点角度(ST)] <360>：
```

　　用户选择要作为轴线的对象，并指定要旋转的角度，AutoCAD 将用户选择的对象以指定对象为轴线旋转指定的角度。可作为旋转轴线的对象有直线和多段线中的单条线段，轴的正方向是从这条直线上的最近端点指向最远端点。

- 【X/Y/Z】——绕 X/Y/Z 坐标轴旋转对象。在提示中输入 X/Y/Z，AutoCAD 提示用户如下：
指定旋转角度或 [起点角度(ST)] <360>：

　　用户指定要旋转的角度，AutoCAD 将用户选择的对象以 X/Y/Z 坐标轴为旋转轴线旋转指定的角度。

3. 说明

　　（1）可以旋转闭合多段线、多边形、圆、椭圆、闭合样条曲线、圆环和面域，但不能旋转包含在块中的对象、具有相交或自交线段的多段线。

　　（2）一次只能旋转一个对象。

12.3.3　扫掠二维对象创建三维实体

　　使用 Sweep 命令，可以通过沿开放或闭合的二维或三维路径扫掠开放或闭合的平面曲线（轮廓）来创建新实体或曲面。

　　Sweep 命令用于沿指定路径以指定轮廓的形状（扫掠对象）绘制实体或曲面，如图 12-14 所示。一次可以扫掠多个对象，但这些对象必须位于同一平面中。如果沿一条路径扫掠闭合的曲线，则生成实体；如果沿一条路径扫掠开放的曲线，则生成曲面。

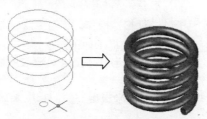

图 12-14　扫掠特征创建

1. 启动

- 单击【常用】选项卡，在【建模】功能面板单击【扫掠】按钮。
- 在传统菜单栏中选择【绘图】→【建模】→【扫掠】命令。
- 在命令行窗口输入 Sweep，并按 Enter 键。

2. 操作方法

例 12.10　如图 12-15 所示，采用扫掠路径方式生成螺旋实体。
命令：_Helix
圈数 = 3.0000　　扭曲=CCW
指定底面的中心点：(选择一个点)
指定底面半径或 [直径(D)] <1.0000>：(拖动鼠标设置半径)
指定顶面半径或 [直径(D)] <136.2369>：(拖动鼠标设置半径)
指定螺旋高度或 [轴端点(A)/圈数(T)/圈高(H)/扭曲(W)] <1.0000>：(输入螺旋高度)
命令：_Circle
指定圆的圆心或 [三点(3P)/两点(2P)/相切、相切、半径(T)]：(选择一个点)
指定圆的半径或 [直径(D)]：(拖动鼠标设置半径，如图 12-15（a）所示)
命令：_Sweep
当前线框密度：Isolines=4，闭合轮廓创建模式 = 实体
选择要扫掠的对象或 [模式(MO)]：(选择圆)
选择要扫掠的对象或 [模式(MO)]：✓

选择扫掠路径或 [对齐(A)/基点(B)/比例(S)/扭曲(T)]:(选择螺旋,结果如图 12-15(b)和(c)所示)

各选项含义如下:

- 【对齐】——指定是否对齐轮廓以使其作为扫掠路径切向的法向。默认情况下,轮廓是对齐的。输入 A 后,系统提示如下:

扫掠前对齐垂直于路径的扫掠对象 [是(Y)/否(N)] <是>: (输入 N 指定轮廓无需对齐或按 Enter 键指定轮廓将对齐)

注意: 如果轮廓曲线不垂直于(法线指向)路径曲线起点的切向,则轮廓曲线将自动对齐。出现对齐提示时输入 N,以避免该情况的发生。

- 【基点】——指定要扫掠对象的基点。如果指定的点不在选定对象所在的平面上,则该点将被投影到该平面上。输入 B 后,系统提示如下:

指定基点:(指定选择集的基点)

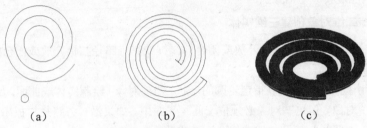

(a)　　　　　　　　(b)　　　　　　　　(c)

图 12-15　创建螺旋扫掠实体

- 【比例】——指定比例因子以进行扫掠操作。从扫掠路径的开始到结束,比例因子将统一应用到扫掠的对象。输入 S 后,系统提示如下:

输入比例因子或 [参照(R)] <1.0000>: (指定比例因子、输入 R 调用参照选项或按 Enter 键指定默认值)

其中,【参照】选项通过拾取点或输入值来根据参照的长度缩放选定的对象。输入 R 后,系统提示如下:

指定起点参照长度 <1.0000>: (指定要缩放选定对象的起始长度)

指定终点参照长度 <1.0000>: (指定要缩放选定对象的最终长度)

- 【扭曲】——指定扭曲角度进行扫掠操作。

例 12.11　如图 12-16 所示,采用扭曲方式生成扫掠实体。

命令: _Sweep

当前线框密度:Isolines=4,闭合轮廓创建模式 = 实体

选择要扫掠的对象:(选择矩形,如图 12-16(a)所示)

选择要扫掠的对象:↙

选择扫掠路径或 [对齐(A)/基点(B)/比例(S)/扭曲(T)]: T

输入扭曲角度或允许非平面扫掠路径倾斜 [倾斜(B)] <0.0000>: 270

选择扫掠路径或 [对齐(A)/基点(B)/比例(S)/扭曲(T)]:(选择直线,结果如图 12-16(b)和(c)所示)

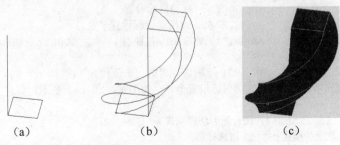

(a)　　　　　　　　(b)　　　　　　　　(c)

图 12-16　创建扭转扫掠实体

3．说明

（1）扫掠与拉伸不同。沿路径扫掠轮廓时，轮廓将被移动并与路径垂直对齐。然后，沿路径扫掠该轮廓。

（2）在扫掠过程中可能会扭曲或缩放对象，另外还可以在扫掠轮廓后使用【特性】选项板来指定轮廓的旋转、沿路径缩放、沿路径扭曲和倾斜（自然旋转）等特性。

12.3.4　放样二维对象创建三维实体

使用 Loft 命令，可以通过指定一系列横截面来创建新的实体或曲面。横截面用于定义结果实体或曲面的截面轮廓（形状）。横截面（通常为曲线或直线）可以是开放的（如圆弧），也可以是闭合的（如圆）。Loft 用于在横截面之间的空间内绘制实体或曲面。使用 Loft 命令时必须指定至少两个横截面，而且路径曲线必须与横截面的所有平面相交。

如果对一组闭合的横截面曲线进行放样，则生成实体；如果对一组开放的横截面曲线进行放样，则生成曲面。

1．启动

● 单击【常用】选项卡，在【建模】功能面板单击【放样】按钮 。
● 在传统菜单栏中选择【绘图】→【建模】→【放样】命令。
● 在命令行窗口输入 Loft，并按 Enter 键。

2．操作方法

执行 Loft 命令后，AutoCAD 提示用户如下：

按放样次序选择横截面或 ［点(PO)/合并多条边(J)/模式(MO)］：（选择要放样的截面）
按放样次序选择横截面或 ［点(PO)/合并多条边(J)/模式(MO)］：（选择要放样的截面）
按放样次序选择横截面：（继续选择截面或者↙）
输入选项 ［导向(G)/路径(P)/仅横截面(C)/设置(S)］<仅横截面>：P
选择路径轮廓：

各选项含义如下：

● 【导向】——指定控制放样实体或曲面形状的导向曲线。导向曲线是直线或曲线，可通过将其他线框信息添加至对象来进一步定义实体或曲面的形状。可以使用导向曲线来控制点如何匹配相应的横截面，以防止出现不希望看到的效果（如结果实体或曲面中的皱褶）。

输入 G 后，系统提示如下：

选择导向轮廓或 ［合并多条边(J)］：（选择放样实体或曲面的导向曲线，然后按 Enter 键）

● 【路径】——指定放样实体或曲面的单一路径。路径曲线必须与横截面的所有平面相交。
　输入 P 后，系统提示如下：

选择路径曲线：（指定放样实体或曲面的单一路径）

例 12.12　如图 12-17 所示，采用路径方式生成放样实体。

命令：Loft
按放样次序选择横截面或 ［点(PO)/合并多条边(J)/模式(MO)］：（选择多边形，如图 12-17(a)所示）
按放样次序选择横截面或 ［点(PO)/合并多条边(J)/模式(MO)］：（选择圆，如图 12-17(a)所示）
按放样次序选择横截面或 ［点(PO)/合并多条边(J)/模式(MO)］：↙
输入选项 ［导向(G)/路径(P)/仅横截面(C)/设置(S)］<仅横截面>：p
选择路径曲线：（选择直线，结果如图 12-17(b)和(c)所示）

● 【仅横截面】——输入 S 后，系统弹出【放样设置】对话框，如图 12-18 所示。

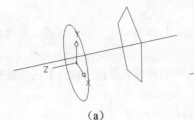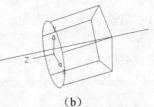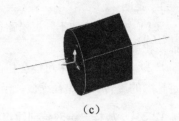

（a）　　　　　　　　　　　（b）　　　　　　　　　　　（c）

图 12-17　　创建放样实体

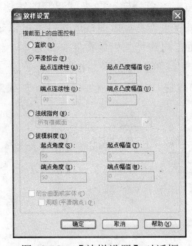

图 12-18　【放样设置】对话框

其中各选项含义如下：

- 【直纹】——选中该单选按钮，指定实体在横截面之间是直纹，并且在横截面处具有鲜明边界。
- 【平滑拟合】——选中该单选按钮，指定在横截面之间绘制平滑实体或曲面，并且在起点和终点横截面处具有鲜明边界。此处可以通过【起点连续性】、【端点连续性】设置第一个和最后一个横截面的切线和曲率；通过【起点凸度幅值】、【端点凸度幅值】设置设定第一个和最后一个横截面的曲线大小。
- 【法线指向】——选中该单选按钮，控制实体或曲面在其通过横截面处的曲面法线。包括：
  - ◆ 【起点横截面】选项，指定曲面法线为起点横截面的法向。
  - ◆ 【端点横截面】选项，指定曲面法线为端点横截面的法向。
  - ◆ 【起点和端点横截面】选项，指定曲面法线为起点和终点横截面的法向。
  - ◆ 【所有横截面】选项，指定曲面法线为所有横截面的法向。
- 【拔模斜度】——选中该单选按钮，控制放样实体或曲面的第一个和最后一个横截面的拔模斜度和幅值。拔模斜度为曲面的开始方向。0 定义为从曲线所在平面向外，包括以下 4 个选项的设置：
  - ◆ 【起点角度】文本框中设置起点横截面的拔模斜度。
  - ◆ 【起点幅值】是指在曲面开始弯向下一个横截面之前，控制曲面到起点横截面在拔模斜度方向上的相对距离。
  - ◆ 【端点角度】文本框中设置终点横截面的拔模斜度。
  - ◆ 【端点幅值】是指在曲面开始弯向上一个横截面之前，控制曲面到端点横截面在拔模斜度方向上的相对距离。

● 　【闭合曲面或实体】——该复选框控制闭合/开放曲面或实体。勾选该复选框，横截面应
该形成圆环形图案，以便放样曲面或实体可以形成闭合的圆管。

3．说明

（1）放样时使用的曲线必须全部开放或全部闭合，不能使用既包含开放曲线又包含闭合曲线
的选择集。

（2）可以指定放样操作的路径。指定路径使用户可以更好地控制放样实体或曲面的形状。建
议路径曲线始于第一个横截面所在的平面，止于最后一个横截面所在的平面。

（3）可以在放样时指定导向曲线。导向曲线是控制放样实体或曲面形状的另一种方式。可以
使用导向曲线来控制点如何匹配相应的横截面，以防止出现不希望看到的效果（如结果实体或曲面
中的皱褶）。可以为放样曲面或实体选择任意数目的导向曲线，每条导向曲线都必须满足以下条件：
与每个横截面相交，止于最后一个横截面。

（4）仅使用横截面创建放样曲面或实体时，也可以使用【放样设置】对话框中的选项来控制
曲面或实体的形状。

12.4　三维操作

AutoCAD 2012 的三维操作命令放置在菜单栏中的【修改】→【三维操作】子菜单中，如图 12-19
（a）所示，该菜单用于对实体和曲面进行编辑处理。对应的【修改】功能面板如图 12-19（b）所示。

（a）【三维操作】子菜单　　　　　　　　　　（b）【修改】功能面板

图 12-19　三维操作工具

12.4.1　三维移动

同二维 Move 命令类似，3dmove 命令可以在三维视图中显示移动夹点工具，并沿指定方向将
对象移动指定距离。

1．启动

● 　单击【常用】选项卡，在【修改】功能面板单击【三维移动】按钮⚙。

- 在传统菜单栏中选择【修改】→【三维操作】→【三维移动】命令。
- 在命令行窗口输入 3dmove，并按 Enter 键。

2. 操作方法

例 12.13　如图 12-20 所示，是将长方体移动到新位置的操作过程。

命令：3dmove
选择对象：(选择长方体，如图 12-20(a)所示)
选择对象：✓
指定基点或 [位移(D)] <位移>：(选择长方体顶点，如图 12-20(b)所示)
指定第二个点或 <使用第一个点作为位移>：(选择一个新点，如图 12-20(c)所示)
正在重生成模型。

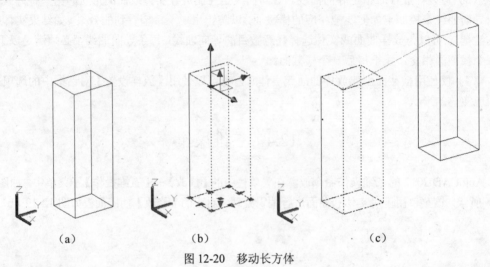

　　　　(a)　　　　　　　　　　(b)　　　　　　　　　　(c)

图 12-20　移动长方体

　　如果在【指定第二个点】提示下按 Enter 键，第一点将被解释为相对 X、Y 和 Z 的位移。在选择过程中，将出现如图 12-21 所示的移动夹点工具。

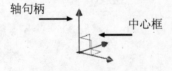

图 12-21　移动夹点工具

　　可以将夹点工具放置在三维空间的任意位置。该位置（由夹点工具的中心框或基准夹点指示）设置移动或旋转的基点。这相当于在用户移动选定对象时临时更改了 UCS 的位置。然后，用户使用夹点工具上的轴句柄将移动或旋转约束到轴或平面上。

　　选择对象之前启动 3dmove 命令时，夹点工具将在用户创建选择集后附着到光标上。然后，用户可以单击以将夹点工具放置在三维空间的任意位置。可以通过单击夹点工具的中心框（基准夹点），然后单击以指定新位置来重定位夹点工具。

　　AutoCAD 仅在已应用三维视觉样式的三维视图中才显示夹点工具。如果用户已应用【二维线框】视觉样式，3dmove 将自动将视觉样式更改为【三维线框】。

12.4.2　三维旋转

　　同二维 Rotate 命令相似，3drotate 命令可以在三维空间中绕指定轴旋转而形成三维对象。

1. **启动**
- 单击【常用】选项卡，在【修改】功能面板单击【三维旋转】按钮⊕。
- 在传统菜单栏中选择【修改】→【三维操作】→【三维旋转】命令。
- 在命令行窗口输入 3drotate，并按 Enter 键。

2. **操作方法**

例 12.14 如图 12-22 所示，是将长方体旋转到新位置的操作过程。

命令: 3drotate
UCS 当前的正角方向: Angdir=逆时针 Angbase=0
选择对象: (选择长方体)
选择对象:↙
指定基点:(选择基点，如图 12-22(b) 所示)
拾取旋转轴:(选择旋转轴，如图 12-22(c) 所示)
指定角的起点或键入角度:(指定角度起点，如图 12-22(d) 所示)
指定角的端点: (指定角度终点，如图 12-22(e) 所示，结果如图 12-22(f) 所示)

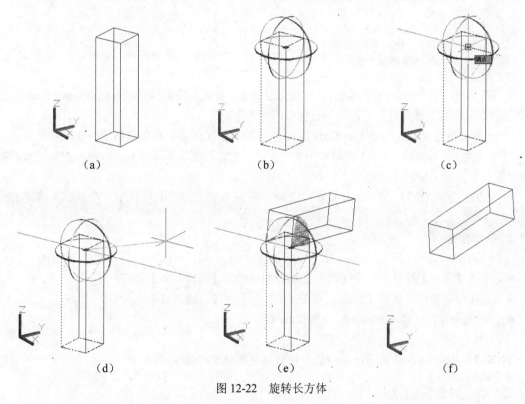

图 12-22 旋转长方体

在选择过程中，将出现如图 12-23 所示的旋转夹点工具。其操作与移动夹点工具类似，在此不再赘述。

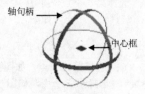

图 12-23 旋转夹点工具

12.4.3 对齐与三维对齐

对于三维对象而言，可以通过移动、旋转或倾斜与另一个对象对齐。在 AutoCAD 2012 中有两种方式：通过【对齐】（Align）命令在二维中利用两对点来对齐；使用【三维对齐】（3dalign）命令可以指定至多三个点以定义源平面，然后指定至多三个点以定义目标平面，从而使它们一一对齐。

1. 对齐

（1）启动。

● 在传统菜单栏中选择【修改】→【三维操作】→【对齐】命令。

● 在命令行窗口输入 Align，并按 Enter 键。

（2）操作方法。

```
命令：Align
选择对象：(选择对象)
指定第一个源点：(指定点)
指定第一个目标点：(指定点)
指定第二个源点：(指定点)
指定第二个目标点：(指定点)
指定第三个源点或 <继续>：(指定点)
指定第三个目标点：(指定点)
```

用户首先选择要对齐的对象，然后依次指定三对点，每对点均由源点和目标点组成。AutoCAD 2012 将源点所在对象移到目标点，并与目标点所在对象对齐。

1）如果只指定一对点，则 AutoCAD 2012 按这对点定义的方向和距离移动所选源对象。

2）如果指定两对点，则 AutoCAD 2012 将移动、旋转与缩放所选源对象。第一对点定义对齐基准，第二对点定义旋转方向。

3）如果指定三对点，则 AutoCAD 2012 将三个源点确定的平面转化到三个目标点确定的平面上。

2. 三维对齐

（1）启动。

● 单击【常用】选项卡，在【修改】功能面板单击【三维对齐】按钮 。

● 在传统菜单栏中选择【修改】→【三维操作】→【三维对齐】命令。

● 在命令行窗口输入 3dalign，并按 Enter 键。

（2）操作方法。

例 12.15 如图 12-24 所示，是将长方体对齐到新位置的操作过程。

```
命令：3dalign
选择对象：(选择长方体)
选择对象：✓
指定源平面和方向 ...
指定基点或 [复制(C)]:(选择第 个点，如图 12-24(a)所示)
指定第二个点或 [继续(C)] <C>:(选择第二个点，如图 12-24(a)所示)
指定第三个点或 [继续(C)] <C>:(选择第三个点，如图 12-24(a)所示，以上三点构成一个平面)
指定目标平面和方向 ...
指定第一个目标点：(选择第一个点，如图 12-24(b)所示)
指定第二个目标点或 [退出(X)] <X>:(选择第二个点，如图 12-24(b)所示)
指定第三个目标点或 [退出(X)] <X>:(选择第三个点，如图 12-24(b)所示。以上三点构成第二个平面，结果如图 12-24(c)所示)
```

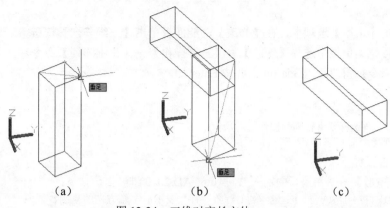

（a）　　　　　　　　　　（b）　　　　　　　　　　（c）

图 12-24　三维对齐长方体

对象上的第一个源点（称为基点）将始终被移动到第一个目标点，为源或目标指定第二点将导致旋转选定对象，源或目标的第三个点将导致选定对象进一步旋转。

提示：使用三维实体模型时，建议打开动态 UCS 以加速对目标平面的选择。

12.4.4　三维镜像

同二维 Mirror 命令相似，Mirror3d 命令可以沿指定的镜像平面镜像三维对象。

1. 启动

- 单击【常用】选项卡，在【修改】功能面板单击【三维镜像】按钮╳。
- 在传统菜单栏中选择【修改】→【三维操作】→【三维镜像】命令。
- 在命令行窗口输入 Mirror3d，并按 Enter 键。

2. 操作方法

命令：Mirror3d

选择对象：(选择要进行镜像操作的对象)

指定镜像平面(三点)的第一个点或[对象(O)/最近的(L)/Z 轴(Z)/视图(V)/XY 平面(XY)/YZ 平面(YZ)/ZX 平面(ZX)/三点(3)] <三点>：

各选项含义如下：

- 【指定镜像平面】——指定定义镜像平面的三个点，并决定是否删除源对象。AutoCAD 2012 根据设置进行镜像操作。
- 【对象】——圆、圆弧或二维多段线等对象都可以作为镜像平面。
- 【最近的】——使用上一次镜像操作中使用的镜像平面作为本次镜像操作的镜像平面。
- 【Z 轴】——依次指定镜像平面上的一点和 Z 轴上的一点，AutoCAD 2012 根据这两点确定的平面进行镜像操作。
- 【视图】——指定一点后，将通过该点且与当前视图平面平行的平面定义为镜像平面。
- 【XY/YZ/ZX 平面】——指定一点，将通过指定点且与相应坐标平面平行的平面定义为镜像平面。

12.4.5　三维阵列

同二维 Array 命令类似，3darray 命令可以在三维空间中创建三维对象的矩形阵列或环形阵列。只是在创建阵列时，除了指定列数和行数以外，还要指定层数。

1. 启动

- 单击【常用】选项卡，在【修改】功能面板单击【三维阵列】按钮❀。
- 在传统菜单栏中选择【修改】→【三维操作】→【三维阵列】命令。
- 在命令行窗口输入 3darray，并按 Enter 键。

2. 操作方法

命令：3darray
选择对象：(选择要进行阵列操作的对象)
输入阵列类型 [矩形(R)/环形(P)] <当前值>：

各选项含义如下：

- 【矩形】——在提示中输入 R，AutoCAD 2012 继续提示如下：

输入行数 (---) <1>：(指定阵列的行数，行数表示沿 Y 轴方向的复制数量)
输入列数 (|||) <1>：(指定阵列的列数，列数表示沿 X 轴方向的复制数量)
输入层数 (...) <1>：(指定阵列的层数，层数表示沿 Z 轴方向的复制数量)
指定行间距 (---)：(指定阵列的行间距)
指定列间距 (|||)：(指定阵列的列间距)
指定层间距 (...)：(指定阵列的层间距)

依次指定阵列操作需要的参数后，AutoCAD 2012 创建矩形阵列。如图 12-25 所示为一个 3 行 3 列 2 层的矩形阵列。

- 【环形】——在提示中输入 P，AutoCAD 2012 继续提示如下：

输入阵列中的项目数目：(指定复制的对象数(包括原有对象))
指定要填充的角度 (+=逆时针，-=顺时针) <360>：(指定环形阵列的圆心角)
旋转阵列对象？ [是(Y)/否(N)] <是>：(确定复制对象时是否绕旋转轴旋转对象)
指定阵列的中心点：(指定旋转轴的第一点)
指定旋转轴上的第二点：(指定旋转轴的第二点)

依次指定阵列操作需要的参数后，AutoCAD 2012 创建环形阵列。图 12-26 为 5 个元素旋转后的环形阵列。

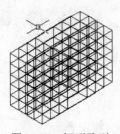

图 12-25　矩形阵列

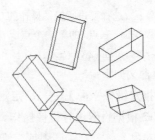

图 12-26　环形阵列

12.4.6　倒角

对三维实体进行倒角操作，可以将三维实体上的拐角切去，使之变成斜角或圆角。这些命令的输入方法与二维相同，不再介绍。其操作过程以下面的例题加以说明。

1. 倒直角

倒直角命令是 Chamfer，与二维 Chamfer 命令相同。

命令：Chamfer
("修剪"模式) 当前倒角距离 1 = 10.0000，距离 2 = 10.0000
选择第一条直线或 [放弃(U)/多段线(P)/距离(D)/角度(A)/修剪(T)/方式(E)/多个(M)]：
基面选择...
输入曲面选择选项 [下一个(N)/当前(OK)] <当前>：

指定基面倒角距离 <10.0000>: 5
指定其他曲面倒角距离 <10.0000>: 5
选择边或[环(L)]: l
结果如图 12-27 右图所示。

2. 倒圆角

AutoCAD 提供的对三维实体进行倒圆角的命令与二维实体的类似，也是 Fillet。

命令: Fillet
当前模式: 模式 = 修剪，半径 = 10.0000
选择第一个对象或 [放弃(U)/多段线(P)/半径(R)/修剪(T)/多个(M)]:
输入圆角半径或 [表达式(E)]: 5
选择边或 [链(C)/环(L)/半径(R)]: (依次选定圆角的 3 个边)
执行的结果如图 12-28 的右图所示。

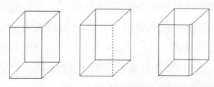

图 12-27　执行倒直角命令前后的图形　　　　图 12-28　执行倒圆角命令前后的图形

12.5　编辑三维实体对象

对于三维实体模型，AutoCAD 通过一些专用的命令用于编辑创建的实体模型。这些命令位于菜单栏中的【修改】→【实体编辑】子菜单中，如图 12-29（a）所示，【实体编辑】功能面板如图 12-29（b）所示。

（a）【实体编辑】子菜单　　　　　　　（b）【实体编辑】功能面板

图 12-29　【实体编辑】工具

12.5.1　布尔运算

前面已向读者介绍了使用 AutoCAD 创建三维实体模型的方法。但是，这些方法只能创建一些较简单的三维实体模型。为了能够让用户在绘图过程中创建较为复杂的三维实体模型，AutoCAD 提供了 Union、Subtract、Intersect 等命令，使用这些命令用户可以创建复杂的组合实体。

1. 并集

所谓组合面域是将两个或多个现有面域的全部区域合并起来形成的，组合实体是将两个或多个现有实体的全部体积合并起来形成的。使用 Union 命令，用户可以将两个以上的实体或区域合并成一个组合的实体或区域。

（1）启动。

● 单击【常用】选项卡，在【实体编辑】功能面板单击【并集】按钮⑩。

● 在传统菜单栏中选择【绘图】→【实体编辑】→【并集】命令。

● 在命令行窗口输入 Union，并按 Enter 键。

（2）操作方法。

执行 Union 命令后，AutoCAD 2012 提示选择要合并的对象。在构建选择集时，可以包含位于任意平面的面域和实体。AutoCAD 将用户所选择的实体合并后形成组合实体，包括所有选定实体所封闭的空间，而形成的组合面域包含子集中所有面域的区域。用户可以合并不在同一区域或空间中的面域或实体，也就是说，用户可以将相互不相交或接触的面域或实体进行合并。合并后，AutoCAD 将其作为一个实体对待。如图 12-30 所示为组合实体的示例。

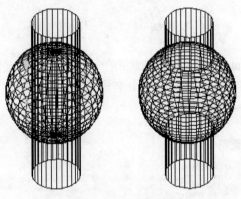

图 12-30　合并操作

2. 差集

使用 Subtract 命令，用户可以从一些实体中减去另一些实体，如从一个长方体中减去一个圆柱体，可以形成一个孔。

（1）启动。

● 单击【常用】选项卡，在【实体编辑】功能面板单击【差集】按钮⑩。

● 在传统菜单栏中选择【绘图】→【实体编辑】→【差集】命令。

● 在命令行窗口输入 Subtract，并按 Enter 键。

（2）操作方法。

执行 Subtract 命令后，AutoCAD 2012 提示如下：

选择要从中减去的实体或面域 ..

选择对象：(选择任意数目的主对象，按 Enter 键结束选择)

选择要减去的实体或面域 ..

选择对象：(选择任意数目的要删除的对象，按 Enter 键结束选择)

结果如图 12-31 所示。

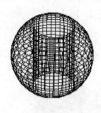

图 12-31　差集操作

3. 交集

使用 Intersect 命令，用户可以使用两个或多个实体的公共部分创建实体。

（1）启动。

● 单击【常用】选项卡，在【实体编辑】功能面板单击【交集】按钮 。

● 在传统菜单栏中选择【绘图】→【实体编辑】→【交集】命令。

● 在命令行窗口输入 Intersect，并按 Enter 键。

（2）操作方法。

执行 Intersect 命令后，AutoCAD 2012 提示选择要进行交集操作的对象。然后，对用户所选择的对象进行交集操作。结果如图 12-32 所示。

图 12-32　交集操作

12.5.2　实体边处理

实体边的颜色、压印等都是可以进行编辑处理的。

1. 压印边

使用 Imprint 命令，用户可以通过使用与选定面相交的对象将边压印在三维实体面上，从而改变该面的显示。压印将组合对象和面，并创建边。

（1）启动。

● 单击【常用】选项卡，在【实体编辑】功能面板单击【压印】按钮 。

● 在传统菜单栏中选择【修改】→【实体编辑】→【压印】命令。

● 在命令行窗口输入 Imprint，并按 Enter 键。

（2）操作方法。

执行 Imprint 命令后，AutoCAD 2012 提示如下：

选择三维实体：(选择一个三维实体)

选择要压印的对象: (选择要压印的对象)
是否删除源对象 [是(Y)/否(N)] <N>: (决定是否删除源对象)

如图 12-33 所示就是压印前后的比较结果。首先选择长方体,然后选择要压印的对象为棱锥体。

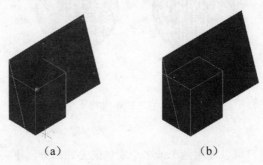

（a） （b）

图 12-33 压印比较

可以通过压印圆弧、圆、直线、二维和三维多段线、椭圆、样条曲线、面域、体和三维实体,来创建三维实体上的新面。压印对象必须与选定实体上的面相交,才能压印成功。

在某些情况下,不能移动、旋转或缩放某些子对象,如具有压印边或压印面的面、包含压印边或压印面的相邻面的边或顶点等。如果移动、旋转或缩放了这些子对象,则可能会遗失压印边和压印面。

注意: 在实体面上压印边时,只能在面所在的平面内移动压印边的面。

2. 着色边

使用 Solidedit 命令,用户可以通过使用与选定面相交的对象将边压印在三维实体面上,从而改变该面的显示。压印将组合对象和面,并创建边。

（1）启动。

● 单击【常用】选项卡,在【实体编辑】功能面板单击【着色边】按钮 。

● 在传统菜单栏中选择【修改】→【实体编辑】→【着色边】命令。

● 在命令行窗口输入 Solidedit,并按 Enter 键。

（2）操作方法。

单击按钮执行 Solidedit 命令后,AutoCAD 2012 提示如下:

命令: _Solidedit
实体编辑自动检查: Solidcheck=1
输入实体编辑选项 [面(F)/边(E)/体(B)/放弃(U)/退出(X)] <退出>: _Edge(系统自动执行)
输入边编辑选项 [复制(C)/着色(L)/放弃(U)/退出(X)] <退出>: _Color(系统自动执行)
选择边或 [放弃(U)/删除(R)]: (选择需要的边)
选择边或 [放弃(U)/删除(R)]: ↙

系统弹出【选择颜色】对话框。选择需要的颜色并确定,即可改变所选边的颜色。

如果是在命令行窗口输入 Solidedit,则需要自行选择 Edge 选项。

3. 复制边

使用 Solidedit 命令中的 Copy 选项,用户可以复制三维实体对象的边,并将其转换为直线、圆弧、圆、椭圆或样条曲线。如果指定了两个点,第一个点将作为基点,并相对于该基点放置一个副本。如果指定单个点并按 Enter 键,则原始选择点将作为基点使用,而下一点将作为位移点。

（1）启动。

● 单击【常用】选项卡,在【实体编辑】功能面板单击【复制边】按钮 。

● 在传统菜单栏中选择【修改】→【实体编辑】→【复制边】命令。

（2）操作方法。

执行 Solidedit 命令后，AutoCAD 2012 提示如下：

命令：Solidedit

实体编辑自动检查：Solidcheck=1

输入实体编辑选项 [面(F)/边(E)/体(B)/放弃(U)/退出(X)] <退出>：_Edge(系统自动执行)

输入边编辑选项 [复制(C)/着色(L)/放弃(U)/退出(X)] <退出>：_Copy(系统自动执行)

选择边或 [放弃(U)/删除(R)]：(选择需要的边)

选择边或 [放弃(U)/删除(R)]：✓

指定基点或位移：(指定一个基点)

指定位移的第二点：(决定是否指定第二个点)

如果是在命令行窗口输入 Solidedit，则需要自行选择 Edge 选项。

如图 12-34 所示就是复制的结果。

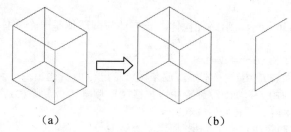

（a）　　　　　　　　　　　（b）

图 12-34　复制

另外，AutoCAD 2012 还提供了圆角边和倒角边，这两项操作与前面的为实体倒圆角和倒直角作用一样，操作效率上也一样，故不再赘述。

12.5.3　实体面处理

所建立的实体面，可以进行拉伸、移动、旋转、倾斜等编辑处理。这些命令实际上都位于 Solidedit 命令的【面】选项中。

1. 拉伸面

【拉伸面】命令只能拉伸实体上的平面。它可以沿着路径或指定高度和角度拉伸。

（1）启动。

● 单击【常用】选项卡，在【实体编辑】功能面板单击【拉伸面】按钮 。

● 在传统菜单栏中选择【修改】→【实体编辑】→【拉伸面】命令。

（2）操作方法。

执行该命令后，AutoCAD 2012 提示如下：

命令：_Solidedit

实体编辑自动检查：Solidcheck=1

输入实体编辑选项 [面(F)/边(E)/体(B)/放弃(U)/退出(X)] <退出>：_Face

输入面编辑选项[拉伸(E)/移动(M)/旋转(R)/偏移(O)/倾斜(T)/删除(D)/复制(C)/颜色(L)/材质(A)/放弃(U)/退出(X)] <退出>：_Extrude

选择面或 [放弃(U)/删除(R)]：(选择实体平面)

选择面或 [放弃(U)/删除(R)/全部(ALL)]：✓

指定拉伸高度或 [路径(P)]：(指定第一点或者选择路径)

指定第二点：(指定第二点)

指定拉伸的倾斜角度 <0>：(确定拉伸角度✓)

已开始实体校验。

如图 12-35 所示就是拉伸前后的比较结果。长方体与圆球体是一个实体。

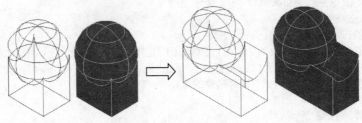

图 12-35　拉伸比较

　　用户可以选择需要的路径进行拉伸，该路径可以是圆弧、圆、直线、二维和三维多段线、椭圆、样条曲线。拉伸面将始终垂直于拉伸路径。拉伸路径的一个端点应该在拉伸面上。否则，拉伸面中心将作为拉伸路径起点。

例 12.16　如图 12-36 所示，沿路径拉伸。长方体与圆球体是一个实体。

```
命令：_Solidedit
实体编辑自动检查：Solidcheck=1
输入实体编辑选项 [面(F)/边(E)/体(B)/放弃(U)/退出(X)] <退出>：_Face
输入面编辑选项[拉伸(E)/移动(M)/旋转(R)/偏移(O)/倾斜(T)/删除(D)/复制(C)/颜色(L)/材质
(A)/放弃(U)/退出(X)] <退出>：_Extrude
选择面或 [放弃(U)/删除(R)]：(选择平面)
选择面或 [放弃(U)/删除(R)/全部(ALL)]：✓
指定拉伸高度或 [路径(P)]：P
选择拉伸路径：(选择圆弧)
已开始实体校验。
```

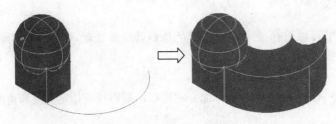

图 12-36　沿路径拉伸比较

2. 移动面

　　【移动面】命令可以移动实体上的面。它可以沿着指定高度和距离移动。当面移动时，只移动实体面而不改变方向。

　　启动方式如下：

● 单击【常用】选项卡，在【实体编辑】功能面板单击【移动面】按钮。

● 在传统菜单栏中选择【修改】→【实体编辑】→【移动面】命令。

例 12.17　如图 12-37 所示就是移动前后的比较结果。长方体与圆球体是一个实体。

```
命令：_Solidedit
实体编辑自动检查：Solidcheck=1
输入实体编辑选项 [面(F)/边(E)/体(B)/放弃(U)/退出(X)] <退出>：_Face
输入面编辑选项[拉伸(E)/移动(M)/旋转(R)/偏移(O)/倾斜(T)/删除(D)/复制(C)/颜色(L)/材质
(A)/放弃(U)/退出(X)] <退出>：_Move
```

选择面或 [放弃(U)/删除(R)]: (选择移动面)
选择面或 [放弃(U)/删除(R)/全部(ALL)]:↙
指定基点或位移:(指定位移基点或者位移值)
指定位移的第二点:(选择第二个点)
已开始实体校验。

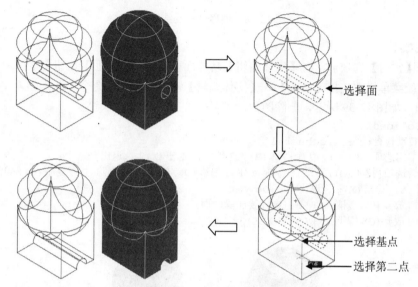

图 12-37 移动过程及结果

如果指定了一个点，则回车后该点坐标将作为新位置。

3. 偏移面

【偏移面】命令可以按照指定的距离均匀地偏移实体上的面。指定正值可以增加所选实体的尺寸或体积，反之相反。如果是切剪类实体，则输入值效果与实体相反。与移动面不同的是，移动面只改变位置，不改变大小和方向，但会引起其他面的变化；而偏移面则强调改变大小。有时候二者可以达到同样的效果。

启动方式如下：

● 单击【常用】选项卡，在【实体编辑】功能面板单击【偏移面】按钮 ⬜。

● 在传统菜单栏中选择【修改】→【实体编辑】→【偏移面】命令。

例 12.18 按如图 12-38 所示偏移选择面，长方体与圆球体是一个实体。

命令:_Solidedit
实体编辑自动检查: Solidcheck=1
输入实体编辑选项 [面(F)/边(E)/体(B)/放弃(U)/退出(X)] <退出>:_Face
输入面编辑选项[拉伸(E)/移动(M)/旋转(R)/偏移(O)/倾斜(T)/删除(D)/复制(C)/颜色(L)/材质(A)/放弃(U)/退出(X)] <退出>:_Offset
选择面或 [放弃(U)/删除(R)]: (选择圆柱体内表面,此时将选中临近面)
选择面或 [放弃(U)/删除(R)/全部(ALL)]: (按 Shift 键,选择不需要的面)
选择面或 [放弃(U)/删除(R)/全部(ALL)]:↙
指定偏移距离: -50

4. 删除面

【删除面】命令可以删除实体上的面。如果选择的是圆角，则去除圆角，恢复圆角前状态。

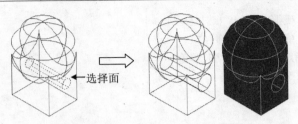

图 12-38 偏移过程及结果

启动方式如下：

● 单击【常用】选项卡，在【实体编辑】功能面板单击【删除面】按钮。

● 在传统菜单栏中选择【修改】→【实体编辑】→【删除面】命令。

例 12.19 如图 12-39 所示，删除圆角。

命令：_Solidedit

实体编辑自动检查：Solidcheck=1

输入实体编辑选项 [面(F)/边(E)/体(B)/放弃(U)/退出(X)] <退出>：_Face

输入面编辑选项[拉伸(E)/移动(M)/旋转(R)/偏移(O)/倾斜(T)/删除(D)/复制(C)/颜色(L)/材质(A)/放弃(U)/退出(X)] <退出>：_Delete

选择面或 [放弃(U)/删除(R)]：(选择要删除的面)

选择面或 [放弃(U)/删除(R)/全部(ALL)]：✓

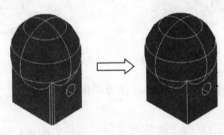

图 12-39 删除面

5. 旋转面

【旋转面】命令可以围绕指定轴旋转实体上面的面或者某个部分。系统将自动计算来适应旋转后的曲面。

启动方式如下：

● 单击【常用】选项卡，在【实体编辑】功能面板单击【旋转面】按钮。

● 在传统菜单栏中选择【修改】→【实体编辑】→【旋转面】命令。

例 12.20 按如图 12-40 所示旋转圆柱面。

命令：_Solidedit

实体编辑自动检查：Solidcheck=1

输入实体编辑选项 [面(F)/边(E)/体(B)/放弃(U)/退出(X)] <退出>：_Face

输入面编辑选项[拉伸(E)/移动(M)/旋转(R)/偏移(O)/倾斜(T)/删除(D)/复制(C)/颜色(L)/材质(A)/放弃(U)/退出(X)] <退出>：_Rotate

选择面或 [放弃(U)/删除(R)]：(选择面)

选择面或 [放弃(U)/删除(R)/全部(ALL)]：✓

指定轴点或 [经过对象的轴(A)/视图(V)/X 轴(X)/Y 轴(Y)/Z 轴(Z)] <两点>：(选择轴方式或输入)

在旋转轴上指定第二个点：(选择第二个点)

指定旋转角度或 [参照(R)]：(输入旋转角度)

已开始实体校验。

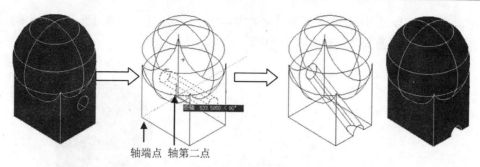

图 12-40　旋转面

6. 倾斜面

【倾斜面】命令可以沿着由两个点确定的矢量方向以指定角度倾斜实体上的面。正角度向外倾斜，负角度向内倾斜。

启动方式如下：

- 单击【常用】选项卡，在【实体编辑】功能面板单击【倾斜面】按钮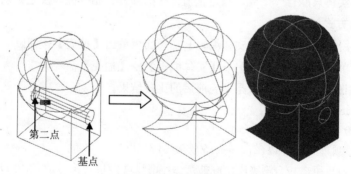。
- 在传统菜单栏中选择【修改】→【实体编辑】→【倾斜面】命令。

```
命令：_Solidedit
实体编辑自动检查：Solidcheck=1
输入实体编辑选项 [面(F)/边(E)/体(B)/放弃(U)/退出(X)] <退出>：_Face
输入面编辑选项[拉伸(E)/移动(M)/旋转(R)/偏移(O)/倾斜(T)/删除(D)/复制(C)/颜色(L)/材质
(A)/放弃(U)/退出(X)] <退出>：_Taper
选择面或 [放弃(U)/删除(R)]：(选择面)
选择面或 [放弃(U)/删除(R)/全部(ALL)]：↙
指定基点：(选择基点)
指定沿倾斜轴的另一个点：(选择另一个点，第一点指向第二点构成矢量方向)
指定倾斜角度：(输入倾斜角度)
已开始实体校验。
```

例 12.21　如图 12-41 所示，倾斜圆柱面正 30°。

第二点

基点

图 12-41　倾斜圆柱孔面

例 12.22　如图 12-42 所示，就是倾斜外表面正 30° 前后的比较结果。

余下的着色面和复制面两个工具与实体边操作中着色和复制基本一致，只不过所选择的对象为边，且复制的面将成为面域或者实体而已。

12.5.4　其他实体编辑

除了上面的基本编辑操作，对于三维对象而言，还可以进行高级处理，包括对实体的抽壳、检查、剖切、分割，以及对曲面的加厚和转化为实体等，另外还包括干涉检查。下面简单介绍一些不太常用的指令，对于重要功能则加以详细讲解。

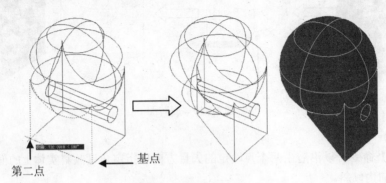

第二点　基点

图 12-42　倾斜外表面

1. 清除

如果实体边的两侧或者顶点共享相同的曲面或顶点，则可以采用【清除】命令加以清除。AutoCAD 自行计算并检查实体对象的边、面和体，合并共享相同曲面的相邻面，删除多余对象，但是不能清除压印边。

2. 分割

对于组合实体而言，可以采用【分割】命令将其分割成多个零件。组合三维实体对象不能共享公共的面积或体积。将三维实体分割后，独立的实体将保留原来的图层和颜色。所有嵌套的三维实体对象将分割为最简单的结构。但是，采用合并运算获取的实体不能分割。

3. 抽壳

抽壳将指定的厚度创建一个空的薄壳。可以为所有面指定一个固定的薄层厚度，也可以排除一些面。一个三维实体只能有一个壳。指定正值将在圆周外开始抽壳，反之则从圆周内开始抽壳。

启动该命令的方式如下：

- 单击【常用】选项卡，在【实体编辑】功能面板单击【抽壳】按钮 。
- 在传统菜单栏中选择【修改】→【实体编辑】→【抽壳】命令。

例 12.23　如图 12-43 所示，就是抽壳前后的比较结果。

命令：_Solidedit
实体编辑自动检查：Solidcheck=1
输入实体编辑选项 [面(F)/边(E)/体(B)/放弃(U)/退出(X)] <退出>：_Body
输入体编辑选项[压印(I)/分割实体(P)/抽壳(S)/清除(L)/检查(C)/放弃(U)/退出(X)] <退出>：
_Shell
选择三维实体：(选择实体)
删除面或 [放弃(U)/添加(A)/全部(ALL)]：(选择去除面)
删除面或 [放弃(U)/添加(A)/全部(ALL)]：✓
输入抽壳偏移距离：(输入偏距)
已开始实体校验。

4. 检查

【检查】命令用来检查实体对象是否是有效的三维实体对象。对于无效的实体，将不能编辑对象。

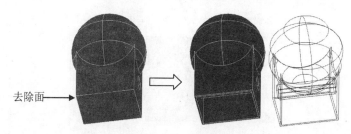

图 12-43　抽壳

一、选择题

1. 对于绘制的正方体，使用（　　）命令可将 8 个角更改为圆弧状。

    A．Arc
    B．Fillet

    C．Chamfer
    D．Circle

2. 执行（　　）命令可以将矩形变成锥形体。

    A．Revolve
    B．Extrude

    C．Box
    D．Cone

3. 将相互独立但重叠在一起的三维对象合并为一体的命令为（　　）。

    A．Union
    B．Intersect

    C．Subtract
    D．Explode

4. 将实体针对 XOY 平面对称生成相同图形最快速的工具为（　　）。

    A．Mirror
    B．Copy

    C．Mirror3d
    D．另绘一个

5. 执行 Rotate3d 命令旋转三维对象时，（　　）是可执行的条件。

    A．绕指定对象
    B．绕透视点方向

    C．绕坐标轴
    D．以上都对

6. 下列命令中，（　　）属于三维编辑命令选项。

    A．着色，复制
    B．压印，抽壳

    C．旋转，偏移
    D．分割实体，检查

二、填空题

1. ＿＿＿＿＿＿命令将获得两重叠实体的交叉部分。

2. 执行 Extrude 命令时，图形必须是＿＿＿＿＿。

3. 执行＿＿＿＿＿命令可快速绘制三维阵列图形。

4. 交集、并集和差集将使用＿＿＿＿＿运算方法。

三、操作题

1. 绘制如图 12-44 所示的三维模型，其实体如图 12-45 所示。

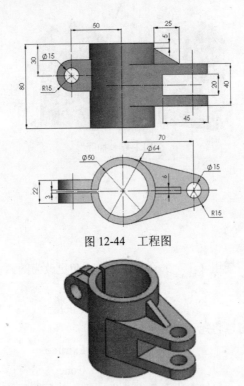

图 12-44　工程图

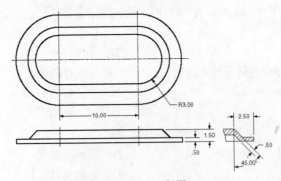

图 12-45　实体模型

2. 绘制如图 12-46 所示的三维模型，其实体如图 12-47 所示。

图 12-46　工程图

图 12-47　实体模型

3．绘制如图 12-48 所示的三维模型，其实体如图 12-49 所示。

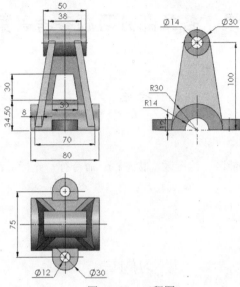

图 12-48　工程图

图 12-49　实体模型

附录　各章部分习题参考答案

习题一

一、填空题

1. 标题栏　菜单栏　功能区　绘图区　状态栏　命令行　光标　选项板　工具栏
2. QUIT　EXIT
3. 计算机辅助绘图与设计
4. dwg　dxf

习题二

一、选择题

1. B　　2. B　　3. C　　4. C　　5. C　　　6. CD　　7. C　　8. A　9. ACD
10. B　　11. B　　12. D　　13. AC　14. ABCD　15. BD　　16. B　　17. D

二、填空题

1. Ctrl+Tab
2. 世界坐标系　用户坐标系　世界坐标系
3. Continuous　中心线
4. 开　冻结　锁定　颜色　线型
5. 0

三、判断题

1. √　　2. ×　　3. ×　　4. ×　　5. ×　　6. √　　7. √　　8. √

习题三

一、选择题

1. ABCD　　2. C　　3. ABC　　4. A　　5. A　　6. A　7. C

二、判断题

1. ×　　2. ×　　3. √　　4. ×　　5. ×　　6. √

习题四

一、选择题

1. D　　2. B　　3. BD　4. B　　5. ACD　6. D　　7. A，D

习题五

一、选择题

1. ABE　2. A　　3. C　　4. B　　5. C　　6. B　　7. B　　8. B

二、填空题

1. 极轴追踪　对象追踪
2. 极轴角　草图设置

三、判断题

1. ×　　2. √　　3. √　　4. √　　5. ×　　6. √

习题六

一、选择题

1. B　　2. C　　3. A　　4. B　　5. D　　6. A　　7. C　　8. B
9. B　　10. BD　11. A　　12. D

二、填空题

1. 上　右
2. RECTANG　EXTEND
3. 3　1024
4. 6　6

习题七

一、选择题

1. A　　2. D　　3. D　　4. AD　　5. B　　6. D　　7. B　　8. D
9. D　　10. D　　11. C　　12. C　　13. C　　14. B　　15. A　　16. B
17. D　　18. B　　19. BCD　20. CD　　21. C　　22. A　　23. B　　24. D
25. D　　26. D　　27. C

二、填空题

1. 剪切边　被修剪对象
2. 上　右
3. 矩形阵列　环形阵列
4. 绕指定轴翻转对象，创建其对称对象
5. 不变　拉伸　移动

三、判断题

1. ✕　　2. ✓　　3. ✕　　4. ✕　　5. ✓　　6. ✓　　7. ✓　　8. ✓　　9. ✓

习题八

一、选择题

1. C　　2. B　　3. A　　4. B　　5. C　　6. C

二、填空题

1. 尺寸界线　尺寸线　尺寸文字　箭头
2. 线性　直径　角度　弧长　引线　坐标
3. 基线　连续
4. 指定标注文字的高度

三、判断题

1. ✓　　2. ✕　　3. ✕　　4. ✕

习题九

一、填空题

1. TEXT　Mtext
2. 设置字符间距
3. %%D

二、判断题

1. ✕　　2. ✕　　3. ✕　　4. ✕　　5. ✕

习题十

一、选择题

1. D　　2. B　　3. C　　4. A　　5. A

二、填空题

1．block　wblock
2．名称　对象　基点
3．块

三、判断题

1．×　2．×

习题十二

一、选择题

1．B　　2．B　　3．A　　4．C　　5．AC　　6．A

二、填空题

1．INTERFERENCE
2．闭合的单一多段线
3．3DARRAY
4．布尔

参考文献

[1] 孙江宏. 计算机辅助设计——AutoCAD 2010 实用指导. 北京：中国水利水电出版社，2011.

[2] 孙江宏. 计算机辅助设计——AutoCAD 2010 实训教程. 北京：中国水利水电出版社，2011.

[3] 孙江宏. 计算机辅助设计——AutoCAD 2009 实训指导. 北京：中国水利水电出版社，2009.

[4] 孙江宏. 计算机辅助设计——AutoCAD 2009 实用教程. 北京：中国水利水电出版社，2009.

[5] （美）芬克尔斯坦. AutoCAD 2008 宝典. 北京：人民邮电出版社，2008.

[6] 张余，付劲英，周秀. 中文版 AutoCAD 2008 从入门到精通. 北京：清华大学出版社，2008.

[7] 程绪琦. AutoCAD 2008 中文版标准教程. 北京：电子工业出版社，2008.

[8] 李乃文. AutoCAD 2008 中文版机械制图案例教程. 北京：清华大学出版社，2008.

[9] 高密军. AutoCAD 给排水设计与天正给排水 TWT 工程实践. 北京：清华大学出版社，2008.

[10] 薛焱，王新平. 中文版 AutoCAD 2008 基础教程. 北京：清华大学出版社，2008.

[11] 张余，汪宗健. 中文版 AutoCAD 2008 辅助绘图傻瓜书. 北京：清华大学出版社，2008.

[12] 马永志，郑艺华，张金翠. AutoCAD 2008 中文版三维造型基础教程. 北京：人民邮电出版社，2008.

[13] 崔晓利，杨海茹，贾立红. 中文版 AutoCAD 工程制图（2008 版）. 北京：清华大学出版社，2008.

[14] 吴永进，林美樱. AutoCAD 2008 中文版实用教程——基础篇. 北京：人民邮电出版社，2008.

[15] 董亚谋，夏文秀. 新概念 AutoCAD 2008 教程（第 5 版）. 北京：兵器工业出版社. 2007.

[16] 龙马工作室. AutoCAD 2008 中文版完全自学手册. 北京：人民邮电出版社，2008.

适应高等教育的跨越式发展　符合应用型人才的培养要求

本套丛书是由一批具备较高的学术水平、丰富的教学经验、较强的工程实践能力的学术带头人和主要从事该课程教学的骨干教师在分析研究了应用型人才与研究人才在培养目标、课程体系和内容编排上的区别，精心策划出来的。丛书共分3个层面，百余种。

程序设计类课程层面

调程序设计方法和思路，引入典型序设计案例；注重程序设计实践环节，养程序设计项目开发技能

专业基础类课程层面

注重学科体系的完整性，兼顾考研学生需要；强调理论与实践相结合，注重培养专业技能

专业技术类应用层面

强调理论与实践相结合，注重专业技术技能的培养；引入典型工程案例，提高工程实用技术的能力

高等学校精品规划教材

本套教材特色：

(1) 遴选作者为长期从事一线教学且有多年项目开发经验的骨干教师

(2) 紧跟教学改革新要求，采用"任务引入，案例驱动"的编写方式

(3) 精选典型工程实践案例，并将知识点融入案例中，教材实用性强

(4) 注重理论与实践相结合，配套实验与实训辅导，提供丰富测试题

新世纪电子信息与自动化系列课程改革教材

名师策划　　名师主理　　教改结晶　　教材精品

教材定位： 各类高等院校本科教学，重点是一般本科院校的教学

作者队伍： 高等学校长期从事相关课程教学的教授、副教授，学科学术带头人或学术骨干，不少还是全国知名专家教授、国家级教学名师和教育部有关"教指委"专家、国家级精品课程负责人等

教材特色：

(1) 先进性和基础性统一

(2) 理论与实践紧密结合

(3) 遵循"宽编窄用"内容选取原则和模块化内容组织原则

(4) 贯彻素质教育与创新教育的思想，采用"问题牵引"、"任务驱动"的编写方式，融入启发式教学方法

(5) 注重内容编排的科学严谨性和文字叙述的准确生动性，务求好教好学

高等院校计算机科学规划教材

本套教材特色：

(1) 充分体现了计算机教育教学第一线的需要。

(2) 充分展现了各个高校在计算机教育教学改革中取得的最新教研成果。

(3) 内容安排上既注重内容的全面性，也充分考虑了不同学科、不同专业
    对计算机知识的不同需求的特殊性。

(4) 充分调动学生分析问题、解决问题的积极性，锻炼学生的实际动手能力。

(5) 案例教学，实践性强，传授最急需、最实用的计算机知识。

21世纪智能化网络化电工电子实验系列教材

21世纪高等院校计算机科学与技术规划教材

21世纪高等院校课程设计丛书

21世纪电子商务与现代物流管理系列教材

本套教材是为了配合电子商务，现代物流行业人才的需要而组织编写的，共24本。

经验丰富的作者队伍

知识点突出，练习题丰富

案例式教学激发学生兴趣

配有免费的电子教案